新版 昆虫探検図鑑1600

エクスプローラ

写真検索マトリックス付

川邊 透

全国農村教育協会

昆虫探検、はじまりはじまり

この国に暮らす私たちに、自然の神さまが与えてくれた素晴らしいプレゼントがあります。
それは、「昆虫探検」の楽しみ。

南北に長く、地形が複雑で、かつ穏やかな気候と豊富な水に恵まれた自然大国日本。
都市化が進んで、もはや手つかずの大自然は少なくなってしまいましたが、この国には、空き地をしばらく放っておいただけで、みるみる雑草が生い茂るような、格別の「いきもの力」が備わっています。
サイズの小ささと種類の豊かさが特徴の昆虫たちも、その「いきもの力」を支えている重要なプレーヤー。
押し寄せる開発の波に負けることなくしたたかに命をつなぎ続け、今このときにも、そこここの自然の片隅で、人知れず、小さな野生のドラマを繰り広げています。

本書でいう「昆虫探検」とは、決して未開のジャングルに繰り出すような大げさな話ではなく、そんな身近な虫たちの世界にちょっとお邪魔をする、といった程度の、小冒険のことを指します。
この探検を存分に楽しむために必要なのは、「子どもの心」と「大人の情報力」。
たくさんの書籍の中からわざわざ本書を手に取られたあなたのことですから、「子どもの心」のほうは大丈夫ですね。
この本は、そんなあなたに、「大人の情報力」を備えていただくために作りました。
まずは、パラパラとページを繰ってみてください。
「あっ！今までデジカメで撮った虫の正体がどんどんわかりそう！」と気づいたあなた。
「おおっ!!こんな虫たち、この目で見てみたい！」と色めきたったあなた。
昆虫探検家としての素質、十分です。

庭先や近所の公園、郊外の野山、旅先の高原‥虫たちは、どんなところにでも、素っ気ない風情で、でも、いつも必ず私たちを待ってくれています。
この国の「いきもの力」を肌身で感じるために、そして、昆虫たちの魅力にどっぷり浸るために、さあ、めくるめく昆虫ラビリンスに分け入りましょう！

目次

- 昆虫探検、はじまりはじまり ……………… 3
- 昆虫の分類 ……………………………… 5
- 昆虫の形態 ……………………………… 10
- この本の使い方 ………………………… 15

<身近な昆虫1600種 生態写真図鑑>
- チョウ目（497種）……………………… 16
- トビケラ目（11種）…………………… 114
- ハエ目（121種）……………………… 116
- ノミ目（1種）………………………… 139
- シリアゲムシ目（9種）……………… 140
- ハチ目（106種）……………………… 142
- コウチュウ目（443種）……………… 168
- ネジレバネ目（1種）………………… 258
- ヘビトンボ目（1種）………………… 258
- ラクダムシ目（1種）………………… 259
- アミメカゲロウ目（18種）…………… 259
- カメムシ目（198種）………………… 263
- アザミウマ目（2種）………………… 302
- カジリムシ目（6種）………………… 302
- カマキリ目（7種）…………………… 304
- ゴキブリ目（9種）…………………… 306
- ハサミムシ目（7種）………………… 308
- ガロアムシ目（1種）………………… 309
- ナナフシ目（4種）…………………… 310
- バッタ目（84種）……………………… 312
- カワゲラ目（5種）…………………… 334
- トンボ目（67種）……………………… 335
- カゲロウ目（11種）…………………… 351
- シミ目（2種）………………………… 353
- イシノミ目（1種）…………………… 353
- 昆虫に似たクモ（1種）……………… 353

<コラム>
- 昆虫の魅力とは？ …………………… 12
- 虫本ガイド① 昆虫探検の指南本 …… 167
- 虫本ガイド② 図鑑の図鑑 …………… 256
- 虫本ガイド③ 迷宮のその奥へ ……… 354
- 参考文献 ……………………………… 355
- 索引 …………………………………… 356

<写真検索マトリックス>の使い方

<付録 写真検索マトリックス①②>

昆虫の分類

昆虫は、私たち人類と並び、現代の地球上で最も繁栄している生物グループといえる。脳という武器をもち、たった1種類で世界を支配している（ように見える）ホモ・サピエンスに対し、彼らは、小さな体と世代交代の速さを活かし、多彩に分化して、世界の隅々にまでその勢力を広げている。

全世界では、名前がついているものだけで約200万種の生物が確認されているが、その半数の約100万種は昆虫の仲間である。日本国内においては既知種の合計が約6万種で、昆虫はやはりその半数の約3万種を占める。まさに、地球は「虫の惑星」であり、日本は「虫の列島」なのだ。

昆虫の起源は、古生代シルル〜デボン紀に遡るが、3億年にも及ぶ時の流れを経て、現代では約30もの目に分類されるほど多様化をきわめている（下図は昆虫の進化の道程を表す系統樹。枝の分れ方は類縁関係を、枝の太さは現代における繁栄の度合いを示す）。

次ページ以降では、目ごとの特徴を簡単に解説する。

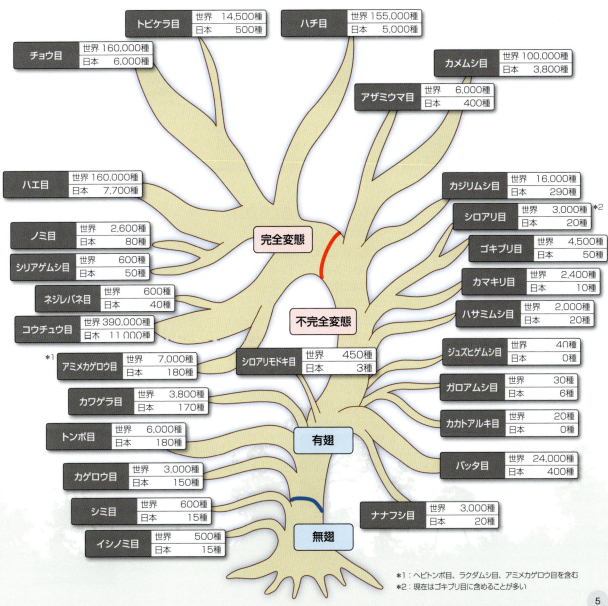

*1：ヘビトンボ目、ラクダムシ目、アミメカゲロウ目を含む
*2：現在はゴキブリ目に含めることが多い

●チョウ目（鱗翅目）
LEPIDOPTERA　p.16〜

翅や体が鱗粉でおおわれる。翅は大きく、美しい色模様に彩られるものが多い。体は比較的柔らかく細長い円筒形。多くはストロー状の口吻をもつ。幼虫はいわゆるイモムシ・ケムシで口器は咀嚼型。チョウとガをあわせてチョウ目と呼ばれるが、種類はガのほうが圧倒的に多く全体の95％以上を占める。もっとも、チョウとガには本質的な差はない。

アゲハチョウ

ブドウドクガの幼虫

●トビケラ目（毛翅目）
TRICHOPTERA　p.114〜

翅や体が短い毛でおおわれる。翅を屋根型にたたんでとまり、一見、ガに似る。口器は発達せずほとんど食物をとらない。夕刻〜夜に活動するものが多く、色彩も地味なため注目されにくい。幼虫はイモムシ型で頭部や前胸が革質化し、口器は完全で咀嚼に適する。河川や池沼で育ち、水系の環境指標として有効。成虫も水辺からあまり離れない。

ヒゲナガカワトビケラの幼虫

ニンギョウトビケラ

●ハエ目（双翅目）
DIPTERA　p.116〜

1対の翅をもつ。後翅は退化して平均棍となり飛翔中にバランスをたもつ役割をはたす。口器は吸収型または舐め型。一般に地味な姿だが、ハチに擬態するなどして美しい色彩をもつに至ったものもいる。幼虫はウジ型。極地から熱帯まであらゆる環境に生息する。寄生性の種類も多く、イモムシを飼っているうちに知らず知らず育てていることがある。

ミズアブの一種の幼虫

コガネオオハリバエ

●ノミ目（隠翅目）
SIPHONAPTERA　p.139

小型で左右に扁平。翅は退化している。後脚が発達し跳躍力に優れる。口器は吻を形成し、温血動物に外部寄生して吸血する。ペストなどの感染症を媒介する種類もいる。幼虫はウジ型で、宿主動物の巣の中などで育つ。寄生する動物をあまり選り好みしないため、犬猫を飼っているうちに知らず知らず自分の体で育ててしまっていることがある。

ネコノミ
（全国農村教育協会）

●シリアゲムシ目（長翅目）
MECOPTERA　p.140〜

体や翅は細長く、前翅、後翅がほぼ同じ形。頭部が前方に長く伸び、その先端に咀嚼型の口器をもつ。雄ははさみ状の腹端をサソリのように反り返らせている。湿地や渓流周辺の薄暗い環境に多く、小動物や植物の実を食べる。幼虫はイモムシ型で落葉の下などで育つ。求愛時に雄が雌に食べ物をプレゼントするという私たちにも共感しやすい習性をもつ。

キアシシリアゲ

●ハチ目（膜翅目）
HYMENOPTERA　p.142〜

2対の薄い翅をもつが、アリなど一部の種類は無翅。産卵管が針状、キリ状などに発達し、毒液を注射できるものもいる。口器は咀嚼型だが、舐める、吸うなどの機能をあわせもつ場合が多い。幼虫はウジ・イモムシ型。寄生性のものや狩りをするもの、社会生活を営むものなど多様に進化しており、フィールドでさまざまなドラマを繰り広げてくれる。

ヤマジガバチ

オオコシアカハバチの幼虫

●コウチュウ目（鞘翅目）
COLEOPTERA　p.168~

角質化した前翅は上翅と呼ばれ、膜状の後翅や腹部をおおっている。前胸は独立して自由に動くが、中胸と後胸は腹部と一体化している。後翅を広げてやや不器用に飛ぶ。口器は大あごが発達した咀嚼型。大きさも形態も生活史も多様で、乾燥地から多湿地、水中に至るまで、さまざまな環境下で繁栄をきわめ、生物界最大の分類群となっている。

ナガゴマフカミキリ

カブトムシの幼虫

●ネジレバネ目（撚翅目）
STREPSIPTERA　p.258

小型で、雄と雌で形態が著しく異なる。雌は無翅でウジ型。雄の前翅は退化して偽平均棍となり、後翅は膜状で扇型に広がる。幼虫はハチ目、カメムシ目などの昆虫に寄生して育つが、口器や消化管をもたず、表皮から直接宿主の体液を吸収する。雌は成虫になってからも寄主の体に留まる。アリネジレバネの仲間は、雌雄がそれぞれ異なった昆虫に寄生する。

オオフタオビドロバチに寄生するスズバチネジレバネ
（高橋景太）

●ヘビトンボ目（広翅目）
MEGALOPTERA　p.258

●ラクダムシ目（駱駝虫目）
RAPHIDIOPTERA　p.259

●アミメカゲロウ目（脈翅目）
NEUROPTER　p.259~

レース状の翅脈がある大きな翅をもつが、飛ぶのはあまり得意ではない。幼虫は小動物を捕食して育つ。アミメカゲロウ目の幼虫は吸収機能を備えた大あごをもつ。

ツノトンボ

クロスジヘビトンボの幼虫

●カメムシ目（半翅目）
HEMIPTERA　p.263~

カメムシ、セミ、アブラムシ、カイガラムシなど多様なグループを含み、形態も生態もさまざま。吸収型の尖った口吻をもち、植物の汁を吸うもの、小動物を捕らえて体液を吸うもの、鳥獣に外部寄生して吸血するものなどがいる。カメムシの仲間は前翅の基部半分が革質化している。カイガラムシの仲間の多くは植物に固着して生活している。

エサキモンキツノカメムシ

オビマルツノゼミ

●アザミウマ目（総翅目）
EMBIOPTERA　p.302

小型でスマート。2対の翅は細長く、周縁に長い毛が列生している。口器は吸収型で、片側の大あごだけが発達しており左右非対称。脚の爪を開くとその間が膨張して粘着性が増し、滑りやすいところも平気で歩ける。不完全変態昆虫とされるが、完全変態昆虫の蛹のようなステージを経て成虫になる。植物食、肉食、菌食など、食性は多様。

ネギアザミウマ
（全国農村教育協会）

●カジリムシ目（咀顎目）
PSOCODEA　p.302~

従来はチャタテムシ目、シラミ目、ハジラミ目に細分されていた。口器は咀嚼型または吸収型。チャタテムシの仲間は菌類や地衣類を食べ、翅をもつものが多いが、屋内に生息するコナチャタテなど無翅のものもいる。シラミとハジラミの仲間は無翅で複眼も退化している。シラミは哺乳類から吸血し、ハジラミは鳥類・哺乳類の羽毛や体毛を食べる。

スジチャタテ

ヒトジラミ
（全国農村教育協会）

昆虫の分類

●カマキリ目（蟷螂目）
MANTODEA p.304～

大型でスマート。前脚が鎌状に変化している。口器は咀嚼型で、生きた小動物だけを捕らえて食べる純粋な肉食性。頭部は逆三角形で上下左右によく動く。複眼が大きく、動くものに敏感に反応する。翅は2対で、前翅は細長く後翅は幅広で大きい。フィールドでは捕食シーンにもよく出くわし、弱肉強食の厳しさを見せつけてくれる。

ハラビロカマキリ

●ゴキブリ目（網翅目）
BIATTODEA p.306～

体は扁平。触角はムチ状で細長く、頭部は前胸の下に隠れている。前翅は革質化し後翅は膜状だが、無翅のものもいる。光沢が強い種類が多く、俗にアブラムシ（油虫）とも呼ばれる。口器は咀嚼型で、多くは雑食性。おもに夜行性で走るのが速く、人家内に生息するものは、夜に人間とニアミスして必要以上に怖がられる。

モリチャバネゴキブリ

●ガロアムシ目（欠翅目）
GRYLLOBLATTODEA p.309

体は細長い。無翅で脚が長く、すばやく走る。複眼は退化していて小さく、単眼はない。口器は咀嚼型。森林の細石の混ざる土中や落ち葉の下などに生息し、小動物を捕食する。

ガロアムシの幼虫
（山﨑秀雄）

●シロアリモドキ目（紡脚目）
Embioptera

小型で細長くシロアリに似る。雌は無翅だが雄は翅をもつものが多い。前脚の先から分泌した絹糸で筒状の巣をつくり亜社会生活を営む。口器は咀嚼型で地衣類などを食べる。

●シロアリ目（等翅目）
ISOPTERA

アリに似るが、むしろゴキブリやカマキリに近い。社会生活を営み、生殖虫（王、女王）、働き蟻、兵蟻からなる大家族を形成する。生殖虫は、前翅、後翅がほぼ同形の細長い翅をもつ。兵蟻は闘争に適した大きな頭部と大あごをもち、自力では食事を摂れない。木材を食い荒らす家屋害虫として知られるが、自然界では枯死植物の分解者として重要な役割を果たしている。

ヤマトシロアリ

＊：現在はゴキブリ目に含めることが多い

●ハサミムシ目（革翅目）
DEMAPTERA p.308～

体は細長く扁平で黒っぽい。尾毛が硬い革質に変化し、はさみ状になっている。前翅は短く、その下に扇状の後翅が折りたたまれている。翅が痕跡的なものや無翅のものもいる。腹部は露出し、自由に動かせる。口器は咀嚼型。地中や落ち葉の下などに生息し、多くは夜行性で、小動物を捕食する。雌は産んだ卵を保護し、自ら幼虫の餌となるものさえいる。

ハサミムシ

●ジュズヒゲムシ目（絶翅目）
ZORAPTERA

きわめて小さく、体長は3mm以下。体は細長く、数珠状の触角をもつ。雌雄それぞれに有翅と無翅の2型がある。口器は咀嚼型。国内には生息していない。

●カカトアルキ目（踵行目）
MANTOPHASMATODEA

体は細長く、無翅。カマキリとナナフシを足して二で割ったような姿。脚は長く、つま先をあげて踵で歩くように見える。口器は咀嚼型で、肉食性。国内には生息していない。

●ナナフシ目（竹節虫目）
PHASMATODEA　p.310〜

体は細長い円筒形。脚も細長く3対ともほぼ同じ形。コノハムシのように体や脚が葉片状になったものもいる。頭部は小さく、その前方についた咀嚼型の口器で植物の葉を食べる。無翅の種類が多い。雌雄で形態が異なり、雌は雄より大きい。雌だけで単為生殖する種類も多い。樹上生活に高度に適応し、木の枝や葉に擬態していて非常に見つけにくい。

エダナナフシ

●バッタ目（直翅目）
ORTHOPTERA　p.312〜

体は円筒形で、2対の翅をもつが、無翅のものもいる。触角が細長いキリギリス亜目と短いバッタ亜目に大別される。前翅は細長いが、後翅は扇形に広がり、翅脈が付け根から放射状に走っている。口器は咀嚼型で食性は多様。後脚が発達し跳躍力に優れる。翅や脚に備わった発音器を使って鳴くものが多く、それらの種類は聴覚器も備えている。

ナキイナゴ

クツワムシ

●カワゲラ目（積翅目）
PLECOPTERA　p.334

体は細長く扁平。2対の長い翅をもつが、無翅のものもいる。後翅には扇状部があり前翅より幅広い。翅は腹部の上に重ねてたたむ。口器は咀嚼型だがほとんど退化している。日中は河川周辺の葉陰や石の側面などにとまっていることが多く、夜は灯火によく集まる。幼虫は水のきれいな河川などに生息し、肉食のものと植物食のものがいる。

キベリトウゴウカワゲラ

ヒメカワゲラの一種の幼虫

●トンボ目（蜻蛉目）
ODONATA　p.335〜

腹部が細長い、胸部の筋肉が発達し、2対の細長い翅をもつ。飛翔力に優れ、旋回やホバリングなどを交えて自由自在に飛び回る。大きな複眼を備えた頭部は、上下左右によく動く。補食性で、飛んでいる獲物を空中で捕らえ、咀嚼型の強力な口器で噛み砕く。とげの多い細い脚は狩りに向くが、歩行には役立たない。幼虫（ヤゴ）は水生で、成虫と同じく補食性。

シオカラトンボ

ウスバキトンボの幼虫

●カゲロウ目（蜉蝣目）
EPHEMEROPTERA　p.351〜

体は円筒形で細長く軟弱。2対の翅を背面に立て、ぴったり重ねてとまる。後翅は小さく消失するものもいる。腹端に2〜3本の長い糸状の尾（尾角、尾糸）をもつ。口器は退化しており、多くは羽化後数時間で死んでしまう。幼虫は河川や池沼で育ち、亜成虫という特有のステージを経て成虫になる。幼虫は、水系の環境指標として有効。

モンカゲロウ

ヒラタカゲロウの一種の幼虫

●シミ目（総尾目）
THYSANURA　p.353

体は扁平なしずく型で白い鱗片におおわれる。無翅で、腹端に3本の糸状付属物をもつ。屋内にも生息し、書物などを食害する。アリやシロアリの巣に共生するものもいる。

●イシノミ目（古顎目）
ARCHAEOGNATHA　p.353

体は紡錘形で、濃色の鱗片におおわれる。無翅で、腹端に3本の糸状付属物がある。尾端を折り曲げて跳躍できる。樹木の幹や岩陰に生息し、地上藻類などを食べる。

ヤマトイシノミ

昆虫の形態

昆虫の形態上の特徴は、6本の脚と4枚の翅をもち、体が頭・胸・腹の3つの部分に分かれていることだが、グループによってさまざまなバリエーションがある（前項「昆虫の分類」参照）。ここでは、代表的な昆虫について、その形態と部位の名称を図示する。

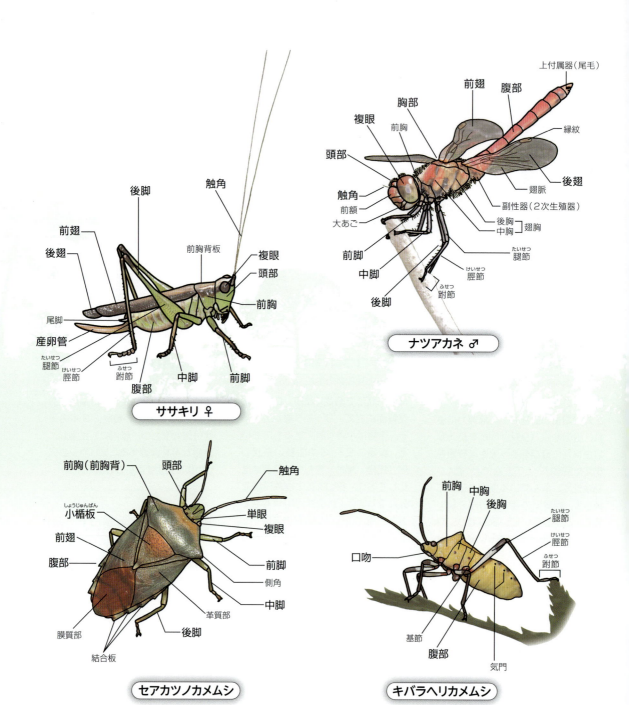

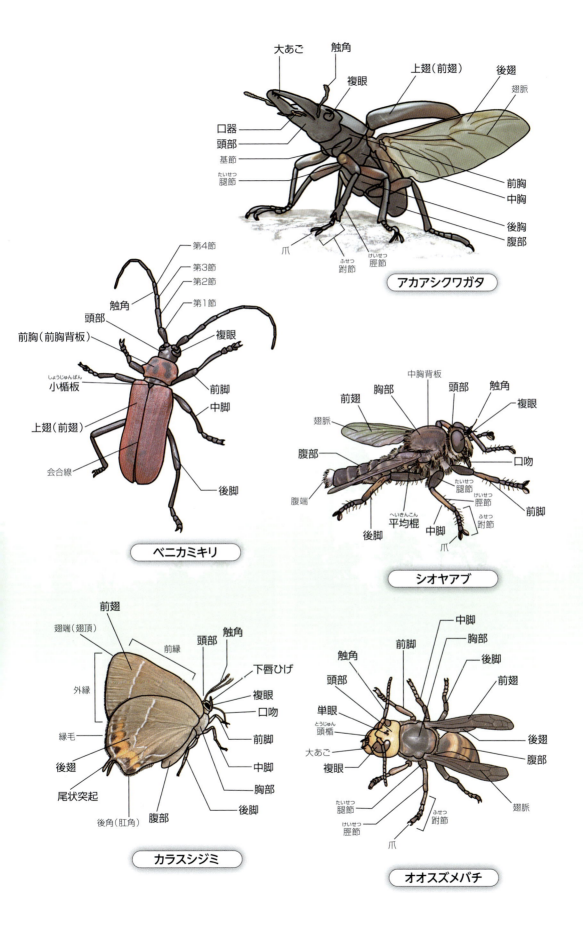

コラム　昆虫の魅力とは？

昆虫の魅力とは、いったいどんなところにあるのだろう。
昔は、昆虫の趣味といえば、たいてい、採集や標本づくりと決まっていた。
しかし、昨今の自然志向の高まりや、接写が簡単にできるデジタルカメラの普及などによって、
昆虫世界の楽しみ方も少しずつ様変わりしてきている。
ここでは、現代において人々を虜にする昆虫たちの魅力をおさらいしておこう。

①邪念なき天然アート

誰もが惹きつけられる昆虫の魅力といえば、まずは、その美しさであろう。
チョウやガの翅の色模様は、「なぜ、こんなにキレイなの？」と、問い正したくなるように不思議だ。たとえば、運がよければ春の里山で出会えるイボタガ。いったい、どんな事情があって、こんなにも複雑怪奇な模様になっているのだろう。
甲虫たちの美しさも見逃せない。タマムシやコガネムシの極彩色の輝きは、構造色といって、体表面の特殊な構造が光の干渉や散乱を引き起こすことによって実現している。一方、初夏の山道で私たちを待っていてくれるオオトラフハナムグリのデザインは、上質なプリミティブアートを思わせる完成度だ。
彼らの美しさは、気の遠くなるほどの時間をかけて、進化の賜物として純粋に生み出された天然のアートにほかならない。

②「カワイイ」がいっぱい

ものの本によれば、かわいいという感情は、小さなもの、健気なもの、おかしいものなどに対してわきおこるのだという。虫たちは、これらの条件をことごとく兼ね備えており、私たちの感覚のスイッチを少し切り替えるだけで、たちまち、「カワイイ」生き物に変貌する。
大きな翅を広げるウスタビガの姿は、蛾が苦手な人にとっては鳥肌ものだろうが、実は、まるでマスコットのような愛くるしいルックスの持ち主でもある。初夏の公園を歩いていると、いつのまにか上着についているナナフシの幼虫も、すぐに取り払わず、いっしょに散歩を楽しめば、彼らのおどけたしぐさの虜になる。ハゴロモの仲間の幼虫は、なぜかお尻にタンポポの綿毛状の物体をつけ、その顔には困ったような表情が浮かんでいて、老若男女を問わず母性本能をくすぐられてしまう。

複雑怪奇なイボタガの翅

ウスタビガのアイドル顔

ポーズを決める
オオトラフハナムグリ

宝石のように輝くタマムシ

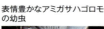
表情豊かなアミガサハゴロモの幼虫

ふと立ちどまる
ナナフシの幼虫

③「カッコイイ」もいっぱい

子供たちに人気のクワガタムシやカブトムシのかっこよさは万人が認めるところだが、大人の昆虫探検家が、熟練した観察眼で虫たちの姿を見つめる時、さらに深みのあるかっこよさが立ち上がってくる。標本箱の中に行儀よく並べられた昆虫たちも十分に魅力的だが、フィールドで彼らに接すると、ひからびた標本からは伝わってこないかっこよさに気づくことができる。

長い触角をもつカミキリムシたちの造形美はその代表格。触角を伸ばし、大気の中にひそむかすかな情報をとらえようとする彼らの姿には崇高さが漂っている。寄生という十字架を背負ったヒメバチたちの研ぎ澄まされた機能美も見逃せない。朽木の奥の獲物を探し当てた母蜂が、ねらいを定めて産卵管を刺し込む姿には、未来の精密ロボットを思わせるものがある。さらに、デジカメ片手に小さな虫たちに超接近したときに初めて気づくかっこよさというものもある。たとえば、シギゾウムシ。肉眼では、妙に口吻の長い小さな甲虫としか見えないが、写真に撮って拡大してみると、まるで宇宙人の風貌だ。

昆虫の世界は、厳しい生存競争を勝ち抜いてきたものだけがもつ、本物のかっこよさに満ち溢れている。

④庭先でプチ・ファーブル

昆虫たちは、それぞれに、子孫を残し命の鎖をつないでいくため、短い一生を精一杯に生きている。彼らの小さな世界では、日々、無数のドラマが繰り広げられている。

おなじみ『ファーブル昆虫記』を改めて読み返してみると、昆虫たちの行動にひそむ謎を解き明かしていく面白さに引きこまれるが、かのファーブルもまた、身近な自然での昆虫探検に、稀有の想像力と集中力と持続力をもって没頭した人にほかならない。

私たちも、少しだけファーブルになった気分で、庭先や公園にいる昆虫たちのふるまいを眺めてみよう。最初はなかなか気づけないが、プチ探検を繰り返すうちに、だんだんと彼らの不思議な世界が見えてくる。それは、素敵な彼女に豪勢な贈り物をして気を引くオドリバエの男前ぶりであったり、徳利型の巣をしつらえる狩蜂の職人技であったり、身を挺して卵を守り抜く母ハサミムシの健気な姿であったりする。

昆虫たちは、いつでもどこでも、大自然の神秘を演じて私たちを感動させてくれる小さな名プレーヤーなのだ。

触角を伸ばす
シラフヒゲナガカミキリ

はさみを振りかざして卵を守るコブハサミムシ

宇宙人のような
シギゾウムシの一種

産卵行動をする
シロフオナガバチ

グルメなプレゼントが功を
奏したオドリバエの一種

ベビーハウスづくりに勤しむ
ミカドドックリバチ

コラム　昆虫の魅力とは?

⑤コンビニエンス・ペット

ストレス社会に生きる現代人にとって、疲れた心を癒してくれるペットは貴重な存在だが、犬や猫や熱帯魚だけでなく、昆虫もまた心の友となりえる。野外で観察するだけでなく、家族の一員として迎えることで、昆虫たちの暮らしぶりにより深く接することもできる。飼い主にあまり懐いてくれないのは少々物足りないところだが、昆虫には「場所をとらない」「餌代があまりかからない」「予防接種もいらない」などなど、コンビニエンスなペットとしての魅力がいっぱいだ。

ベランダのプランターにパセリを植えておけば、いつのまにかキアゲハが卵を産みに来て、縞々の幼虫が育ち始める。飼育ケースに保護してすくすく育つ様子を楽しみながら育てあげ、蛹を経て羽化した美しいチョウを大空に放してあげれば、なんだか、地球に対してすごくいいことをした気分にも浸れようというものだ。

夏場に街灯の下を探すと見つかるコクワガタは、累代飼育〔注〕に適している。首尾よく雄と雌がそろえば家族成立。30cmほどの飼育ケースに腐葉土を敷きつめ、適度な大きさの朽木を埋め込んでおけば、そこはもう彼らにとっての小宇宙。わずかな昆虫ゼリーと、霧吹きの手間をかけるだけで、やがて幼虫たちも誕生し、案外に長生きな親クワガタたちとともに大家族を形成してくれる。

〔注〕生き物を繁殖させることにより何世代にもわたって飼育すること

⑥巨大な著作権フリー素材集

写真を撮ること、絵を描くこと、モノを作ることが好きな人たちにとって、複雑多様かつユニークな姿をした昆虫たちは絶好のモチーフとなりえる。

コンプライアンスがうるさく言われる昨今、他人が作ったものを不用意に流用すると著作権の侵害！人が写りこんだ写真をメディアに載せると肖像権の侵害！などと訴えられかねないが、昆虫たちは誰が創ったものでもなく、自分たちから進んで権利を主張することもない。

こんなにも洗練されていて、こんなにも豊かな天然の素材集が、自由に使えるシアワセ。これを享受しない手はない（ただし、他人が撮影した昆虫写真など、人の手が加わったものは、もはやフリー素材ではないのでご注意を）。

サイケなペット、キアゲハの幼虫

クワガタの卵と初令幼虫

> ここでは、昆虫たちのさまざまな魅力を紹介したが、彼らとの接し方は、もちろん、これらに留まるものではない。
> 実際にフィールドでの昆虫探検を楽しみつつ、ぜひ、自分なりの昆虫世界の楽しみ方を見つけていただきたい。

この本の使い方

この本では、首都圏や中部圏、近畿圏で身近に見られる種類を中心に約1,600種の昆虫を取りあげている。
本編は分類別の生態写真図鑑であり、付録の「写真検索マトリックス」は大きさや色模様など「見た目」で種類が調べられる検索表である。
本編では、種類ごとに、フィールドで撮影した成虫の生態写真を掲載し、その特徴を簡潔に解説している。幼虫の写真は、不完全変態の昆虫（カメムシ、バッタなど）を中心に、成虫と判断される可能性がある種類について、その一部を掲載している。イモムシ、ケムシなど一見して明らかに幼虫とわかるものは取りあげていない。
カメラで撮影した虫や、採集した虫の名前を知りたい場合（とくに、それが何の仲間なのかがわからない場合）は、まず「写真検索マトリックス」で調べ、それをたよりに本編を確認するのが便利である〔注1〕。

〔注1〕「写真検索マトリックス」の使い方は添付の別紙参照。

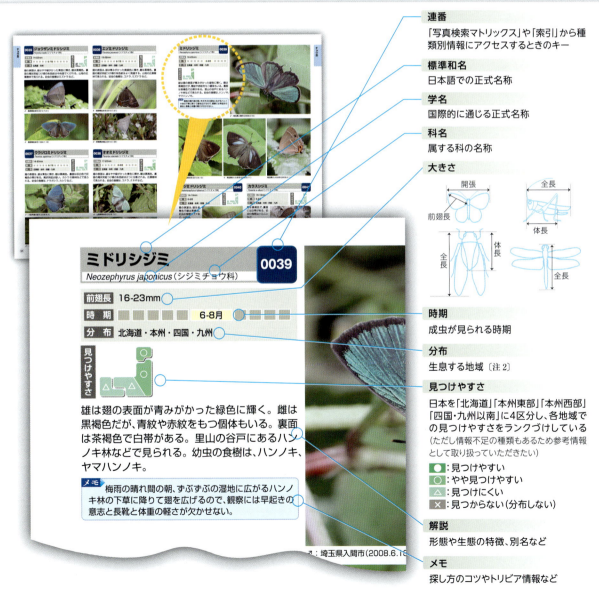

連番
「写真検索マトリックス」や「索引」から種類別情報にアクセスするときのキー

標準和名
日本語での正式名称

学名
国際的に通じる正式名称

科名
属する科の名称

大きさ

時期
成虫が見られる時期

分布
生息する地域〔注2〕

見つけやすさ
日本を「北海道」「本州東部」「本州西部」「四国・九州以南」に4区分し、各地域での見つけやすさをランクづけしている
（ただし情報不足の種類もあるため参考情報として取り扱っていただきたい）

● : 見つけやすい
◐ : やや見つけやすい
△ : 見つけにくい
× : 見つからない（分布しない）

解説
形態や生態の特徴、別名など

メモ
探し方のコツやトリビア情報など

〔注2〕奄美大島を除く離島の分布情報は掲載していない。また、九州・奄美大島・沖縄本島に連続して分布する場合は、奄美大島の記載を省略している。

チョウ目

0001 ギフチョウ
Luehdorfia japonica（アゲハチョウ科）

前翅長 27-36mm
時期 3-4月
分布 本州

見つけやすさ

翅は淡黄色と黒色の縞模様。雄は頭部両端の毛が淡黄色だが、雌は橙色。桜の咲くころにのみ現れ「春の女神」と讃えられる。低山地の雑木林周辺を可憐に飛び、スミレやカタクリで吸蜜する。幼虫の食草はカンアオイなど。

メモ：日あたりのいいなだらかな稜線などが観察ポイント。そんな場所にオレンジ色や青色の空き缶を置いておくと寄ってくるのが不思議。

♂：神奈川県相模原市（2010.4.11）

♀産卵：神奈川県相模原市（2010.4.14）

0002 ホソオチョウ
Sericinus montela（アゲハチョウ科）

前翅長 26-32mm
時期 4-9月
分布 本州・九州

見つけやすさ

雄の翅は白色で黒褐色紋がある。雌の翅は淡黄色と褐色のまだら模様。韓国から人為的に持ち込まれ、関東や近畿を中心に分布を広げている。幼虫の食草はウマノスズクサ。

♂：群馬県高崎市（2016.8.21）
（写真 廣田正孝）

♀：埼玉県入間市（2012.5.6）

♀産卵：埼玉県入間市（2012.5.6）

0003 ウスバシロチョウ
Parnassius citrinarius（アゲハチョウ科）

前翅長 26-38mm
時期 4-5月
分布 北海道・本州・四国

見つけやすさ

別名ウスバアゲハ。翅は白く半透明。林縁や草はらの低空を緩やかに飛び、いろいろな花で吸蜜する。幼虫の食草は、ムラサキケマン、ヤマエンゴサクなど。

東京都八王子市（2008.5.21）

♀：東京都青梅市（2012.5.27）

アオスジアゲハ 0004
Graphium sarpedon（アゲハチョウ科）

前翅長	32-45mm
時期	5-9月
分布	本州・四国・九州・沖縄

太く鮮やかな空色の斑紋列をもつ。幼虫の食樹はクスノキなど。

神奈川県横浜市（2010.9.15）

ミカドアゲハ 0005
Graphium doson（アゲハチョウ科）

前翅長	40-50mm
時期	4-9月
分布	本州・四国・九州・沖縄

黄白〜青白色の斑紋を多数もつ。幼虫の食樹はオガタマノキなど。

沖縄県西表島（2005.8.8）

ジャコウアゲハ 0006
Atrophaneura alcinous（アゲハチョウ科）

前翅長	42-60mm
時期	4-10月
分布	本州・四国・九州・沖縄

雄は黒色でオナガアゲハやクロアゲハに似る。雌は黄灰色。体に黄〜赤色の毛をもつ。幼虫の食草であるウマノスズクサのはえている草はらやその周辺で見られる。雄が独特の香気を出すことから「麝香」の名がついている。

メモ 体内に毒をもち天敵から身を守っている。そのためか、自分の姿を見せびらかすかのように、フワフワと穏やかに飛ぶ。

♀：埼玉県入間市（2011.6.22）

♂：東京都八王子市（2008.5.21）

モンキアゲハ 0007
Papilio helenus（アゲハチョウ科）

前翅長	50-75mm
時期	5-10月
分布	本州・四国・九州・沖縄

黒色で、後翅に白紋をもつ。幼虫の食樹はカラスザンショウ。

奈良県奈良市（2006.5.31）

クロアゲハ 0008
Papilio protenor（アゲハチョウ科）

前翅長	45-70mm
時期	4-9月
分布	本州・四国・九州・沖縄

黒色。市街地でも見られる。幼虫の食樹は柑橘類など。

大阪府四條畷市（1998.7.8）

石川県輪島市（2014.6.4）

チョウ目

0009 アゲハチョウ
Papilio xuthus（アゲハチョウ科）

前翅長	35-60mm
時期	3-11月
分布	北海道・本州・四国・九州・沖縄

見つけやすさ

春型：奈良県生駒市（2006.4.30）

別名アゲハ、ナミアゲハ。キアゲハに似るが、前翅のつけ根に細かいすじがある。春型は小型で黄白色部分が広く、夏型は大型で黒っぽい。平地、低山地から山地まで広く見られる。幼虫はカラタチ、ミカンなど柑橘類の葉を食べる。

メモ 柑橘類の鉢植えは、日当たりのいい場所に置くと本種が、あまり日当たりのよくない場所に置くとクロアゲハが卵を産んでいく。

春型：奈良県生駒市（2006.4.30）

夏型：神奈川県横浜市（2010.9.15）

0010 キアゲハ
Papilio machaon（アゲハチョウ科）

前翅長	36-70mm
時期	3-11月
分布	北海道・本州・四国・九州

見つけやすさ

アゲハチョウに似るが、黄色っぽく、前翅のつけ根が黒い。明るい草はらなどでよく見られ、雄は開けた尾根で占有行動をとる。幼虫の食草はセリ、ニンジンなど。

神奈川県横浜市（2012.5.20）

東京都あきる野市（2013.7.21）

0011 ナガサキアゲハ
Papilio memnon（アゲハチョウ科）

前翅長	60-80mm
時期	4-9月
分布	本州・四国・九州・沖縄

見つけやすさ

尾状突起がない。黒色。翅の裏面基部には赤色紋がある。雌は後翅に白斑をもち、南方では白化する傾向がある。市街地でも見られる。幼虫の食樹は、ミカン、ダイダイ、カラタチなど。

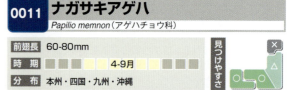
♂：奈良県広陵町（2010.10.24）

♀：鹿児島県奄美大島（2004.8.6）

オナガアゲハ 0012
Papilio macilentus（アゲハチョウ科）

前翅長	47-68mm
時期	4-9月
分布	北海道・本州・四国・九州

見つけやすさ

黒色で、クロアゲハに似るが、尾状突起が長く少し内側に湾曲している。山地の渓流沿いなどで見られ、雄は地表でよく吸水する。幼虫の食樹はコクサギなど。

♀：山梨県甲州市（2011.7.24）

♂：東京都八王子市（2008.5.21）

カラスアゲハ 0013
Papilio dehaanii（アゲハチョウ科）

前翅長	45-80mm
時期	4-9月
分布	北海道・本州・四国・九州

見つけやすさ

黒っぽく、翅が緑色〜青色に輝く。ミヤマカラスアゲハに似るが翅に輝きの強い帯はない。渓流沿いなどで見られ、雄は地表でよく吸水する。幼虫の食樹はコクサギなど。

♂：東京都八王子市（2012.8.12）

♂：東京都八王子市（2008.5.21）

♂：東京都八王子市（2008.5.21）

チョウ目

ミヤマカラスアゲハ 0014
Papilio maackii（アゲハチョウ科）

前翅長	38-75mm
時期	4-9月
分布	北海道・本州・四国・九州

見つけやすさ

黒っぽく、翅が緑色〜青色に輝く。カラスアゲハに似るが翅の表面に輝きの強い帯があり、後翅裏面には白帯があることが多い。山地の渓流沿いなどで見られ、雄は地表でよく吸水する。幼虫の食樹は、キハダ、カラスザンショウなど。

メモ 吸水中も案外敏感で、人が近づくと逃げてしまうが、殺気を消してしばらく待っていると、たいてい同じ場所に戻ってきてくれる。

春型♂：東京都八王子市（2008.5.7）

春型：東京都八王子市（2008.5.21）

夏型♂：山梨県甲州市（2012.7.18）

夏型♂：東京都八王子市（2008.9.3）

19

0015 ツマキチョウ
Anthocharis scolymus（シロチョウ科）

前翅長 20-30mm
時期 3-5月
分布 北海道・本州・四国・九州

白色で、後翅裏面は暗褐色の網目模様。前翅の翅端は暗褐色で、雄には橙色の紋がある。林縁や渓流沿いなどの開けた場所を飛ぶ。幼虫の食草は、ハタザオ類、イヌガラシなど。

♂：東京都八王子市（2011.5.8）

♀産卵：
東京都町田市
（2011.4.24）

0016 モンシロチョウ
Pieris rapae（シロチョウ科）

前翅長 20-30mm
時期 3-11月
分布 北海道・本州・四国・九州・沖縄

翅は白色で、表面には黒紋がある。スジグロシロチョウに似るが、翅に黒いすじはない。野原や畑をフワフワと飛び、花で吸蜜する。幼虫の食草は、キャベツなどアブラナ科各種。

東京都八王子市（2008.5.28）

奈良県生駒市
（2005.10.19）

0017 ヤマトスジグロシロチョウ
Pieris nesis（シロチョウ科）

前翅長 18-32mm
時期 4-10月
分布 北海道・本州・四国・九州

翅は白色で、黒いすじがある。スジグロシロチョウに似るが、山地性で、乾燥した明るい環境を好む。幼虫の食草は、ヤマハタザオ、スズシロソウなど。

東京都奥多摩町（2012.7.8）

♂：群馬県赤城山（2012.7.25）

0018 スジグロシロチョウ
Pieris melete（シロチョウ科）

前翅長 24-35mm
時期 4-10月
分布 北海道・本州・四国・九州

翅は白色。ヤマトスジグロシロチョウに似るが、平地～山地のやや暗く湿った環境に多い。モンシロチョウにも似るが本種は翅に黒いすじがある。幼虫の食草はイヌガラシ、ダイコンなど。

交尾（下が♀）：埼玉県入間市（2011.6.22）

♂：東京都練馬区（2008.6.4）

ヒメシロチョウ 0019
Leptidea amurensis（シロチョウ科）

前翅長	17-28mm
時期	4-10月
分布	北海道・本州・九州

白色の細い翅をもつ。幼虫の食草はツルフジバカマ。局所的。

山梨県富士吉田市(2010.8.15)

ツマグロキチョウ 0020
Eurema laeta（シロチョウ科）

前翅長	16-22mm
時期	3-11月
分布	本州・四国・九州

後翅裏面に不明瞭な褐色帯がある。幼虫の食草はカワラケツメイなど。

栃木県さくら市(2011.10.9)

キタキチョウ 0021
Eurema mandarina（シロチョウ科）

前翅長	18-27mm
時期	3-11月
分布	本州・四国・九州・沖縄

翅は黄色で表面の縁に黒色帯がある。林縁や草原でよく見られ、低いところを活発に飛ぶ。幼虫の食樹はネムノキ、ハギ類など。

夏型：山梨県富士吉田市(2010.9.191)

秋型：東京都羽村市(2010.11.10)

モンキチョウ 0022
Colias erate（シロチョウ科）

前翅長	22-33mm
時期	3-11月
分布	北海道・本州・四国・九州・沖縄

翅は黄色で後翅裏面に小白紋がある。幼虫の食草はシロツメクサなど。

上♂,下♀：東京都羽村市(2010.10.31)

東京・神奈川県境陣馬山(2012.7.4)

ヤマキチョウ 0023
Gonepteryx maxima（シロチョウ科）

前翅長	30-35mm
時期	5-8月
分布	本州(中部以北)

淡黄色で、翅端が尖る。本州中部〜東北の山地や高原で見られる。幼虫の食樹はクロツバラなど。

山梨県大泉村(2011.9.7)

スジボソヤマキチョウ 0024
Gonepteryx aspasia（シロチョウ科）

前翅長	28-40mm
時期	4-10月
分布	本州・四国・九州

前種に似るが翅の突出はより強く、後翅表面の翅脈（第7脈）が細い。渓流沿いや雑木林の周辺で見られ、アザミなどでよく吸蜜する。幼虫の食樹はクロウメモドキ、クロツバラなど。

長野県諏訪市(2009.8.5)

チョウ目

0025 ウラギンシジミ
Curetis acuta（シジミチョウ科）

前翅長	19-27mm
時期	3-11月
分布	本州・四国・九州・沖縄

見つけやすさ

神奈川県横浜市（2010.9.15）

♂：東京都八王子市（2011.6.24）

♀：埼玉県さいたま市（2009.6.17）

翅の裏面は純白。表面は濃茶色で、雄は朱色の紋、雌は水色の紋をもつ。前翅端が尖っている。林縁などを活発に飛び、雄は地表でよく吸水する。幼虫は、フジ、クズなどの花や新芽を食べる。

メモ 成虫で越冬するため、晩秋や早春にも見られる。温暖な地域では、真冬でも、好天の日には樹木のまわりをチラチラと飛び回り、驚かされることがある。

0026 ゴイシシジミ
Taraka hamada（シジミチョウ科）

前翅長	10-17mm
時期	5-10月
分布	北海道・本州・四国・九州

見つけやすさ

山梨県大泉村（2011.9.7）

白色地に明瞭な黒紋がある。ササが生えた林内や林縁をチラチラと飛ぶ。幼虫は肉食性でササコナフキツノアブラムシなどを食べる。

0027 ルーミスシジミ
Arhopala ganesa（シジミチョウ科）

前翅長	13-17mm
時期	4-11月
分布	本州・四国・九州

見つけやすさ

千葉県鴨川市（2011.9.4）

翅の表面に青色の紋をもつ。関東以南の暖地で見られるが、生息地は局所的。幼虫の食樹はイチイガシ、ウラジロガシなど。

0028 ムラサキシジミ
Arhopala japonica（シジミチョウ科）

前翅長	14-22mm
時期	3-11月
分布	本州・四国・九州・沖縄

見つけやすさ

翅の表面に青紫色の紋をもつ。幼虫の食樹はカシ類など。

♀：東京都八王子市（2009.7.29）

神奈川県横浜市（2010.6.30）

0029 ムラサキツバメ
Arhopala bazalus（シジミチョウ科）

前翅長	20-25mm
時期	4-10月
分布	本州・四国・九州・沖縄

見つけやすさ

♂：愛知県名古屋市（2007.10.30）

大阪府貝塚市（2018.7.21）

前種に似るが尾状突起をもつ。幼虫の食樹はマテバシイなど。

ウラゴマダラシジミ 0030
Artopoetes pryeri（シジミチョウ科）

前翅長 17-25mm
時期 5-7月
分布 北海道・本州・四国・九州

翅の裏面は灰白色で2列の黒点列があり、表面は淡紫色で周縁が黒く縁取られる。川沿いや谷戸で見られる。幼虫の食樹はイボタ類。

埼玉県入間市(2008.6.6)

ウスイロオナガシジミ 0031
Antigius butleri（シジミチョウ科）

前翅長 12-18mm
時期 6-8月
分布 北海道・本州・九州

翅の裏面は灰白色で黒斑がある。表面は暗灰色。林内や林縁で見られ、主に早朝に活動する。幼虫の食樹はカシワ、ミズナラなど。

長野県諏訪市(2008.7.29)

チョウ目

ミズイロオナガシジミ 0032
Antigius attilia（シジミチョウ科）

前翅長 11-18mm
時期 6-8月
分布 北海道・本州・四国・九州

翅の裏面は灰白色で、V字状の黒帯がある。表面は暗灰色。雑木林で見られ、夕刻になると活発に飛ぶ。都市近郊にも生息する。幼虫の食樹は、クヌギ、コナラなど。

メモ：ゼフィルスとよばれる美麗なグループの中で最も身近に見られる入門種。本書でとりあげたゼフィルスは0030から0040までの11種。

東京都東村山市(2009.6.3)

東京都東村山市(2009.6.3)

埼玉県所沢市(2012.6.10)

アカシジミ 0033
Japonica lutea（シジミチョウ科）

前翅長 16-22mm
時期 5-7月
分布 北海道・本州・四国・九州

翅は橙色で、裏面には銀白色の細帯があり、表面の前翅前縁に黒帯がある。雑木林で見られ、雄は主に午後遅く〜日没頃に樹木の周辺を活発に飛ぶ。幼虫の食樹はコナラ、ミズナラ、クヌギなど。

大阪府東大阪市(2006.6.21)

ウラナミアカシジミ 0034
Japonica saepestriata（シジミチョウ科）

前翅長 16-23mm
時期 6-8月
分布 北海道・本州・四国

翅の表面は橙色で、裏面には細かな縞模様がある。主に平地〜低山地の雑木林で見られ、夕刻〜日没頃に樹木の周辺を活発に飛ぶ。幼虫の食樹はクヌギ、アベマキ、ウバメガシなど。

栃木県宇都宮市(2013.6.5)

0035 ジョウザンミドリシジミ
Favonius taxila（シジミチョウ科）

- 前翅長 14-22mm
- 時期 6-7月
- 分布 北海道・本州

翅の表面は、雄はやや緑がかった青色に輝き、雌は黒褐色。裏面の尾状突起つけ根の朱色紋は中央部でくびれる。山地の広葉樹林で見られる。幼虫の食樹はミズナラなど。

♂：長野県松本市（2012.7.31）

♂：長野県松本市（1994.7.19）

0036 エゾミドリシジミ
Favonius jezoensis（シジミチョウ科）

- 前翅長 15-22mm
- 時期 6-7月
- 分布 北海道・本州・四国・九州

翅の表面は、雄は青みがかった黄緑色に輝き、雌は黒褐色。裏面の尾状突起つけ根の朱色紋はよく発達する。山地の広葉樹林で見られる。幼虫の食樹は、コナラ、ミズナラなど。

♀：長野県松本市（2012.7.31）

♂：群馬県赤城山（2012.7.25）

0037 ウラジロミドリシジミ
Favonius saphirinus（シジミチョウ科）

- 前翅長 14-20mm
- 時期 6-7月
- 分布 北海道・本州・四国・九州

翅の表面は、雄は青色に輝き、雌は黒褐色。裏面は灰白色で灰褐色の帯がある。尾状突起は短い。カシワの疎林などで見られる。幼虫の食樹は、ナラガシワ、カシワなど。

♂：大阪府東大阪市（2005.6.8）

♂：大阪府東大阪市（2005.6.8）

0038 オオミドリシジミ
Favonius orientalis（シジミチョウ科）

- 前翅長 17-23mm
- 時期 6-8月
- 分布 北海道・本州・四国・九州

翅の表面は、雄はやや緑がかった青色に輝き、雌は黒褐色。裏面の尾状突起つけ根の朱色紋は2つに分断される。広葉樹林で見られる。幼虫の食樹は、コナラ、クヌギなど。

♂：山梨県甲州市（2008.7.2）

♀：埼玉県横瀬町（2010.7.16）

♀：埼玉県横瀬町（2010.7.16）

ミドリシジミ 0039
Neozephyrus japonicus（シジミチョウ科）

- 前翅長 16-23mm
- 時期 6-8月
- 分布 北海道・本州・四国・九州

雄は翅の表面が青みがかった緑色に輝く。雌は黒褐色だが、青紋や赤紋をもつ個体もいる。裏面は茶褐色で白帯がある。里山の谷戸にあるハンノキ林などで見られる。幼虫の食樹は、ハンノキ、ヤマハンノキ。

メモ 梅雨の晴れ間の朝、ずぶずぶの湿地に広がるハンノキ林の下草に降りて翅を広げるので、観察には早起きの意志と長靴と体重の軽さが欠かせない。

♂：埼玉県入間市（2008.6.18）

♀：埼玉県所沢市（2012.6.13）

♀：埼玉県さいたま市（2008.6.11）

埼玉県さいたま市（2008.6.11）

フジミドリシジミ 0040
Sibataniozephyrus fujisanus（シジミチョウ科）

- 前翅長 14-19mm
- 時期 6-8月
- 分布 北海道・本州・四国・九州

翅の裏面は淡褐色で、白色と暗褐色の帯がある。表面は、雄は金青色で雌は黒褐色。雄は夕刻に樹上で占有行動をする。主に山地に生息し、西日本では分布が限られる。幼虫の食樹はブナ、イヌブナなど。

♂：東京都八王子市（2012.6.20）

カラスシジミ 0041
Fixsenia w-album（シジミチョウ科）

- 前翅長 15-19mm
- 時期 5-8月
- 分布 北海道・本州・四国・九州

翅は黒褐色で、裏面には白帯がある。日当りのよい林内や林縁などで見られ、花でよく吸蜜する。本州以南では山地性で、とくに近畿や四国では生息地が限られる。幼虫の食樹はハルニレ、オヒョウなど。

長野県松本市（2012.7.31）

チョウ目

夏型：埼玉県入間市(2011.6.22)

0042 トラフシジミ
Rapala arata（シジミチョウ科）

前翅長	16-21mm
時期	4-8月
分布	北海道・本州・四国・九州

春型：奈良県御所市(1998.4.20)

大阪府四條畷市(1999.6.17)

翅の裏面は茶褐色で白帯があるが、夏型は帯が不明瞭。表面は紫青色に鈍く輝く。林縁をすばやく飛び、花で吸蜜する。幼虫は、フジ、クズ、ウツギ、ノイバラなどの花や蕾、実を食べる。

メモ　春型は、大胆明瞭なストライプ柄がお洒落だが、茶色基調の草やぶや枝先にとまると、翅の輪郭が消えてたいてい見失ってしまう。

0043 ベニシジミ
Lycaena phlaeas（シジミチョウ科）

前翅長	13-19mm
時期	3-11月
分布	北海道・本州・四国・九州

夏型は黒色部が発達する。幼虫の食草はスイバ、ギシギシなど。

東京都町田市(2012.5.16)

春型：東京都八王子市(2012.4.29)

夏型：東京都東村山市(2009.6.14)

0044 コツバメ
Callophrys ferrea（シジミチョウ科）

前翅長	11-16mm
時期	3-6月
分布	北海道・本州・四国・九州

翅の表面は鈍い青色。幼虫はツツジ類などの花や若葉を食べる。

東京都青梅市(2013.4.28)

0045 クロシジミ
Niphanda fusca（シジミチョウ科）

前翅長	17-23mm
時期	6-8月
分布	本州・四国・九州

奈良県十津川村(1998.7.31)

翅の裏面に染みのような斑紋がある。雄の翅の表面は暗紫色に輝く。幼虫はクロオオアリの巣の中で育つ。

0046 シルビアシジミ
Zizina emelina（シジミチョウ科）

前翅長	8-14mm
時期	4-11月
分布	本州・四国・九州

栃木県さくら市(2011.9.18)

雄の翅の表面は淡紫青色、雌は黒褐色。河川敷や草原で見られるが、生息地は限られる。幼虫の食草はミヤコグサ、シロツメクサなど。

ヤマトシジミ　0047
Zizeeria maha（シジミチョウ科）

- 前翅長　9-16mm
- 時期　3-11月
- 分布　本州・四国・九州・沖縄

翅の裏面は灰色で小黒紋がたくさんある。表面は、雄は淡紫青色で、雌は黒褐色地に淡紫青色が入る。人家周辺でもよく見られ、幼虫の食草であるカタバミの周辺をチラチラと飛ぶ。

東京都東村山市（2009.9.6）

♂：埼玉県横瀬町（2012.10.17）　♀：東京都羽村市（2010.9.29）

ツバメシジミ　0048
Everes argiades（シジミチョウ科）

- 前翅長　9-19mm
- 時期　3-10月
- 分布　北海道・本州・四国・九州

翅の裏面は灰白色で、後翅に朱色紋がある。尾状突起をもつ。雄は表面が淡紫青色に輝き、雌は黒色。草はらなどで見られ、市街地にも生息する。幼虫はマメ科各種の花や蕾を食べる。

交尾（左が♀）：神奈川県横浜市（2010.9.15）

♂：東京都日野市（2012.10.7）　♀：東京都八王子市（2012.4.29）

ルリシジミ　0049
Celastrina argiolus（シジミチョウ科）

- 前翅長　12-19mm
- 時期　3-11月
- 分布　北海道・本州・四国・九州

翅の裏面は灰白色で小黒紋がたくさんある。雄は表面が淡紫青色に輝き、雌は灰水色で周縁部が黒い。林縁などで見られる。幼虫は、マメ科各種の花や蕾などを食べる。

東京都八王子市（2008.6.25）

♂：東京都八王子市（2008.6.25）

スギタニルリシジミ　0050
Celastrina sugitanii（シジミチョウ科）

- 前翅長　11-17mm
- 時期　3-5月
- 分布　北海道・本州・四国・九州

翅の裏面はくすんだ灰色。表面はやや暗い紫青色に輝く。ルリシジミに似るが、裏面の黒紋がやや大きい。渓流沿いで見られる。幼虫は、トチノキなどの花や蕾を食べる。

♂：埼玉県飯能市（2012.4.15）

♂：埼玉県飯能市（2012.4.15）

0051 ウラナミシジミ
Lampides boeticus（シジミチョウ科）

前翅長 13-18mm
時期 7-11月
分布 本州・四国・九州・沖縄

翅の裏面に茶色と白色の縞模様がある。雄の表面は紫藍色。温暖地で越冬し、毎年、夏から秋にかけて勢力を北に広げる。幼虫はマメ科各種の蕾や若い果実などを食べる。

山梨県富士吉田市（2010.9.19）

♀：神奈川県横浜市（2010.10.27）

0052 ヒメシジミ
Plebejus argus（シジミチョウ科）

前翅長 11-17mm
時期 6-8月
分布 北海道・本州・九州

翅の裏面は灰白色で小黒紋と朱色帯がある。雌の地色は茶色みを帯びる。雄は表面が青藍色で、雌は暗褐色。山地の草はらなどで見られる。幼虫の食草はアザミ類、オオイタドリなど。

♂：長野県諏訪市（2012.7.22） ♂：長野県諏訪市（2012.7.22）

♀：長野県諏訪市（2012.7.22） ♀：長野県諏訪市（2012.7.22）

0053 ミヤマシジミ
Plebejus argyrognomom（シジミチョウ科）

前翅長 12-16mm
時期 4-11月
分布 本州（中部以北）

翅の裏面は灰白色で、小黒紋と朱色帯があり、後翅の外縁近くに小さな藍色紋をもつ。雄は表面が藍紫色で、雌は暗褐色。河川敷などで見られる。幼虫の食草はコマツナギなど。

♂：山梨県富士吉田市（2012.8.15）

♂：山梨県富士吉田市（2012.8.15） ♀：山梨県富士吉田市（2012.8.15）

0054 アサマシジミ
Plebejus subsolanus（シジミチョウ科）

前翅長 14-20mm
時期 6-8月
分布 北海道・本州（中部・関東西部）

翅の裏面は灰白色で、小黒紋と朱色帯がある。雄は表面が灰青色で、雌は黒褐色。山地の草はらなどで見られる。幼虫の食草はナンテンハギ、クサフジなど。

♀：長野県諏訪市（2008.7.29）

クロマダラソテツシジミ 0055
Chilades pandava（シジミチョウ科）

前翅長	15mm前後
時期	6-11月
分布	本州・四国・九州・沖縄

見つけやすさ ×

翅の裏面は茶灰色で、白色に縁取られた濃褐色の小紋があり、表面は淡青色。本来、東南アジア等に分布する種類だが、90年代の初めに沖縄に侵入し、以降、国内各地で発生が確認されている。幼虫はソテツを食べる。

メモ 温暖地を中心に勢力を広げており、公園、校庭、道路脇などのソテツの植えられた場所では、ある日、突然、出現する可能性がある。

奈良県生駒市（2008.10.15）

♂：奈良県生駒市（2008.10.15）

テングチョウ 0056
Libythea lepita（タテハチョウ科）

前翅長	19-29mm
時期	3-11月
分布	北海道・本州・四国・九州・沖縄

翅の表面は茶褐色で、橙色の紋がある。裏面は褐色で枯葉に似る。下唇ひげ（パルピ）が長い。低山地でよく見られ、山道の地表などで吸水する。ときに大発生することがある。幼虫の食樹はエノキ各種。

メモ 下唇ひげとよばれる部分が頭部前方に長く伸び、まさに天狗の風貌。本種を追いかけていると小天狗に翻弄される気分が味わえる。

東京都武蔵村山市（2012.10.21）

大阪府四條畷市（2012.6.24）

サカハチチョウ 0057
Araschnia burejana（タテハチョウ科）

前翅長	20-25mm
時期	4-8月
分布	北海道・本州・四国・九州

春型の翅の表面は黒褐色で橙色紋と黄白色帯があり、夏型は黒褐色地に一本の白帯がある。翅の裏面は茶褐色で、複雑な網目模様がある。渓流沿いなどで見られ、地表によくとまる。幼虫の食草は、イラクサ、コアカソなど。

メモ 本種の一番の魅力は、翅の裏面の複雑なデザインだが、翅を広げてとまるのを好むので、ゆっくり見せてもらえないことが多い。

春型：東京都八王子市（2008.5.21）

春型：東京都八王子市（2008.4.30）

夏型：山梨県甲州市（2011.7.13）

夏型：山梨県甲州市（2011.7.13）

0058 コヒョウモンモドキ
Melitaea ambigua（タテハチョウ科）

前翅長 18-27mm
時期 6-8月
分布 本州（中部・関東北部）

翅の表面は橙色と暗褐色のまだら模様。後翅裏面は黄白色紋が発達する。山地の草はらなどで見られ、やや緩やかに飛ぶ。生息地は局所的。幼虫の食草はクガイソウ。

♂：長野県諏訪市（2012.7.22）

♀：長野県諏訪市（2008.7.29）

0059 キタテハ
Polygonia c-aureum（タテハチョウ科）

前翅長 22-34mm
時期 3-11月
分布 北海道・本州・四国・九州

翅の表面は黄〜橙色で黒色紋がたくさんある。裏面は黄褐色で複雑な模様があり枯葉に似る。草はらや明るい林縁などでよく見られる。幼虫の食草はカナムグラなど。

秋型：神奈川県横須賀市（2012.11.4）　秋型：神奈川県横須賀市（2012.11.4）

 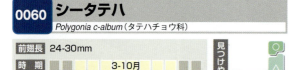
夏型：埼玉県所沢市（2012.6.13）　夏型：神奈川県横浜市（2010.9.15）

0060 シータテハ
Polygonia c-album（タテハチョウ科）

前翅長 24-30mm
時期 3-10月
分布 北海道・本州・四国・九州

翅の表面は黄〜橙色で黒色紋がたくさんある。キタテハに似るが、翅の外縁の凹凸が強い。暖地では山地性。渓流沿いや林縁で見られる。幼虫の食樹は、ハルニレ、オヒョウなど。

夏型：山梨県北杜市（2008.7.31）

夏型：山梨県北杜市（2008.7.31）

0061 ヒメアカタテハ
Vanessa cardui（タテハチョウ科）

前翅長 25-33mm
時期 3-11月
分布 北海道・本州・四国・九州・沖縄

翅の表面は朱色で黒色紋がある。アカタテハに似るがやや小型で、後翅にも前翅と同様の斑紋がある。畑、草はらなど開けた場所で見られる。幼虫の食草は、ヨモギ、ゴボウなど。

奈良県生駒市（2005.10.12）

奈良県生駒市（2005.10.12）

アカタテハ 0062
Vanessa indica（タテハチョウ科）

前翅長 30-35mm
時期 3-11月
分布 北海道・本州・四国・九州・沖縄

前翅は朱色と黒色に塗り分けられ、後翅は茶褐色。山地から人家周辺まで広く見られる。活発に飛び、花で吸蜜したり、地表で日光浴する。幼虫の食草は、イラクサ、カラムシなど。

神奈川県横浜市（2010.10.27）

神奈川県横浜市（2010.10.27）

エルタテハ 0063
Nymphalis vaualbum（タテハチョウ科）

前翅長 30-36mm
時期 4-10月
分布 北海道・本州（中部以北）

翅の表面は朱色で黒色紋がある。本州では主に1000m以上の高標高地で見られる。渓流沿いなどを飛び、地表でよく吸水する。幼虫の食樹は、ハルニレ、オヒョウなど。

東京都奥多摩町（2011.7.10）

東京都奥多摩町（2011.7.10）

ヒオドシチョウ 0064
Nymphalis xanthomelas（タテハチョウ科）

前翅長 32-42mm
時期 3-8月
分布 北海道・本州・四国・九州

翅の表面は鮮やかな朱色で黒色紋がある。裏面は濃褐色で樹皮に似る。雑木林の周辺をすばやく飛び、樹液によく集まる。幼虫の食樹は、エノキ、エゾエノキなど。

大阪府四條畷市（2006.6.14）

大阪・奈良県境生駒山（2003.4.16）

ルリタテハ 0065
Kaniska canace（タテハチョウ科）

前翅長 25-44mm
時期 3-11月
分布 北海道・本州・四国・九州・沖縄

翅の表面は濃紺色で淡青色の帯がある。裏面は黒褐色で凹凸感があり樹皮に似る。雑木林の周辺を力強く飛び、樹液に集まる。地表にもよくとまる。幼虫の食草はサルトリイバラなど。

神奈川県横浜市（2010.6.30）

埼玉県横瀬町（2008.7.16）

チョウ目

山梨県大泉村(2012.8.19)

山梨県甲州市(2011.7.13)

0066 クジャクチョウ
Inachis io（タテハチョウ科）

前翅長	26-32mm
時期	3-10月
分布	北海道・本州(中部以北)

翅の表面は鮮やかな赤色で、孔雀の羽模様に似た紋がある。翅の裏面は黒褐色。本州では山地性で、林縁などをすばやく飛び、花でよく吸蜜する。幼虫の食草はホソバイラクサ、カラハナソウなど。

メモ　「孔雀蝶」の和名も艶やかだが、学名の種小名「io」はエジプトの女神官～月の女神にちなみ、日本産亜種名「geisha」は芸者さんにちなむ。

大阪府四條畷市(2004.7.6)
大阪府東大阪市(2006.6.21)

0067 イシガケチョウ
Cyrestis thyodamas（タテハチョウ科）

前翅長	26-36mm
時期	3-11月
分布	本州・四国・九州・沖縄

雄の翅は白色、雌は白色～淡黄色。複雑な黒色のすじ模様がある。翅を水平に開いてとまる。南方系だが、分布を徐々に北に広げている。幼虫はイヌビワ、イチジクなどの葉を食べる。

メモ　黒いすじが不規則に走る特異なデザイン。和名では石垣～石崖に見立てているが、英名では地図に見立てて"Common Map"とよばれる。

山梨県甲州市(2008.8.20)

0068 スミナガシ
Dichorragia nesimachus（タテハチョウ科）

前翅長	31-44mm
時期	5-8月
分布	本州・四国・九州・沖縄

翅は青緑がかった墨色で、白い小紋が散りばめられている。口吻が赤い。雑木林周辺で見られ、樹液に飛来する。危険を察すると樹木の葉裏で翅を水平にしてとまり身を潜める。幼虫の食樹はアワブキ、ヤマビワなど。

メモ　「墨流し」の名のとおり、和風情緒に満ちた風雅なチョウ。樹液に飛んで来て翅を広げ、鮮やかな紅色の口吻を伸ばす姿が麗しい。

キベリタテハ 0069
Nymphalis antiopa（タテハチョウ科）

前翅長	32-43mm
時期	4-9月
分布	北海道・本州（中部以北）

翅の表面は栗色で、外縁は黄白色帯で縁取られ、帯の内側に鮮やかな青藍色の小紋が並ぶ。本州では主に1000m以上の高標高地で見られる。幼虫の食樹は、ダケカンバなど。

山梨県大泉村（2011.9.7）

ゴマダラチョウ 0070
Hestina persimilis（タテハチョウ科）

前翅長	35-50mm
時期	5-9月
分布	北海道・本州・四国・九州

翅は黒白の粗いごまだら模様。口吻は黄色。雑木林の上空や周辺を悠々と飛び、樹液や獣糞などに飛来する。人家周辺でも見られる。幼虫の食樹は、エノキ、エゾエノキなど。

大阪府東大阪市（2011.6.30）

大阪府東大阪市（2011.6.30）

アカボシゴマダラ 0071
Hestina assimilis（タテハチョウ科）

前翅長	40-53mm
時期	4-10月
分布	本州（関東）・奄美大島

翅は黒白のごまだら模様で後翅に赤斑列がある。本来は奄美諸島のみに分布するが、近年、大陸由来の個体群が関東に広がっている。幼虫の食樹は関東ではエノキ、奄美ではクワノハエノキ。

夏型：東京都八王子市（2011.7.27）　夏型：東京都八王子市（2009.7.29）

春型：埼玉県さいたま市（2009.6.17）　春型：神奈川県横浜市（2011.5.25）

コムラサキ 0072
Apatura metis（タテハチョウ科）

前翅長	30-42mm
時期	5-10月
分布	北海道・本州・四国・九州

翅は暗茶色で淡い橙色の紋がある。雄は翅の表面が紫に輝く。雑木林や河川敷で見られ、樹液や獣糞などに飛来する。幼虫の食樹は、ネコヤナギ、シダレヤナギなど。

東京都羽村市（2009.9.9）　♂：長野県諏訪市（2008.7.29）

0073 オオムラサキ
Sasakia charonda（タテハチョウ科）

前翅長 43-68mm
時期 6-8月
分布 北海道・本州・四国・九州

♂：山梨県甲州市（2012.7.18）

翅の表面は黒褐色で白〜黄色の斑紋があり、雄は青紫色に輝く。雌は暗褐色で雄のような輝きはない。裏面は灰白色〜黄白色。雑木林の樹上を滑降しながら悠々と飛び、樹液に集まる。幼虫はエノキの葉を食べる。

メモ 日本の国蝶。夏の日の午後、高い樹木の梢で占有行動をとり、鳥さえも追い払う凛々しい雄の姿は、その称号にふさわしい。

大阪府東大阪市（2014.7.16）

♀：大阪府四條畷市（2005.7.13）

0074 コウゲンヒョウモン
Brenthis sp.（タテハチョウ科）

前翅長 21-31mm
時期 6-8月
分布 本州（中部以北）

ほかのヒョウモンチョウ類にくらべ、やや小さい。農地周辺の明るい草地や高山の草はらで見られる。幼虫の食草は、ワレモコウ、オニシモツケなど。

長野県諏訪市（2012.7.22）

0075 コヒョウモン
Brenthis ino（タテハチョウ科）

前翅長 23-33mm
時期 6-8月
分布 北海道・本州（中部・関東北部）

前種に似るが翅にやや丸みがある。渓流沿いや湿地の周辺に生息し、本州では関東北部から中部の山地帯のみで見られる。幼虫の食草はオニシモツケなど。

長野県諏訪市（2009.8.5）

長野県松本市（2012.8.1）

ウラギンスジヒョウモン 0076
Argyronome laodice（タテハチョウ科）

前翅長	28-37mm
時期	5-10月
分布	北海道・本州・四国・九州

後翅の裏面に白色紋列と褐色の帯がある。メスグロヒョウモンの雄に似る。林縁や湿った草地などで見られ、花で吸蜜する。獣糞などにも集まる。幼虫の食草はスミレ類。

♂：長野県諏訪市（2010.7.28）

♀：山梨県富士吉田市（2012.8.15）

オオウラギンスジヒョウモン 0077
Argyronome ruslana（タテハチョウ科）

前翅長	34-43mm
時期	6-10月
分布	北海道・本州・四国・九州

後翅の裏面に白色紋列と褐色の帯がある。前翅の翅端がやや突出する。林縁や渓流沿いで見られ、花で吸蜜する。幼虫の食草はタチツボスミレなど。

♂：埼玉県横瀬町（2010.7.16）

♂：埼玉県横瀬町（2010.7.16）

クモガタヒョウモン 0078
Nephargynnis anadyomene（タテハチョウ科）

前翅長	33-42mm
時期	5-10月
分布	北海道・本州・四国・九州

翅の裏面は淡い黄橙色で目だった紋はない。低山地～山地の雑木林周辺で見られ、花で吸蜜する。地表で吸水することも多い。幼虫の食草はタチツボスミレなど。

♀：山梨県甲州市（2012.6.6）

♂：奈良県山添村（1994.6.1）

メスグロヒョウモン 0079
Damora sagana（タテハチョウ科）

前翅長	30-40mm
時期	6-10月
分布	北海道・本州・四国・九州

雌の翅は黒色で白い帯があり、イチモンジチョウ類に似る。雄は豹紋柄で、裏面はウラギンスジヒョウモンに似る。林縁などで見られ、花で吸蜜する。幼虫の食草はスミレ類。

♀：山梨県北杜市（2012.9.30）

♀：大阪府東大阪市（2006.6.21）

♂：神奈川県横浜市（2010.6.30）

0080 ミドリヒョウモン
Argynnis paphia（タテハチョウ科）

前翅長	31-40mm
時期	5-10月
分布	北海道・本州・四国・九州

ほかのヒョウモンチョウ類ほどオレンジ色が鮮やかでない。後翅の裏面に数本の白帯がある。林縁や渓流沿いで見られ、花で吸蜜する。幼虫の食草はスミレ類。

♂：大阪府東大阪市（2006.6.21）　♂：大阪府東大阪市（2006.6.21）

♀：長野県諏訪市（2010.7.28）　♀：長野県諏訪市（2012.8.22）

0081 ギンボシヒョウモン
Speyeria aglaja（タテハチョウ科）

前翅長	28-34mm
時期	6-9月
分布	北海道・本州（中部以北）

後翅の裏面には白紋が多く、前縁沿いの白紋は4個。明るい草はらや林縁で見られ、アザミなどの花でよく吸蜜する。幼虫の食草は、イブキトラノオ、スミレ類など。

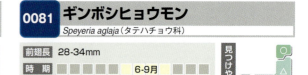

♀：長野県諏訪市（2008.7.29）

長野県諏訪市（2008.7.29）

0082 ウラギンヒョウモンの一種
Fabriciana sp.（タテハチョウ科）

前翅長	27-36mm
時期	6-10月
分布	北海道・本州・四国・九州

後翅の裏面には白紋が多く、前縁沿いの白紋は5個。明るい草はらや林縁で見られ、活発に飛び回って、アザミなどの花でよく吸蜜する。幼虫の食草はスミレ類。

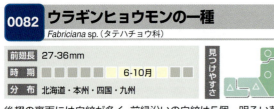

♂：長野県諏訪市（2008.7.29）

長野県諏訪市（2009.8.5）

0083 ツマグロヒョウモン
Argyreus hyperbius（タテハチョウ科）

前翅長	27-38mm
時期	4-11月
分布	本州・四国・九州・沖縄

後翅裏面は淡い斑紋模様。雌は前翅の翅端付近が黒い。野山や公園などに広く生息し、都市周辺でも見る機会が多い。幼虫は、パンジーなどの園芸品種も含めスミレ類を広く食べる。

♀：東京都武蔵五日市市（2007.10.10）

♂：東京都町田市（2010.7.14）　♀：奈良県生駒市（2013.10.9）

ミスジチョウ 0084
Neptis philyra（タテハチョウ科）

前翅長 30-38mm
時期 5-8月
分布 北海道・本州・四国・九州

翅は濃茶色で3本の白帯がある。前翅前縁に沿う白帯は直線状。林縁や渓流沿いで見られ、地表で吸水したり、獣糞に集まる。幼虫はカエデ類の葉を食べて育つ。

東京都檜原村(2012.7.11)　山梨県甲州市(2012.6.17)

オオミスジ 0085
Neptis alwina（タテハチョウ科）

前翅長 33-34mm
時期 6-8月
分布 北海道・本州（中部以北）

翅は濃茶色で3本の白帯がある。前翅前縁沿いの白帯には凹凸がある。中部以北に分布し、低山地～山地の農地や村落周辺に多い。幼虫の食樹は、ウメ、スモモなど。

長野県松本市(2012.7.31)

長野県松本市(2012.7.31)

ホシミスジ 0086
Neptis pryeri（タテハチョウ科）

前翅長 23-34mm
時期 5-10月
分布 本州・四国・九州

翅は濃茶色で3本の白帯がある。前翅前縁沿いの白帯は細かく分かれ白紋列になる。林縁や人家の庭などで見られる。幼虫は、シモツケ、ユキヤナギなどの葉を食べる。

長野県原村(2008.7.30)

コミスジ 0087
Neptis sappho（タテハチョウ科）

前翅長 22-30mm
時期 4-10月
分布 北海道・本州・四国・九州

翅は濃茶色で3本の白帯がある。前翅前縁沿いの白帯は2つに分断される。林縁でよく見られる。滑空を交えながら緩やかに飛ぶ。幼虫の食草はクズ、フジなどマメ科各種。

千葉県市川市(2011.5.14)（写真：大野透）

埼玉県入間市
(2011.6.22)

チョウ目

0088 フタスジチョウ
Neptis rivularis（タテハチョウ科）

前翅長	21-28mm
時期	6-8月
分布	北海道・本州(中部以北)

見つけやすさ

濃茶色で2本の白帯がある。幼虫の食樹はシモツケなど。

長野県原村(2008.7.30)

0089 アサマイチモンジ
Limenitis glorifica（タテハチョウ科）

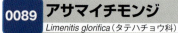

京都府木津川市(2014.5.19)

前翅長	27-38mm
時期	5-10月
分布	本州

見つけやすさ

イチモンジチョウに似るが前翅中央(第3室)の白紋が大きい。イチモンジチョウよりも明るい環境を好む。幼虫の食草はスイカズラなど。

京都府木津川市(2014.5.19)

東京都青梅市(2012.5.27)　東京都青梅市(2012.5.27)

0090 イチモンジチョウ
Limenitis camilla（タテハチョウ科）

前翅長	24-36mm
時期	5-10月
分布	北海道・本州・四国・九州

見つけやすさ

翅は黒色で、白帯がある。アサマイチモンジに似るが、前翅中央(第3室)の白紋が小さい。渓流沿いなどで見られ、花で吸蜜したり、地表で吸水する。幼虫の食草はスイカズラなど。

> メモ 山道を歩いていると、汗を吸おうとしてしつこく纏わりついてくることがある。長い口吻で肌を撫で回されるこそばゆさもまた一興。

交尾(上が♀)：東京都町田市(2012.5.16)　埼玉県入間市(2013.5.1)

0091 ヒメウラナミジャノメ
Ypthima argus（タテハチョウ科）

前翅長	18-24mm
時期	4-9月
分布	北海道・本州・四国・九州

見つけやすさ

翅は淡褐色で、裏面には明瞭な眼状紋と細かなすじ模様がある。草はらや林の周辺で広く見られ、個体数も多い。草地の周辺をヒョコヒョコと低く飛び、花で吸蜜する。幼虫の食草は、チヂミザサ、ススキ、チガヤなど。

> メモ 普通種なので見過ごしがちだが、翅裏面のすじ模様や眼状紋は、じっと見つめていると軽いめまいを覚えるような妖しさがある。

ウラジャノメ 0092
Lopinga achine（タテハチョウ科）

- 前翅長 22-30mm
- 時期 6-8月
- 分布 北海道・本州

翅は淡茶色で、裏面の眼状紋は大きく明瞭。裏面には白色の細帯がある。疎林や渓流沿いの林の周辺で見られる。幼虫の食草は、ヒメノガリヤス、ショウジョウスゲなど。

メモ 人の気配に敏感で、しかも飛んでいると普通の茶色いチョウにしか見えないので、出会っているのに見過ごしてしまうことが多い。

長野県諏訪市（2008.7.29）

長野県諏訪市（2012.7.22）

ツマジロウラジャノメ 0093
Lasiommata deidamia（タテハチョウ科）

- 前翅長 24-32mm
- 時期 6-9月
- 分布 北海道・本州・四国

主に露岩地で見られる。幼虫の食草はヒメノガリヤスなど。

♀：東京都奥多摩町（2010.9.1）

キマダラモドキ 0094
Kirinia fentoni（タテハチョウ科）

- 前翅長 28-36mm
- 時期 6-8月
- 分布 北海道・本州・四国・九州

疎林内部の薄暗い場所に生息する。幼虫の食草はススキなど。

山梨県富士吉田市（2010.8.15）

ジャノメチョウ 0095
Minois dryas（タテハチョウ科）

- 前翅長 28-42mm
- 時期 7-9月
- 分布 北海道・本州・四国・九州

翅は褐色で、後翅裏面に不明瞭な白帯がある。雌は雄よりも色が淡い。都市郊外から高原まで広く見られる。草はらや林の周辺を緩やかに飛び、花で吸蜜する。幼虫の食草はススキなど。

メモ 名前からすると「本家ジャノメチョウ」的存在だが、本種の蛇の目（眼状紋）は控えめで、むしろ地色の渋さに魅力がある。

交尾（右が♀）：山梨県富士吉田市（2012.8.15）

山梨県富士吉田市（2012.8.15）

チョウ目

0096 コジャノメ
Mycalesis francisca（タテハチョウ科）

前翅長	20-30mm
時期	5-9月
分布	本州・四国・九州

♀：大阪府東大阪市（2012.8.6）

ヒメジャノメに似るが、地色が暗く後翅裏面の前縁部から並ぶ小眼状紋は4個。幼虫の食草はアシボソ、チヂミザサなど。

0097 ヒメジャノメ
Mycalesis gotama（タテハチョウ科）

前翅長	18-31mm
時期	5-10月
分布	北海道・本州・四国・九州

♂：埼玉県所沢市（2012.6.13）

コジャノメに似るが、地色が明るく後翅裏面の前縁部から並ぶ小眼状紋は普通3個。幼虫の食草はイネ、チヂミザサ、ススキなど。

0098 クロヒカゲ
Lethe diana（タテハチョウ科）

前翅長	23-33mm
時期	5-9月
分布	北海道・本州・四国・九州

♂：東京都東村山市（2011.8.31）

♀：長野県諏訪市（2008.7.29）

♂：埼玉県所沢市（2012.6.13）

雄は翅が黒褐色で、雌は茶褐色。ヒカゲチョウに似るが、より色が濃い。林の中や薄暗い林縁で見られ、樹液にもよく集まる。幼虫の食草は、メダケ、アズマネザサ、ヤダケ、クマザサなど。

メモ 雄は'色黒で精悍な男前'、雌は'小麦肌でぽっちゃり型の美人さん'…と覚えておくと、雌雄を見分けることができる。

0099 ヒカゲチョウ
Lethe sicelis（タテハチョウ科）

前翅長	25-34mm
時期	5-9月
分布	本州・四国・九州

♂：東京都東村山市（2011.8.31）

♀：長野県南牧村（2011.8.2）

別名ナミヒカゲ。翅は黄土色。クロヒカゲに似るがより色が淡く、後翅裏面中央を走る帯はあまり湾曲しない。雑木林の林内や林縁で見られ、樹液にもよく集まる。幼虫の食草は、メダケ、アズマネザサ、ヤダケ、クマザサなど。

メモ 東京や大阪など大都市周辺でもよく見かけるので有り難みが少ないが、日本特産種であり、世界的にはそこそこ珍しい種類。

クロコノマチョウ 0100
Melanitis phedima（タテハチョウ科）

- 前翅長 32-45mm
- 時期 3-11月
- 分布 本州・四国・九州・沖縄

翅は淡褐色〜濃褐色で、周縁が角張っており、枯葉に似る。雑木林などで見られ、夕刻、林内や林縁を活発に飛び回る。南方系の種類だが、近年、分布を拡大している。幼虫の食草は、ススキ、ジュズダマ、ヨシ、ダンチクなど。

メモ 南方系だが分布を北に広げつつある。今までいなかった地域でも、やや薄暗い場所を見慣れない茶色の巨大チョウが飛んでいたら本種の可能性が高い。

♀：東京都八王子市（2008.9.3）

♂：埼玉県入間市（2012.9.16）

ヒメキマダラヒカゲ 0101
Zophoessa callipteris（タテハチョウ科）

- 前翅長 25-34mm
- 時期 5-9月
- 分布 北海道・本州・四国・九州

翅は淡褐色でやや細い。本州以南では山地に多く、ササ類の生える林の内部や林縁で見られる。花でよく吸蜜する。幼虫の食草は、チシマザサ、シナノザサ、スズタケなど。

メモ ほかのヒカゲチョウの仲間とくらべると、眼状紋が小さく色模様も控えめで、どこかエレガントな雰囲気が漂う。

♂：山梨県八ヶ岳東麓（2012.7.29）

♂：長野県松本市（1994.7.20）

サトキマダラヒカゲ 0102
Neope goschkevitschii（タテハチョウ科）

- 前翅長 26-39mm
- 時期 5-9月
- 分布 北海道・本州・四国・九州

ヤマキマダラヒカゲに似るが後翅裏面基部の3紋が離れない。平地〜丘陵地に多い。幼虫の食草はマダケ、アズマネザサなど。

東京都東村山市（2010.5.26）

ヤマキマダラヒカゲ 0103
Neope niphonica（タテハチョウ科）

- 前翅長 27-37mm
- 時期 5-9月
- 分布 北海道・本州・四国・九州

前種に似るが後翅裏面基部の3紋のうち一番下の紋が外側に離れる。本州以南では山地に多い。幼虫の食草はアズマネザサなど。

山梨県甲州市（2012.5.23）

チョウ目

0104 アサギマダラ
Parantica sita（タテハチョウ科）

前翅長 43-65mm
時期 4-10月
分布 北海道・本州・四国・九州・沖縄
見つけやすさ

長野県諏訪市(2010.7.28)

翅は濃茶色と青白色の粗いまだら模様。青白い部分は半透明。林縁などをふわふわと優雅に飛ぶ。移動性が高く、何千キロも移動することがある。体内に毒をもち、鳥などに食べられるのを防いでいる。幼虫の食草はガガイモなど。

メモ 全国各地で翅に識別記号を書くことによるマーキング調査が行われている。野外で見かけた時は記号の有無を確認するのも楽しみ。

長野県諏訪市(2010.7.28)

0105 ダイミョウセセリ
Daimio tethys（セセリチョウ科）

前翅長 15-21mm
時期 4-10月
分布 北海道・本州・四国・九州
見つけやすさ

翅は黒褐色で白紋列がある。地理的変異があり、東日本では一般に後翅の白紋列は不明瞭。林縁などで見られ、翅を水平に開いてとまる。幼虫の食草はヤマノイモなど。

大阪府四條畷市(2006.5.24)

埼玉県入間市(2013.5.1)

東京都町田市(2011.5.15)

0106 ミヤマセセリ
Erynnis montanus（セセリチョウ科）

前翅長 14-22mm
時期 3-6月
分布 北海道・本州・四国・九州
見つけやすさ

翅は褐色で黄土色や白色の斑紋がある。雌は前翅の翅端の白色部が発達する。春に、明るい雑木林の地表近くを飛び、翅を水平に開いてとまる。幼虫の食樹はクヌギなど。

♂：東京都八王子市(2011.4.6)

♀：埼玉県入間市(2009.4.5)

♂：埼玉県入間市(2012.5.6)

アオバセセリ 0107
Choaspes benjaminii（セセリチョウ科）

前翅長	23-31mm
時期	5-8月
分布	本州・四国・九州・沖縄

くすんだ緑色で後翅後角部に朱色紋がある。沢沿いなどで見られ、敏速に飛翔する。幼虫の食樹はアワブキ、ミヤマハハソなど。

東京都八王子市(2008.5.21)

キバネセセリ 0108
Burara aquilina（セセリチョウ科）

前翅長	21-26mm
時期	7-8月
分布	北海道・本州・四国・九州

黄褐色で、雌は前翅に淡褐色の斑紋がある。沢沿いなどで見られる。本州以南では山地性で西日本には少ない。幼虫の食樹はハリギリ。

山梨県八ヶ岳東麓(2012.7.29)

ギンイチモンジセセリ 0109
Leptalina unicolor（セセリチョウ科）

前翅長	13-21mm
時期	4-9月
分布	北海道・本州・四国・九州

翅の裏面は黄褐色で後翅に銀白色の帯がある。夏型は帯が目立たない。表面は黒褐色。腹部が細く飛翔速度も遅いのであまりセセリチョウらしくない。河川敷の草はらなどで見られる。幼虫の食草は、ススキ、チガヤ、アシなど。

メモ 草はらの地表近くをヒュラヒュラと飛ぶ。なかなかとまらないので追いかけ回した末に結局見失うこともしばしば。美しい銀一文字を観察するには忍耐が必要。

春型♀：東京都羽村市(2008.4.23)

東京都羽村市(2008.4.23)

夏型♂：東京都あきる野市(2013.7.21)

ホソバセセリ 0110
Isoteinon lamprospilus（セセリチョウ科）

前翅長	16-21mm
時期	6-8月
分布	本州・四国・九州

茶褐色で翅の裏面にはたくさんの小白紋がある。沢沿いの林縁などで見られ、やや薄暗い環境を好む。幼虫の食草はススキなど。

山梨県甲州市(2012.7.18)

ホシチャバネセセリ 0111
Aeromachus inachus（セセリチョウ科）

前翅長	10-15mm
時期	6-9月
分布	本州

くすんだ茶褐色で、翅の裏面の斑紋列は不明瞭。山地の草地などで見られるが生息地は限られる。幼虫の食草はオオアブラススキなど。

長野県諏訪市(2009.8.5)

チョウ目

0112 コチャバネセセリ
Thoressa varia（セセリチョウ科）

前翅長	14-19mm
時期	4-9月
分布	北海道・本州・四国・九州

見つけやすさ

翅の裏面は淡黄褐色で、翅脈にそって黒褐色の筋模様がある。ササ類、タケ類の生えた林縁部などでよく見られ、都市郊外にも多い。幼虫は、クマザサ、ミヤコザサ、メダケなどの葉を食べる。

東京都八王子市(2013.5.8)

0113 アカセセリ
Hesperia florinda（セセリチョウ科）

前翅長	14-19mm
時期	7-9月
分布	本州(中部・関東北部)

見つけやすさ

翅の裏面は、雄は赤みを帯びた橙黄色で、雌は黄緑色を帯びた茶褐色。中部地方周辺にだけ生息し、山地の草原などで見られる。敏速に飛翔し、各種の花で吸蜜する。幼虫の食草はヒカゲスゲ。

♂：長野県松本市(2012.7.31)

0114 スジグロチャバネセセリ
Thymelicus leoninus（セセリチョウ科）

前翅長	14-18mm
時期	7-8月
分布	北海道・本州・四国・九州

見つけやすさ

翅の裏面は黄橙色で翅脈にそって黒条がある。ヘリグロチャバネセセリに似るが雄の表面外縁の黒帯は細い。林縁などで見られ、各種の花で吸蜜する。幼虫の食草はヒメノガリヤス、カモジグサなど。

♂：長野県南牧村(2011.8.2)

0115 ヘリグロチャバネセセリ
Thymelicus sylvaticus（セセリチョウ科）

前翅長	12-17mm
時期	6-8月
分布	北海道・本州・四国・九州

見つけやすさ

翅の裏面は黄橙色で翅脈にそって黒条がある。スジグロチャバネセセリに似るが雄の表面外縁の黒帯は太い。林縁などで見られ、各種の花で吸蜜する。幼虫の食草はヤマカモジグサ、カモジグサなど。

長野県諏訪市(2012.8.22)

埼玉県入間市(2011.6.22) 　　　山梨県甲州市(2012.6.17)

0116 キマダラセセリ
Potanthus flavus（セセリチョウ科）

前翅長	13-17mm
時期	6-9月
分布	北海道・本州・四国・九州

見つけやすさ

翅の裏面は黄褐色と茶褐色のまだら模様。表面は黒褐色で黄色紋がある。草はらや林縁で見られ、花でよく吸蜜する。幼虫の食草は、アズマネザサ、マダケ、クマザサ、ススキ、エノコログサなど。

メモ まだら模様が美しく、もしも希少種であったならセセリ界の人気者になっていたはず。白い花にとまるととくにフォトジェニック。

ヒメキマダラセセリ 0117
Ochlodes ochraceus（セセリチョウ科）

- 前翅長 12-17mm
- 時期 5-9月
- 分布 本州・四国・九州

黄褐色で、翅脈が黒い。幼虫の食草はチヂミザサなど。

東京都奥多摩町(2011.7.10)　♂：山梨県甲州市(2013.7.14)

ミヤマチャバネセセリ 0118
Pelopidas jansonis（セセリチョウ科）

- 前翅長 16-22mm
- 時期 4-9月
- 分布 本州・四国・九州

イチモンジセセリなどに似るが後翅中央の白紋が大きい。

東京都日野市(2012.9.12)

オオチャバネセセリ 0119
Zinaida pellucida（セセリチョウ科）

- 前翅長 16-21mm
- 時期 6-10月
- 分布 北海道・本州・四国・九州

翅は茶褐色で白い斑紋がある。イチモンジセセリなどに似るが後翅中央の白紋列は直線状でなく凹凸がある。林縁でよく見られ、アザミ類などで吸蜜する。幼虫の食草は、ササ・タケ類、ススキなど。

> **メモ** 近縁の他種とくらべると翅の白紋がはっきりしていて、そこはかとないゴージャス感が漂う。

長野県松本市(2012.8.1)　群馬県赤城山(2012.7.25)

チャバネセセリ 0120
Pelopidas mathias（セセリチョウ科）

- 前翅長 13-21mm
- 時期 5-11月
- 分布 本州・四国・九州・沖縄

イチモンジセセリに似るが後翅の白紋列は小さく目立たない。

奈良県生駒市(2013.10.9)

イチモンジセセリ 0121
Parnara guttata（セセリチョウ科）

- 前翅長 15-21mm
- 時期 5-11月
- 分布 北海道・本州・四国・九州・沖縄

市街地から山地までさまざまな環境で見られ、個体数も多い。

交尾(左が♀)：東京都日野市(2012.9.12)

0122 クロハネシロヒゲナガ
Nemophora albiantennella（ヒゲナガガ科）

- 開張 11-14mm
- 時期 4-6月
- 分布 本州・四国・九州

前翅は光沢のある黒褐色で暗紫色の太い帯がある。雄は白色の細長い触角をもつ。雌の触角は雄より短く基半が太い。雄は草はらなどをゆっくり飛びまわる。花でよく吸蜜する。

♂：大阪府四條畷市（2012.5.9）

0123 コンオビヒゲナガ
Nemophora ahenea（ヒゲナガガ科）

- 開張 11-15mm
- 時期 7-8月
- 分布 本州・四国・九州

前翅は光沢のある赤銅～赤紫色で、紺色の帯がある。頭部は橙色で胸部は白っぽい。雄は細長い触角をもち、群飛することがある。雌は雄にくらべて触角が短い。

♂：長野県南牧村（2008.7.28）

0124 ホソオビヒゲナガ
Nemophora aurifera（ヒゲナガガ科）

- 開張 14-17mm
- 時期 4-7月
- 分布 北海道・本州・四国・九州

前翅は光沢のある黄褐色で細い白帯がある。雄は白色の細長い触角をもつ。雌の触角は雄より短く基半が太い。林縁などで見られ、花で吸蜜する。

♂：埼玉県所沢市（2012.6.10）　♀：神奈川県横浜市（2012.5.20）

0125 ウスベニヒゲナガ
Nemophora staudingerella（ヒゲナガガ科）

- 開張 17-20mm
- 時期 5-7月
- 分布 北海道・本州・四国・九州

前翅は茶色～橙色で、縦横に走る銀白色のすじ模様がある。雄は白色の細長い触角をもつ。雌の触角は雄より短く基半が太い。林縁などで見られる。

♂：奈良県奈良市春日山（2005.5.26）

コウモリガ 0126
Endoclita excrescens（コウモリガ科）

開張	45-120mm
時期	8-10月
分布	北海道・本州・四国・九州

見つけやすさ

前翅は茶褐色で淡褐色の帯がある。脚を伸ばしてぶら下がるようにとまる。幼虫は、ヤナギ類、クヌギなどの幹や枝に食入する。

東京都小金井市(2004.10.2)（写真：全国農村教育協会）

クロエリメンコガ 0127
Opogona nipponica（ヒロズコガ科）

開張	10-13mm
時期	5-9月
分布	北海道・本州・四国・九州

見つけやすさ

前翅は黄白色と灰色に塗り分けられる。頭部は黒色。幼虫の食樹はシナノキの枯れ枝など。よく似たモトキメンコガは頭部が淡色。

山梨県甲州市(2011.7.24)

オオミノガ 0128
Eumeta variegata（ミノガ科）

開張	♂32-40.5mm ♀体長25-35mm
時期	6-10月
分布	本州（関東・中部以西）・四国・九州・沖縄

見つけやすさ

雄は普通のガの姿だが、雌は脚や翅がなくウジ状。

♂（写真：全国農村教育協会）

コナガ 0129
Plutella xylostella（コナガ科）

開張	10-16mm
時期	1年中
分布	北海道・本州・四国・九州・沖縄

見つけやすさ

前翅後縁に黄白色帯がある。幼虫の食草はアブラナ科各種など。

奈良県生駒市(2004.5.23)

ツマキホソハマキモドキ 0130
Lepidotarphius perornatellus（ホソハマキモドキガ科）

開張	13.5-18.5mm
時期	5-9月
分布	北海道・本州・四国・九州

見つけやすさ

前翅は青緑色に輝く。後脚を出してとまり、触角のように動かす。日中に活動する。幼虫の食草はショウブ、セキショウなど。

東京都あきる野市(2013.8.21)

ヘリグロホソハマキモドキ 0131
Glyphipterix nigromarginata（ホソハマキモドキガ科）

開張	10-12mm
時期	4-7月
分布	北海道・本州・四国・九州

見つけやすさ

前翅は茶褐色で銀色の帯が連なる。平地〜山地の草地に生息し、日中に活動する。春に、明るい土手などでよく見られる。

三重県名張市(2003.5.4)

チョウ目

0132 ウラベニヒラタマルハキバガ
Agonopterix intersecta（ヒラタマルハキバガ科）

開張	21.5-27mm
時期	3-5, 7-12月
分布	北海道・本州・四国・九州

別名フキヒラタマルハキバガ。淡褐色で、翅の裏面や腹部が部分的に紅色を帯びる。幼虫の食草はフキ、ヨブスマソウなど。

東京都八王子市（2011.4.6）

0133 デコボコマルハキバガ
Depressaria irregularis（ヒラタマルハキバガ科）

開張	25-27mm
時期	4-11月
分布	北海道・本州

前翅は淡褐色〜灰色で不明瞭な斑紋がある。翅端が丸い。幼虫の食樹はコナラ、ミズナラなど。

東京都東村山市（2009.6.14）

0134 クロモンベニマルハキバガ
Schiffermuelleria imogena（マルハキバガ科）

開張	14-20mm
時期	5-8月
分布	北海道・本州・四国・九州

明瞭な黒紋をもつ。幼虫はミズキの朽ち木などで見つかる。

山梨県甲州市（2012.6.17）

0135 カノコマルハキバガ
Schiffermuelleria zelleri（マルハキバガ科）

開張	15-19mm
時期	5-9月
分布	本州・四国・九州

前翅外縁が広く黒色。幼虫はコナラの朽ち木などで見つかる。

奈良県奈良市（2006.5.31）

0136 クロマイコモドキ
Lamprystica igneola（マルハキバガ科）

開張	16-24mm
時期	6-9月
分布	北海道・本州・四国・九州

翅は細く金銅色に輝き翅端は紫色。幼虫の食草はイタドリなど。

東京・神奈川県境陣馬山（2012.7.4）

0137 ゴマフシロハビロキバガ
Scythropiodes leucostola（ヒゲナガキバガ科）

開張	16-19mm
時期	5-9月
分布	北海道・本州・四国・九州

別名ゴマフシロキバガ。前翅は白色で翅の縁に沿って黒紋列がある。幼虫は広食性で、多くの樹木の葉を食べる。

大阪府四條畷市（2001.6.18）

キベリハイヒゲナガキバガ　0138
Homaloxestis myeloxesta（ヒゲナガキバガ科）
- 開張　13-16mm
- 時期　5-10月
- 分布　本州・九州・沖縄

灰色で、前翅前縁は黄白色。長い触角を前に伸ばしてとまる。

東京都練馬区（2008.6.4）

ベニモンマイコモドキ　0139
Pancalia hexachrysa（カザリバガ科）
- 開張　12-14mm
- 時期　5-6月
- 分布　本州・九州

前翅に不整形の橙色紋がある。日中に葉上で活発に活動する。

神奈川県横浜市（2012.5.20）

シロテンクロマイコガ　0140
Atrijuglans hetaohei（ニセマイコガ科）
- 開張　9-13mm
- 時期　6-9月
- 分布　北海道・本州・四国・九州・沖縄

別名クルミミガ。前翅は黒色で3対の白紋がある。長い毛束のある後脚を広げてとまる。幼虫はクルミやマタタビの果実を食べて育つ。

東京都羽村市（2010.6.6）

セグロベニトゲアシガ　0141
Atkinsonia ignipicta（ニセマイコガ科）
- 開張　11-16mm
- 時期　5-8月
- 分布　北海道・本州・四国・九州

前翅は赤色で、後縁に太い黒色条がある。トゲのある後脚を斜め上にあげてとまる。ベニボタルの仲間に擬態していると思われる。幼虫は肉食性で、タケノアブラムシ、ワタアブラムシなどを食べる。

山梨県甲州市（2013.7.14）

フジフサキバガ　0142
Dichomeris oceanis（キバガ科）
- 開張　16-24mm
- 時期　6-9月
- 分布　北海道・本州・四国・九州

前翅は黄褐色で暗褐色紋がある。幼虫の食樹はフジなど。

大阪府東大阪市（2001.6.17）

カバイロキバガ　0143
Dichomeris heriguronis（キバガ科）
- 開張　17-21mm
- 時期　6-10月
- 分布　北海道・本州・四国・九州

前翅は赤褐色で外縁は暗褐色。幼虫の食樹はサクラ、ウメなど。

大阪府四條畷市（2003.6.11）

チョウ目

0144 ナシイラガ
Narosoideus flavidorsalis（イラガ科）

開張	27-40mm
時期	7-8月
分布	北海道・本州・四国・九州

兵庫県新温泉町(2001.7)

黄褐色～茶褐色で、前翅に不明瞭な銀白色の帯がある。幼虫は毒とげをもつ。幼虫の食樹はクヌギ、カキノキ、サクラなど広葉樹各種。

0145 イラガ
Monema flavescens（イラガ科）

開張	26-33mm
時期	7-8月
分布	北海道・本州・四国・九州

兵庫県新温泉町(2000.8.)

黄褐色で、前翅の外側半分は茶褐色。幼虫は毒とげをもつ。幼虫の食樹はカキノキ、サクラ、クヌギ、カエデなど広葉樹各種。

0146 アカイラガ
Phrixolepia sericea（イラガ科）

開張	15-23mm
時期	6-9月
分布	北海道・本州・四国・九州

東京都八王子市(2012.8.29)

赤褐色～暗褐色で、前翅にV字型に屈曲する細い白帯がある。幼虫は毒とげをもつ。幼虫の食樹はクリ、クヌギ、チャ、サクラ、カキノキなど広葉樹各種。

0147 ヒロヘリアオイラガ
Parasa lepida（イラガ科）

開張	26-33mm
時期	6-9月
分布	本州（関東以南）・四国・九州・沖縄

大阪府大阪市(2004.6.1)

淡緑色で、前翅の外縁沿いは広く褐色。幼虫は毒とげをもつ。幼虫の食樹はサクラ、カエデ、ナンキンハゼ、カキノキなど広葉樹各種。

0148 ヤホシホソマダラ
Balataea octomaculata（マダラガ科）

開張	16-21mm
時期	6-8月
分布	本州・四国・九州

東京都羽村市(2009.9.9)

前翅は黒褐色で4対の明瞭な黄色紋がある。体には暗青色の光沢がある。湿った明るい草地などで見られ、日中に活動する。幼虫の食草は、ササ、ススキ、タケなど。

0149 キスジホソマダラ
Balataea gracilis（マダラガ科）

開張	16-25mm
時期	5-8月
分布	北海道・本州・四国・九州

山梨県八ヶ岳東麓(2012.7.29)

黒褐色で、前翅に淡黄色の条状の斑紋がある。明るい草地や林縁で見られる。日中に活動し、花でよく吸蜜する。幼虫の食草はササ、ススキなど。

シロシタホタルガ 0150
Neochalcosia remota（マダラガ科）

開張	40-59mm
時期	6-7月
分布	北海道・本州・四国・九州

見つけやすさ

黒色で前翅に明瞭な白帯がある。頭部は赤色。ホタルガに似るが前翅の白帯は後角部に接しない。後翅の内側半分は白色。日中に活動し、緩やかに飛ぶ。幼虫の食樹はサワフタギなど。

長野県諏訪市(2009.8.5)

ホタルガ 0151
Pidorus atratus（マダラガ科）

開張	42-57mm
時期	6-9月
分布	北海道・本州・四国・九州・沖縄

見つけやすさ

黒色で前翅に明瞭な白帯がある。頭部は赤色。シロシタホタルガに似るが前翅の白帯は後角部に接する。後翅は一様に黒い。日中に活動し、緩やかに飛ぶ。幼虫の食樹はヒサカキ、サカキなど。

栃木県栃木市(2013.6.23)

ウメスカシクロバ 0152
Illiberis rotundata（マダラガ科）

開張	16-25mm
時期	6-7月
分布	北海道・本州・四国・九州

見つけやすさ

翅は半透明で黒い翅脈が走る。人家の庭などでも発生し、幼虫は毒毛をもつ。幼虫の食樹はサクラ、ウメ、モモなど。

♀：大阪府四條畷市(2017.5.31)

ミノウスバ 0153
Pryeria sinica（マダラガ科）

開張	19-33mm
時期	9-11月
分布	北海道・本州・四国・九州

見つけやすさ

翅は半透明で、体に橙色の毛が密生する。幼虫の食樹はマサキなど。

大阪府大阪市(2004.11.6)

コスカシバ 0154
Synanthedon hector（スカシバガ科）

開張	18-32mm
時期	4-11月
分布	北海道・本州・四国・九州

見つけやすさ

翅は透明で、腹部に黄色帯がある。幼虫はサクラなどにつく。

東京都東村山市(2011.8.31)

ヒメアトスカシバ 0155
Nokona pernix（スカシバガ科）

開張	21-29mm
時期	6-9月
分布	本州・四国・九州

見つけやすさ

オオフタオビドロバチ（0689）に擬態して身を守っていると思われる。幼虫はヘクソカズラの茎に穿孔し、虫こぶを作る。

♀：奈良県大和郡山市(2015.6.20)

0156 コシアカスカシバ
Scasiba scribai（スカシバガ科）

開張	27-43mm
時期	8-9月
分布	本州・九州

見つけやすさ：×

別名スクリバスカシバ。スズメバチに擬態して身を守っていると思われ、とくに飛翔中はキイロスズメバチによく似る。幼虫はクヌギ、コナラ、シラカシなどの材を食べて育つ。

♀：奈良県奈良市（2015.9.5）

0157 ゴマフボクトウ
Zeuzera multistrigata（ボクトウガ科）

開張	35-70mm
時期	7-8月
分布	北海道・本州・四国・九州

見つけやすさ：○

白色で小黒色紋が散布される。幼虫は広葉樹の幹に穿孔する。

兵庫県新温泉町（2003.8）

0158 シロテンシロアシヒメハマキ
Phaecasiophora obraztsovi（ハマキガ科）

開張	20-25mm
時期	4-8月
分布	本州・四国・九州

見つけやすさ：×

斑紋は複雑で翅端付近は橙色。幼虫の食樹はクヌギなど。

東京都八王子市（2012.8.12）

0159 クロキマダラヒメハマキ
Enarmonodes aeologlypta（ハマキガ科）

開張	10-14mm
時期	6-8月
分布	北海道・本州・九州

見つけやすさ：△

黄褐色と黒褐色のまだら模様。山地で見られる。

東京都檜原村（2012.7.11）

0160 ギンボシキヒメハマキ
Enarmonia major（ハマキガ科）

開張	13-17mm
時期	5-8月
分布	北海道・本州・四国・九州

見つけやすさ：○

多くの銀色に輝く紋をもつ。ササ類の多い場所で見られる。

埼玉県所沢市（2012.6.10）

0161 バラシロヒメハマキ
Notocelia rosaecolana（ハマキガ科）

開張	15-20mm
時期	4-7月
分布	北海道・本州・四国・九州

見つけやすさ：○

灰褐色で広い白帯がある。幼虫の食樹はノイバラなど。

東京都練馬区（2013.5.29）

クロマダラシロヒメハマキ 0162
Epinotia exquisitana（ハマキガ科）

開張	16-19mm
時期	5-8月
分布	北海道・本州・四国・九州

白色で黒紋が散布される。幼虫の食樹はヤマザクラなど。

東京都東村山市（2009.6.3）

トビモンシロヒメハマキ 0163
Eucosma metzneriana（ハマキガ科）

開張	16-25mm
時期	4-9月
分布	北海道・本州・四国・九州

白色。暗色紋をもつ個体もいる。幼虫はヨモギの茎に穿孔する。

東京都羽村市（2010.7.25）

ビロードハマキ 0164
Cerace xanthocosma（ハマキガ科）

開張	34-59mm
時期	6-10月
分布	本州・四国・九州

前翅は、黒色地に細かな黄白色紋が一面に入り、翅端付近は朱色。後翅は黄橙色で黒色紋がある。雄は雌よりも黒っぽい。樹木のよく茂った林で見られ、日中に活動する。幼虫の食樹は、アセビ、ツバキ、カシ、モミジなど。

メモ 静かにとまっているととてもガには見えない。頭部や胸部が模様に埋没し、どちらが前でどちらが後ろなのかさえも分からない。

♀：奈良県生駒市（2013.6.12）

♂：大阪府四條畷市（2003.6.4）

♀：奈良県生駒市（2013.6.12）

タテスジハマキ 0165
Archips pulchra（ハマキガ科）

開張	17-25mm
時期	6-10月
分布	北海道・本州・四国・九州

前翅は橙褐色で銀色の帯がある。幼虫の食樹はモミ、イチイなど。

山梨県八ヶ岳東麓（2012.7.29）

アトキハマキ 0166
Archips audax（ハマキガ科）

開張	17-33mm
時期	5-9月
分布	北海道・本州・四国・九州

前翅の翅端が強く突出する。幼虫は広食性。

♂：大阪府四條畷市（2003.6.4）

♀：飼育個体（2016.5.6）

0167 チャハマキ
Homona magnanima（ハマキガ科）

開張	19-34mm
時期	3-11月
分布	北海道・本州・四国・九州・沖縄

見つけやすさ

雄は淡褐色地に茶褐色の紋がある。雌は全体が淡褐色で紋は不明瞭。暖地に多い。幼虫は広食性で、チャのほか、ミカン科、マメ科など多くの植物の葉を食べる。

♀：飼育個体(2016.5.7)

0168 プライヤハマキ
Acleris affinatana（ハマキガ科）

開張	14-18mm
時期	3-12月
分布	北海道・本州・四国・九州

見つけやすさ

越冬型と夏型で色模様が異なり、個体変異も大きい。夏型には前翅前縁の紋がない。幼虫の食樹はクヌギ、コナラ、アラカシなど。

越冬型：大阪府四條畷市(2004.2.18)

0169 ナカジロハマキ
Acleris japonica（ハマキガ科）

開張	13-17mm
時期	3-11月
分布	北海道・本州・四国・九州

見つけやすさ

越冬型と夏型で色彩が異なる。越冬型は灰褐色。幼虫の食樹はケヤキ。

夏型：東京都檜原村(2012.7.11)

0170 ヨツスジヒメシンクイ
Grapholita delineana（ハマキガ科）

開張	10-14mm
時期	5-9月
分布	北海道・本州・四国・九州

見つけやすさ

前翅に4本の淡褐色線がある。幼虫はカナムグラなどの茎に潜入する。

埼玉県所沢市(2012.6.13)

0171 コウゾハマキモドキ
Choreutis hyligenes（ハマキモドキガ科）

開張	14-16mm
時期	5-10月
分布	北海道・本州・九州

見つけやすさ

翅は黄褐色の逆ハート型。幼虫はコウゾなどにつく。

神奈川県横浜市(2010.9.15)

0172 マダラニジュウシトリバ
Alucita spilodesma（ニジュウシトリバガ科）

開張	13mm前後
時期	3-12月
分布	北海道・本州・四国・九州

見つけやすさ

別名ニジュウシトリバ。翅にたくさんの深い切れ込みがあり、まるで鳥の羽が並んでいるように見えるが、普通に飛ぶことができる。幼虫はスイカズラの葉を食べる。

大阪府泉佐野市(2015.3.20)

0173 キンバネチビトリバ
Stenodacma pyrrhodes（トリバガ科）

- 開張 12-14mm
- 時期 4-9月
- 分布 北海道・本州・四国・九州・沖縄

明るい橙褐色で、小さな白色紋がある。細い翅をもち、静止時にはさらに細く折りたたむので、ガの仲間とは思えない。幼虫は、カタバミの葉やさやを食べる。

メモ トリバガの仲間は翅と腹部が細く、とまっている姿はTの字に似る。本種は後脚が目立ち、一見、蚊のようにも見える。

山梨県甲州市（2012.6.6）

0174 エゾギクトリバ
Platyptilia farfarella（トリバガ科）

- 開張 12-18mm
- 時期 5-12月
- 分布 北海道・本州・四国・九州・沖縄

淡褐色〜茶褐色。幼虫はヒメムカシヨモギなどにつく。

埼玉県入間市（2012.10.14）

0175 マドガ
Thyris usitata（マドガ科）

- 開張 14-17mm
- 時期 4-9月
- 分布 北海道・本州・四国・九州

黒色で翅に半透明の白紋がある。幼虫はボタンヅルにつく。

東京都青梅市（2012.5.27） 埼玉県入間市（2011.6.22）

0176 ウスマダラマドガ
Rhodoneura pallida（マドガ科）

- 開張 20-25mm
- 時期 6-8月
- 分布 本州・四国・九州

淡褐色で、褐色のすじ模様がある。幼虫の食樹はハゼノキなど。

東京都八王子市（2012.6.20）

0177 ハスオビマドガ
Pyrinioides aureus（マドガ科）

- 開張 24-27mm
- 時期 6-8月
- 分布 北海道・本州・四国・九州

黄橙色で、暗褐色の細帯がある。幼虫の食樹はサクラなど。

埼玉県横瀬町（2010.7.16）

0178 アカシマメイガ
Herculia pelasgalis（メイガ科）

開張	21-29mm
時期	6-8月
分布	本州・四国・九州

山梨県甲州市（2013.7.24）

暗紅色〜暗紫色。幼虫はヒノキ科各種の枯れ葉などを食べる。上体をもちあげてとまる。

0179 キベリトガリメイガ
Endotricha minialis（メイガ科）

開張	18-21mm
時期	5-8月
分布	本州・四国・九州・沖縄

東京都八王子市（2011.6.24）

別名ホソバトガリメイガ。翅は黄赤色で、縁毛は淡黄色。上体をもちあげ、反り返るようにしてとまる。

0180 ウスオビトガリメイガ
Endotricha consocia（メイガ科）

開張	18-22mm
時期	6-9月
分布	北海道・本州・四国・九州

山梨県大月市（2009.7.26）

別名ヘリグロトガリメイガ。翅は赤褐色で基半部は黄土色。上体をもちあげ、反り返るようにしてとまる。

0181 ナカムラサキフトメイガ
Lista ficki（メイガ科）

開張	20-26mm
時期	5-9月
分布	北海道・本州・四国・九州

長野県松本市（2014.7.24）

赤褐色で、翅に円弧状の黄褐色帯がある。幼虫はカシワの枯れ葉を食べる。

0182 ナカトビフトメイガ
Orthaga achatina（メイガ科）

開張	24-30mm
時期	6-8月
分布	北海道・本州・四国・九州

栃木県栃木市（2013.6.23）

緑がかった灰褐色で、閉じ合わせた翅の中央は茶褐色。樹皮にとまると見つけにくい。幼虫の食樹はクヌギなど。

0183 ノシメマダラメイガ
Plodia interpunctella（メイガ科）

開張	12-16mm
時期	4-10月
分布	北海道・本州・四国・九州・沖縄

別名マメマダラメイガ。屋内で見られ幼虫は貯穀などを食べる。

（写真：全国農村教育協会）

ホソスジツトガ 0184
Pseudargyria interruptella(ツトガ科)

開張	16-19mm
時期	6-8月
分布	北海道・本州・四国・九州

白色で橙褐色帯がある。おもに山地で見られ、灯火に飛来する。

山梨県甲州市(2012.7.18)

シロツトガ 0185
Calamotropha paludella(ツトガ科)

開張	17-31mm
時期	6-9月
分布	北海道・本州・九州・沖縄

白色で、無紋のものや淡褐色紋をもつものがいる。幼虫は、ガマの葉に潜って内部を食べるとされる。

東京都あきる野市(2013.8.21)

シロスジツトガ 0186
Crambus argyrophorus(ツトガ科)

開張	18-25mm
時期	5-9月
分布	北海道・本州・四国・九州

前翅は茶褐色で白帯がある。平地〜山地の草原などで広く見られる。

東京都あきる野市(2013.8.21)

ツトガ 0187
Ancylolomia japonica(ツトガ科)

開張	24-38mm
時期	6-9月
分布	北海道・本州・四国・九州・沖縄

前翅は淡褐色で細かい黒点がある。幼虫はイネ科各種につく。

東京・神奈川県境陣馬山(2012.7.4)

ヒトスジオオメイガ 0188
Scirpophaga lineata(ツトガ科)

開張	19-31mm
時期	7-8月
分布	本州・四国・九州

乳白色で、前翅に褐色の細い帯と黒色の小斑紋がある。幼虫の食草はイネ。

大阪府四條畷市(2004.7.12)

マダラミズメイガ 0189
Elophila interruptalis(ツトガ科)

開張	21-28mm
時期	5-9月
分布	北海道・本州・四国・九州

翅は橙褐色で黒褐色線に縁取られた白紋がある。幼虫の食草はスイレン。

大阪府四條畷市(2002.7.7)

0190 ゴマダラノメイガ
Pycnarmon lactiferalis（ツトガ科）

開張	18-21mm
時期	5-9月
分布	北海道・本州・四国・九州・沖縄

白色で黒紋が散りばめられている。幼虫の食草はシソ科の一種。

東京都八王子市（2012.6.20）

0191 シロオビノメイガ
Spoladea recurvalis（ツトガ科）

開張	16-22mm
時期	6-11月
分布	北海道・本州・四国・九州・沖縄

黒褐色で白帯がある。日中に活発に活動する。幼虫は広食性。

東京都東村山市（2011.8.31）

0192 ヨスジノメイガ
Pagyda quadrilineata（ツトガ科）

開張	19-26mm
時期	5-9月
分布	北海道・本州・四国・九州・沖縄

淡褐色で褐色帯がたくさんある。幼虫の食樹はムラサキシキブなど。

東京都東村山市（2010.5.26）

0193 コブノメイガ
Cnaphalocrocis medinalis（ツトガ科）

開張	15-17mm
時期	5-11月
分布	北海道・本州・四国・九州・沖縄

淡黄色〜黄褐色で翅に黒褐色帯がある。幼虫の食草はイネなど。

奈良県大和郡山市（2003.9.14）

0194 シロモンノメイガ
Bocchoris inspersalis（ツトガ科）

開張	16-22mm
時期	5-10月
分布	北海道・本州・四国・九州・沖縄

黒褐色で明瞭な白色紋がある。日中に活動し、花で吸蜜する。

大阪府四條畷市（2012.6.24）

0195 シロヒトモンノメイガ
Analthes semitritalis（ツトガ科）

開張	25-28mm
時期	5-8月
分布	北海道・本州・四国・九州

茶褐色で、4枚の翅に一つずつ大きな白色紋をもつ。おもに山地で見られ、灯火によく飛来する。幼虫の食樹はアワブキなど。

大阪府東大阪市（2011.6.30）

クロスジノメイガ 0196
Tyspanodes striatus（ツトガ科）

- 開張 26-32mm
- 時期 5-9月
- 分布 北海道・本州・四国・九州

橙褐色地に明瞭な黒線がある。幼虫の食樹はキブシなど。

山梨県甲州市（2008.8.20）

モモノゴマダラノメイガ 0197
Conogethes punctiferalis（ツトガ科）

- 開張 21-27mm
- 時期 5-10月
- 分布 北海道・本州・四国・九州・沖縄

黄褐色で細かい黒斑が散布される。幼虫の食樹はクリ、モモなど。

埼玉県入間市（2011.6.8）

オオキノメイガ 0198
Botyodes principalis（ツトガ科）

- 開張 42-45mm
- 時期 6-10月
- 分布 本州・四国・九州・沖縄

黄色で翅の縁に暗褐色紋がある。幼虫の食樹はネコヤナギなど。

東京都八王子市（2007.9.26）

ワタノメイガ 0199
Haritalodes derogatus（ツトガ科）

- 開張 22-34mm
- 時期 4-10月
- 分布 北海道・本州・四国・九州・沖縄

淡黄色で、黒褐色の網目模様がある。幼虫の食草はフヨウなど。

奈良県生駒市（2002.5.11）

マエアカスカシノメイガ 0200
Palpita nigropunctalis（ツトガ科）

- 開張 29-31mm
- 時期 3-11月
- 分布 北海道・本州・四国・九州・沖縄

翅は白色で透明感がある。前翅前縁は赤褐色。平地〜山地で普通に見られ、灯火によく飛来する。幼虫は、ネズミモチ、キンモクセイ、イボタノキ、オリーブなどの葉を食べる。

メモ キンモクセイなどの庭木につくため、公園や住宅地でもよく見られる。葉裏にとまっていることが多いので目立たないが、その姿は天使のように美しい。

埼玉県さいたま市（2010.6.9）

0201 ヒメシロノメイガ
Palpita inusitata（ツトガ科）

開張	18-23mm
時期	5-9月
分布	本州・四国・九州

見つけやすさ

翅は白色で淡い赤色紋がある。幼虫の食樹はイボタノキなど。

東京都あきる野市（2013.8.21）

0202 ワタヘリクロノメイガ
Diaphania indica（ツトガ科）

開張	25mm前後
時期	6-10月
分布	北海道・本州・四国・九州・沖縄

見つけやすさ

白色で、翅の周縁が黒褐色。尾端に鱗毛束がある。幼虫の食草はワタ、ニガウリなど。

奈良県生駒市（2016.9.21）

0203 ツゲノメイガ
Glyphodes perspectalis（ツトガ科）

開張	28mm前後
時期	5-9月
分布	北海道・本州・四国・九州・沖縄

見つけやすさ

翅は白色で周縁に黒褐色帯がある。幼虫の食樹はツゲなど。

大阪府大阪市（2004.7.25）

0204 スカシノメイガ
Glyphodes pryeri（ツトガ科）

開張	21-27mm
時期	5-9月
分布	北海道・本州・四国・九州

見つけやすさ

淡褐色で、翅の白紋が発達する。幼虫の食樹はクワなど。

東京都八王子市（2013.9.11）

0205 ヨツボシノメイガ
Talanga quadrimaculalis（ツトガ科）

開張	33-37mm
時期	5-9月
分布	北海道・本州・四国・九州

見つけやすさ

翅に大きな白紋が並ぶ大胆なデザイン。幼虫の食草は、イケマ、ガガイモなど。

東京都東村山市（2009.9.6）

0206 ツマグロシロノメイガ
Polythlipta liquidalis（ツトガ科）

開張	35-41mm
時期	5-9月
分布	本州・四国・九州

見つけやすさ

別名マダラシロオオノメイガ。白色で、黒褐色やオレンジ色の斑紋があり美しい。腹部は細い。幼虫の食樹はイボタノキ、ネズミモチなど。

埼玉県入間市（2008.6.6）

マメノメイガ 0207
Maruca vitrata（ツトガ科）

開張	25-27mm
時期	7-11月
分布	北海道・本州・四国・九州・沖縄

見つけやすさ

前翅は褐色地に白紋があり、後翅は白色で外縁に褐色の帯がある。草はらなどに多く、日中に活動する。幼虫の食草は、ササゲ、アズキ、ダイズ、インゲンマメなど。

メモ 軽く反り返った小粋なポーズでとまる。見る角度を変えれば、翅の表と裏の両方を観察できる(右の写真は裏側)。

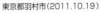

東京都羽村市(2011.10.19)　東京都日野市(2012.10.7)

セスジノメイガ 0208
Torulisquama evenoralis（ツトガ科）

開張	26mm前後
時期	5-9月
分布	本州・四国・九州・奄美大島

翅の外縁の褐色帯が目立つ。幼虫の食樹は、マダケなど。

大阪府大阪市(2004.6.5)

ワモンノメイガ 0209
Nomophila noctuella（ツトガ科）

開張	27mm前後
時期	5-11月
分布	北海道・本州・四国・九州・沖縄

前翅は淡褐色で褐色の紋がある。幼虫は広食性。

埼玉県さいたま市(2013.6.30)

マエキノメイガ 0210
Herpetogramma rude（ツトガ科）

開張	25-28mm
時期	6-10月
分布	北海道・本州・四国・九州・沖縄

見つけやすさ

淡灰褐色〜黄褐色で翅に不明瞭なすじがある。幼虫の食草はミゾソバ、イノコヅチなど。

奈良県大和郡山市(2003.9.14)

モンキクロノメイガ 0211
Herpetogramma luctuosale（ツトガ科）

開張	22-26mm
時期	5-10月
分布	北海道・本州・四国・九州・沖縄

黒褐色で翅に淡黄色の紋がある。幼虫の食樹はブドウ科各種。

埼玉県所沢市(2012.6.13)

チョウ目

0212 シロアヤヒメノメイガ
Diasemia reticularis（ツトガ科）

開張	20-24mm
時期	5-9月
分布	北海道・本州・四国・九州

見つけやすさ

黒褐色〜黄褐色で複雑な紋がある。幼虫の食草はオオバコなど。

奈良県生駒市（2000.5.24）

0213 キムジノメイガ
Prodasycnemis inornata（ツトガ科）

開張	28-35mm
時期	5-9月
分布	北海道・本州・四国・九州

見つけやすさ

橙黄色。林縁の下草で見られる。幼虫の食草はチシマザサ。

東京都町田市（2012.5.16）

0214 ホシオビホソノメイガ
Nomis albopedalis（ツトガ科）

開張	25-37mm
時期	5-9月
分布	北海道・本州・四国・九州

淡褐色〜黄褐色で、鋸歯状の細い褐色帯がある。平地〜山地の草原で普通に見られる。

埼玉県嵐山町（2013.5.26）

0215 マエベニノメイガ
Paliga minnehaha（ツトガ科）

開張	21mm前後
時期	5-7月
分布	北海道・本州・四国・九州・沖縄

前翅は紅色でまるで花びらのよう。幼虫の食樹はオオムラサキシキブ。

神奈川県横浜市（2012.5.20）

0216 コヨツメノメイガ
Nagiella inferior（ツトガ科）

開張	24mm前後
時期	5-8月
分布	北海道・本州・四国・九州・沖縄

翅に勾玉のような形の白紋がある。幼虫は、フユイチゴ、ホウロクイチゴなどの葉を巻き、その中に潜んで葉を食べる。

奈良県生駒市（2015.6.20）

0217 ユウグモノメイガ
Ostrinia palustralis（ツトガ科）

開張	26-36mm
時期	5-8月
分布	北海道・本州・四国・九州

見つけやすさ

別名ベニモンキノメイガ。オレンジがかった黄色で、前翅に紅色の筋模様がある。幼虫の食草はギシギシ、スイバ。

奈良県生駒市（2000.5.24）

0218 ベニフキノメイガ
Pyrausta panopealis（ツトガ科）

- 開張 14-16mm
- 時期 6-9月
- 分布 北海道・本州・四国・九州・沖縄

黄褐色で紫褐色の紋がある。幼虫の食草は、シソ、エゴマなど。

奈良県生駒市（2003.7.6）

0219 タケカレハ
Euthrix albomaculata（カレハガ科）

- 開張 42-60mm
- 時期 6-10月
- 分布 北海道・本州・四国・九州

黄褐色で乳白色斑がある。幼虫は毒毛をもつ。幼虫の食樹はタケ類など。

長野県諏訪市（2011.8.17）

0220 マツカレハ
Dendrolimus spectabilis（カレハガ科）

- 開張 50-80mm
- 時期 6-10月
- 分布 北海道・本州・四国・九州

色彩変異が著しい。幼虫は有毒で、食樹はマツ科各種。

♂：奈良県上北山村（2006.8.2）

♀：飼育個体（2019.6.20）（写真 前畑真実）

0221 ツガカレハ
Dendrolimus superans（カレハガ科）

- 開張 55-95mm
- 時期 6-10月
- 分布 北海道・本州・四国・九州

色彩変異が著しい。幼虫は有毒で、食樹はツガなど針葉樹各種。

♂：東京都八王子市（2012.9.12）

0222 オビカレハ
Malacosoma neustrium（カレハガ科）

- 開張 30-45mm
- 時期 5-8月
- 分布 北海道・本州・四国・九州

黄褐色で、雄は前翅に暗褐色の細い帯が2本ある。雌は前翅の中央が茶褐色の帯となる。幼虫の食樹は、サクラ、ウメなど。

♂：大阪府東大阪市（2005.6.8）

0223 クワコ
Bombyx mandarina（カイコガ科）

- 開張 32-45mm
- 時期 6-11月
- 分布 北海道・本州・四国・九州

カイコの祖先とされる。飛ぶことができないカイコとは違って普通に飛翔し、夜は灯火に飛来する。幼虫の食樹はクワ、ヤマグワなど。

♀：飼育個体

0224 ヤママユ
Antheraea yamamai（ヤママユガ科）

開張 115-150mm
時期 7-9月
分布 北海道・本州・四国・九州・沖縄

黄茶色、赤褐色、暗褐色、灰褐色など色彩変異に富む。4枚の翅に1つずつの眼状紋と、黒白2色の細帯がある。夏から初秋に現れる。幼虫の食樹は、クヌギ、コナラ、クリ、カシなど。

♂：東京都八王子市（2012.9.12）

♂：東京都八王子市（2012.9.12）

0225 ヒメヤママユ
Rinaca jonasii（ヤママユガ科）

開張 85-105mm
時期 9-11月
分布 北海道・本州・四国・九州

翅は鶯色～褐色で、4枚の翅に1つずつ眼状紋をもつ。秋深くに現れ、灯火によく飛来する。幼虫の食樹は、サクラ、ナシ、ウメ、クリ、クヌギ、ケヤキなど幅広い。

♂：東京都八王子市（2011.11.2）

♀：東京都八王子市（2011.11.2）

0226 クスサン
Rinaca japonica（ヤママユガ科）

開張 100-130mm
時期 9-10月
分布 北海道・本州・四国・九州・沖縄

黄褐色、淡褐色、茶褐色など色彩変異に富む。翅に太い帯があり外縁近くの細帯は波型。前翅の眼状紋は不明瞭。晩夏から秋に現れる。幼虫の食樹は、クリ、コナラ、ケヤキなど。

♀：東京都八王子市（2012.10.3）

0227 オオミズアオ
Actias aliena（ヤママユガ科）

開張 80-120mm
時期 5-8月
分布 北海道・本州・四国・九州

青白色で、翅には小さな眼状紋がある。初夏から盛夏に現れ、灯火によく飛来する。幼虫の食樹は、モミジ、アンズ、ウメ、サクラ、ナシ、リンゴなど幅広い。

♂：兵庫県新温泉町（2000.8）

♂：東京都練馬区（2009.4.29）

シンジュサン 0228

Samia cynthia（ヤママユガ科）

開張	110-140mm
時期	5-9月
分布	北海道・本州・四国・九州・沖縄

翅に三日月形の紋をもつ。幼虫の食樹はシンジュ、柑橘類など。

♂：飼育個体（2015.9.20）

ウスタビガ 0229

Rhodinia fugax（ヤママユガ科）

開張	75-110mm
時期	10-12月
分布	北海道・本州・四国・九州

翅に半透明の紋をもつ。幼虫の食樹は、コナラ、クヌギなど。

♀：大阪府東大阪市（2011.11.17）

イボタガ 0230

Brahmaea japonica（イボタガ科）

開張	80-115mm
時期	3-5月
分布	北海道・本州・四国・九州

翅の地色は褐色できわめて複雑な模様がある。前翅には眼状紋をもつ。春にだけ見られ、灯火に飛来する。幼虫の食樹は、イボタノキ、モクセイ、トネリコ、ネズミモチなど。

> **メモ** 翅をひろげてとまるとフクロウの顔のように見える。危険を察すると前翅を持ち上げるので、眼状紋に生気が宿り、フクロウ顔にさらに磨きがかかる。

東京都町田市（2011.4.24）

チョウ目

0231 オオシモフリスズメ
Langia zenzeroides（スズメガ科）

開張	140-160mm
時期	3-4月
分布	本州（中部以西）・四国・九州

翅は淡褐色で、暗褐色や灰色の複雑な模様がある。前翅外縁は粗い鋸歯状。春にだけ見られる。幼虫は、ウメ、アンズ、モモ、サクラなどの葉を食べる。

メモ 研ぎ澄まされたフォルムで、大胆不敵に春の訪れを告げる巨大蛾。翅をすぼめていると、セミの姿にも似る。

奈良県三郷町（2006.4.12）

奈良県三郷町（2006.4.12）

0232 モモスズメ
Marumba gaschkewitschii（スズメガ科）

開張	70-90mm
時期	5-8月
分布	北海道・本州・四国・九州

前翅は茶褐色で黒褐色のすじ模様があり、後翅は桃色。灯火によく飛来する。幼虫の食樹は、モモ、ウメ、サクラ、ビワ、リンゴなど。

山梨県甲州市（2012.7.18）

0233 クチバスズメ
Marumba sperchius（スズメガ科）

開張	95-135mm
時期	6-8月
分布	北海道・本州・四国・九州・沖縄

翅は淡褐色で黒褐色のすじ模様があり、前翅外縁は鋸歯状。灯火によく飛来する。幼虫の食樹は、クリ、コナラ、カシ類など。

埼玉県さいたま市（2009.6.17）

エビガラスズメ 0234
Agrius convolvuli（スズメガ科）

- 開張 80-105mm
- 時期 5-11月
- 分布 北海道・本州・四国・九州・沖縄

腹部に淡赤色の縞模様がある。幼虫の食草はサツマイモなど。

鹿児島県奄美大島（2004.8）

クロメンガタスズメ 0235
Acherontia lachesis（スズメガ科）

- 開張 100-125mm
- 時期 7-10月
- 分布 本州・四国・九州・沖縄

胸部の模様が人面に似る。幼虫の食草はゴマ科、ナス科など。

飼育個体（2016.5.5）

ウチスズメ 0236
Smerinthus planus（スズメガ科）

- 開張 70-110mm
- 時期 5-9月
- 分布 北海道・本州・四国・九州

後翅に目立つ眼状紋がある。幼虫の食樹はヤナギ、サクラなど。

飼育個体（2016.10.4）　飼育個体（2016.10.4）

シモフリスズメ 0237
Psilogramma increta（スズメガ科）

- 開張 110-130mm
- 時期 5-10月
- 分布 北海道・本州・四国・九州・沖縄

霜降状の灰白色地に黒褐色紋がある。幼虫の食草はゴマ科など。

鳥取県大山町（2003.8.7）

サザナミスズメ 0238
Dolbina tancrei（スズメガ科）

- 開張 50-80mm
- 時期 4-9月
- 分布 北海道・本州・四国・九州

暗灰色～黒褐色で波型模様がある。幼虫の食樹はモクセイなど。

東京都東村山市（2012.9.2）

トビイロスズメ 0239
Clanis bilineata（スズメガ科）

- 開張 95-120mm
- 時期 6-8月
- 分布 北海道・本州・四国・九州・沖縄

淡褐色で、茶褐色紋がある。幼虫はマメ科各種の葉を食べる。

和歌山県和歌山市（2006.7.31）

0240 ウンモンスズメ
Callambulyx tatarinovii（スズメガ科）

開張	65-80mm
時期	5-9月
分布	北海道・本州・四国・九州

淡緑色で、後翅は赤みを帯びる。幼虫の食樹はケヤキなど。

山梨県北杜市（2013.6.16）

0241 エゾスズメ
Phyllosphingia dissimilis（スズメガ科）

開張	90-110mm
時期	5-7月
分布	北海道・本州・四国・九州

茶褐色〜暗褐色で、陰影を表現したかのような模様がある。後翅の一部をのぞかせてとまる。幼虫の食樹はオニグルミ。

山梨県北杜市（2013.6.16）

0242 クルマスズメ
Ampelophaga rubiginosa（スズメガ科）

開張	75-100mm
時期	6-8月
分布	北海道・本州・四国・九州

茶褐色で前翅に帯模様がある。幼虫の食樹はブドウ、ツタなど。

大阪府四條畷市（2002.8.21）

0243 ホシヒメホウジャク
Neogurelca himachala（スズメガ科）

開張	35-40mm
時期	5-10月
分布	北海道・本州・四国・九州

翅の縁の一部が突出し、とまると枯葉に似る。幼虫の食草はヘクソカズラなど。

奈良県生駒市（2003.11.16）

0244 ホウジャク
Macroglossum stellatarum（スズメガ科）

開張	50-70mm
時期	6-10月
分布	北海道・本州・四国・九州・沖縄

灰褐色で、後翅は黄色。幼虫の食草はカワラマツバなど。

大阪府東大阪市（2003.6.8）

0245 ヒメクロホウジャク
Macroglossum bombylans（スズメガ科）

開張	40-50mm
時期	5-10月
分布	北海道・本州・四国・九州・沖縄

体は淡黄緑色で腹端が黒い。日中に活動し、花でよく吸蜜する。幼虫の食草はアカネなど。

埼玉県横瀬町（2012.10.17）

ホシホウジャク 0246
Macroglossum pyrrhosticta（スズメガ科）

- 開張 50-55mm
- 時期 7-11月
- 分布 北海道・本州・四国・九州・沖縄

茶褐色で後翅に太い橙色帯がある。幼虫の食草はヘクソカズラ。

神奈川県横須賀市(2011.11.20)

東京都江東区(2013.7.11)

オオスカシバ 0247
Cephonodes hylas（スズメガ科）

- 開張 50-70mm
- 時期 6-9月
- 分布 本州・四国・九州・沖縄

翅は透明でハチに似る。幼虫の食樹はクチナシなど。

大阪府東大阪市(2004.10.13)

飼育個体(2017.5.12)

ベニスズメ 0248
Deilephila elpenor（スズメガ科）

- 開張 50-70mm
- 時期 4-9月
- 分布 北海道・本州・四国・九州・沖縄

全身が淡紅色で美しい。幼虫の食草はオオマツヨイグサなど。

高知県南国市(1995.3.3)（写真 高井幹夫）

キイロスズメ 0249
Theretra nessus（スズメガ科）

- 開張 90-120mm
- 時期 5-10月
- 分布 本州・四国・九州・沖縄

前翅は淡褐色で、前縁が緑色を帯びた暗褐色。腹部両側がオレンジがかった黄色。幼虫の食草はヤマノイモなど。

大阪府大阪市(2006.8.24)

セスジスズメ 0250
Theretra oldenlandiae（スズメガ科）

- 開張 60-80mm
- 時期 5-10月
- 分布 北海道・本州・四国・九州・沖縄

前翅は淡褐色で、明瞭な褐色帯があり、腹部には白色線が走る。幼虫の食草はヤブガラシなど。

東京都八王子市(2013.9.11)

イカリモンガ 0251
Pterodecta felderi（イカリモンガ科）

- 開張 35mm前後
- 時期 3-10月
- 分布 北海道・本州・四国・九州

翅の裏面は淡褐色。表面は暗褐色で、前翅にオレンジ色の帯がある。日中に活発に飛び、翅を閉じてとまるので、チョウに間違われることが多い。幼虫はシダ類を食べて育つ。

長野県諏訪市(2012.7.22)

0252 アゲハモドキ
Epicopeia hainesii（アゲハモドキ科）

開張 55-60mm
時期 5-8月
分布 北海道・本州・四国・九州

灰黒色で、後翅に赤い紋がある。体内に毒をもつジャコウアゲハ（0006）に擬態していると思われる。夕刻に飛ぶが、夜、灯火にも飛来する。幼虫の食樹はミズキなど。

山梨県富士吉田市（2010.8.18）

0253 キンモンガ
Psychostrophia melanargia（アゲハモドキ科）

開張 32-39mm
時期 5-9月
分布 本州・四国・九州

黒色で、淡黄色の大きな紋がある。紋が白っぽい個体もいる。翅を広げてとまることが多い。日中に活動し、花で吸蜜する。幼虫の食樹はリョウブ。

長野県松本市（2012.7.31） 群馬県赤城山（2012.7.25） 山梨県甲州市（2012.6.17）

0254 ホシベッコウカギバ
Deroca inconclusa（カギバガ科）

開張 25-35mm
時期 5-9月
分布 本州・四国・九州

翅は白色半透明で斑紋がある。雄の斑紋は黒色。雌は斑紋が淡褐色のため、全体が白っぽく見える。幼虫の食樹は、クマノミズキ、ヤマボウシなど。

♂：東京都奥多摩町（2010.9.1）

0255 ヒトツメカギバ
Auzata superba（カギバガ科）

開張 30-45mm
時期 5-10月
分布 北海道・本州・四国・九州

白色で、前翅に茶褐色の紋がある。前翅の周縁と後翅には灰褐色の小紋列がある。林縁の下草などにひっそりとまっていることが多い。幼虫の食樹はミズキなど。

東京都八王子市（2011.6.24）

マンレイカギバ 0256
Microblepsis manleyi（カギバガ科）
- 開張 25-35mm
- 時期 5-8月
- 分布 本州・四国・九州

前翅後翅を貫く1本の褐色帯がある。幼虫の食樹はカマツカ。

東京都八王子市(2011.6.24)

ヤマトカギバ 0257
Nordstromia japonica（カギバガ科）
- 開張 25-37mm
- 時期 4-9月
- 分布 本州・四国・九州

前翅後翅を貫く2本の褐色帯がある。幼虫の食樹はコナラなど。

大阪府四條畷市(2004.6.9)

ウコンカギバ 0258
Tridrepana crocea（カギバガ科）
- 開張 30-45mm
- 時期 5-10月
- 分布 本州・四国・九州

前翅の翅端付近に不明瞭な紋がある。幼虫の食樹はカシ類など。

飼育個体(2020.5.18)

ギンモンカギバ 0259
Callidrepana patrana（カギバガ科）
- 開張 22-40mm
- 時期 4-10月
- 分布 北海道・本州・四国・九州

1本の褐色帯と前翅に1対の褐色紋をもつ。幼虫の食樹はヌルデ。

大阪府四條畷市(2004.6.9)

フタテンシロカギバ 0260
Ditrigona virgo（カギバガ科）
- 開張 22-31mm
- 時期 5-9月
- 分布 北海道・本州・四国・九州

白色で小黒紋と淡褐色帯がある。幼虫の食樹はミズキなど。

大阪府四條畷市下田原(2004.7.12)

ウスギヌカギバ 0261
Macrocilix mysticata（カギバガ科）
- 開張 25-40mm
- 時期 4-10月
- 分布 本州・四国・九州・奄美大島

やや透明感のある白色で、滲んで流れたような褐色の帯がある。幼虫の食樹はカシ類など。

東京都八王子市(2012.10.31)

0262 アシベニカギバ
Oreta pulchripes（カギバガ科）

開張	26-38mm
時期	5-9月
分布	北海道・本州・四国・九州

前翅前縁が膨らむ。脚が赤い。幼虫の食樹はガマズミなど。

大阪府四條畷市（2002.9.25）

0263 オオカギバ
Cyclidia substigmaria（カギバガ科）

開張	45-66mm
時期	5-9月
分布	北海道・本州・四国・九州

大型で灰白色。灰色の帯や紋がある。幼虫の食樹はウリノキ。

東京都八王子市（2011.6.24）

0264 スカシカギバ
Macrauzata maxima（カギバガ科）

開張	40-53mm
時期	5-11月
分布	本州・四国・九州・沖縄

翅に透明の紋がある。幼虫の食樹はクヌギ、アラカシなど。

飼育個体（2016.5.22）

0265 モントガリバ
Thyatira batis（カギバガ科）

開張	31-38mm
時期	5-10月
分布	北海道・本州・四国・九州・沖縄

花びらのような紋をもつ。幼虫はイチゴ類の葉を食べる。

飼育個体

0266 ギンツバメ
Acropteris iphiata（ツバメガ科）

開張	25-29mm
時期	5-10月
分布	北海道・本州・四国・九州

多くの灰褐色線が両翅端を結ぶ。幼虫の食草はガガイモなど。

山梨県甲州市（2012.6.6）

0267 ヒメクロホシフタオ
Dysaethria illotata（ツバメガ科）

開張	16-21mm
時期	5-8月
分布	北海道・本州・四国・九州

2対の短い尾状突起がある。薄暗い林縁で見られる。

山梨県富士吉田市（2010.8.18）

ユウマダラエダシャク 0268
Abraxas miranda（シャクガ科）

開張	30-50mm
時期	5-10月
分布	北海道・本州・四国・九州・沖縄

汚れたような褐色紋がある。幼虫の食樹はマサキなど。類似種が多い。

奈良県生駒市（2005.9.11）

ヤマトエダシャク 0269
Peratostega deletaria（シャクガ科）

開張	22-37mm
時期	5-9月
分布	本州・四国・九州・沖縄

淡褐色で翅の周縁沿いは色が淡い。幼虫の食樹はコナラなど。

東京都八王子市（2011.6.24）

クロミスジシロエダシャク 0270
Myrteta angelica（シャクガ科）

開張	30-40mm
時期	6-11月
分布	北海道・本州・四国・九州・沖縄

白色で前翅に明瞭な黒帯が各3本ある。幼虫の食樹はエゴノキなど。

奈良・大阪県境 大和葛城山（2013.9.25）

ミスジシロエダシャク 0271
Taeniophila unio（シャクガ科）

開張	23-40mm
時期	6-9月
分布	北海道・本州・四国・九州

白色で灰白色の帯模様がある。山地でよく見られる。

長野県原村（2008.7.30）

クロズウスキエダシャク 0272
Lomographa simplicior（シャクガ科）

開張	20-25mm
時期	8-10月
分布	北海道・本州・四国・九州

淡黄色で2本の黒褐色帯がある。幼虫の食樹はミズナラなど。

奈良・大阪県境 大和葛城山（2013.9.25）

フタホシシロエダシャク 0273
Lomographa bimaculata（シャクガ科）

開張	23-24mm
時期	4-8月
分布	北海道・本州・四国・九州

白色で、前翅前縁に2対の黒褐色紋がある。翅に不明瞭な灰褐色の帯があるが、ほとんど消失する個体もいる。幼虫の食樹はサクラ、ウメなど。

山梨県甲州市（2012.5.23）

0274 バラシロエダシャク
Lomographa temerata（シャクガ科）

開張 21-25mm
時期 4-9月
分布 北海道・本州・四国・九州

白色で汚れたような黒帯がある。幼虫の食樹はサクラなど。

大阪府四條畷市（2002.6.19）

0275 ウスオビヒメエダシャク
Euchristophia cumulata（シャクガ科）

開張 21-25mm
時期 5-9月
分布 北海道・本州・四国・九州

淡黄色で短い黒線が散布される。幼虫の食樹はウリカエデなど。

大阪府千早赤阪村（2014.7.29）

0276 シャンハイオエダシャク
Macaria shanghaisaria（シャクガ科）

開張 21-26mm
時期 5-9月
分布 北海道・本州・四国

前翅前縁に黒褐色紋が並ぶ。幼虫の食樹はヤナギ科各種。

東京都葛飾区（2012.9.19）

0277 ハグルマエダシャク
Synegia hadassa（シャクガ科）

開張 25-36mm
時期 5-9月
分布 北海道・本州・四国・九州

淡褐色で同心円状の縞模様がある。幼虫の食樹はイヌツゲなど。

大阪府四條畷市（2004.6.9）

0278 ウラキトガリエダシャク
Hypephyra terrosa（シャクガ科）

開張 27-35mm
時期 5-9月
分布 本州・四国・九州

淡褐色～赤褐色で銀色を帯びる。前翅の翅端が尖る。

東京都八王子市（2012.8.29）

0279 フタテンオエダシャク
Chiasmia defixaria（シャクガ科）

開張 22-28mm
時期 4-10月
分布 北海道・本州・四国・九州

2本の明瞭な褐色帯をもつ。幼虫の食樹はネムノキ。

大阪府東大阪市（2011.6.30）

スカシエダシャク 0280
Krananda semihyalina（シャクガ科）

- 開張 30-47mm
- 時期 5-9月
- 分布 本州・四国・九州・沖縄

淡褐色で、翅の内側半分が半透明。前翅を水平に広げてとまる。暖地性で、西南日本でよく見られる。幼虫の食樹はクスノキなど。

メモ 部分的に半透明になった翅は「劣化した枯葉」を巧みに表現している。飛ばない限りはまず見つけられず、飛ぶと樹間に消えてしまう。

奈良県奈良市（2005.9.14）

ウスキオエダシャク 0281
Oxymacaria normata（シャクガ科）

- 開張 27-33mm
- 時期 4-10月
- 分布 北海道・本州・四国・九州

翅の帯は淡色で、前翅に褐色紋がある。幼虫の食樹はアキグミ。

神奈川県横浜市（2011.5.25）

ツマジロエダシャク 0282
Krananda latimarginaria（シャクガ科）

- 開張 27-43mm
- 時期 4-11月
- 分布 本州・四国・九州・沖縄

前翅を水平に広げてとまる。幼虫の食樹はクスノキ。

大阪府四條畷市（2004.6.23）

トンボエダシャク 0283
Cystidia stratonice（シャクガ科）

- 開張 47-58mm
- 時期 6-7月
- 分布 北海道・本州・四国・九州

腹部の斑紋列は規則的。幼虫の食樹はツルウメモドキ。

長野県松本市（2012.7.31）

ウメエダシャク 0284
Cystidia couaggaria（シャクガ科）

- 開張 35-46mm
- 時期 6-8月
- 分布 北海道・本州・四国・九州

日中にひらひらと飛ぶ。幼虫の食樹はウメ、サクラなど。

奈良県奈良市（2014.6.7）

0285 ゴマダラシロエダシャク
Antipercnia albinigrata(シャクガ科)

開張	50-55mm
時期	5-8月
分布	本州・四国・九州

白色で黒色紋が散在する。幼虫の食樹はアオモジなど。

山梨県甲州市(2012.6.17)

0286 オオゴマダラエダシャク
Parapercnia giraffata(シャクガ科)

開張	60-70mm
時期	4-9月
分布	本州・四国・九州

白色で黒色紋が散在し、腹部は黄色。幼虫の食樹はカキ。

兵庫県新温泉町(2000.8)

0287 クロフオオシロエダシャク
Pogonopygia nigralbata(シャクガ科)

開張	46-53mm
時期	4-8月
分布	本州・四国・九州・沖縄

黒紋が発達する。前翅は細い。幼虫の食樹はシキミ。

京都府京都市(2015.5.22)

0288 キシタエダシャク
Arichanna melanaria(シャクガ科)

開張	30-44mm
時期	5-8月
分布	北海道・本州・四国・九州

後翅が黄橙色。幼虫の食樹は、アセビ、レンゲツツジなど。

群馬県赤城山(2012.7.25)

0289 ヒョウモンエダシャク
Arichanna gaschkevitchii(シャクガ科)

開張	38-50mm
時期	6-9月
分布	北海道・本州・四国・九州

長野県諏訪市(2012.8.22)

翅は白色で、黒紋が散りばめられている。後翅の外側半分は橙色。雑木林などで見られ、日中、樹木の幹にとまっているのをよく見かける。花で吸蜜することも多い。幼虫の食樹はアセビなど。

> **メモ** 清楚な姿だが、実は、幼虫の頃に食べたアセビの葉に含まれる毒を体内にためこんでおり、鳥たちにとっては魔性の蛾。

長野県諏訪市(2012.8.22)

ナカウスエダシャク 0290
Alcis angulifera(シャクガ科)

開張	21-35mm
時期	4-10月
分布	北海道・本州・四国・九州・奄美大島

見つけやすさ

翅の中央部が白みがかる。幼虫は広食性。

♀：大阪府東大阪市(2014.5.31)

ヨモギエダシャク 0291
Ascotis selenaria(シャクガ科)

開張	35-56mm
時期	5-10月
分布	北海道・本州・四国・九州・奄美大島

見つけやすさ

翅の色模様は個体変異が著しい。幼虫は広食性。

大阪府大阪市(2005.10.4)

オオトビスジエダシャク 0292
Ectropis excellens(シャクガ科)

開張	28-50mm
時期	4-9月
分布	北海道・本州・四国・九州・沖縄

見つけやすさ

翅に細かい波型の帯をもつ。幼虫は広食性。

東京都八王子市(2013.4.10)

フトフタオビエダシャク 0293
Ectropis crepuscularia(シャクガ科)

開張	27-42mm
時期	3-10月
分布	北海道・本州・四国・九州

見つけやすさ

色彩に変異があり、全体が黒化する場合もある。幼虫は広食性。

大阪府東大阪市(2011.6.30)

オオバナミガタエダシャク 0294
Hypomecis lunifera(シャクガ科)

開張	42-66mm
時期	6-9月
分布	北海道・本州・四国・九州

見つけやすさ

翅に波型の帯をもつ。幼虫は多くの広葉樹の葉を食べる。

埼玉県所沢市(2012.6.10)

ホシミスジエダシャク 0295
Racotis boarmiaria(シャクガ科)

開張	40-47mm
時期	3-11月
分布	本州・四国・九州・沖縄

見つけやすさ

翅はまだら模様で黒斑がある。幼虫の食樹はシロダモなど。

大阪府東大阪市(2005.4.13)

0296 リンゴツノエダシャク
Phthonosema tendinosarium（シャクガ科）

- 開張 40-62mm
- 時期 5-9月
- 分布 北海道・本州・四国・九州

翅は部分的にやや紫がかり、明瞭な黒帯がある。幼虫は広食性。

東京都八王子市（2012.6.20）

0297 ヒロオビエダシャク
Duliophyle agitata（シャクガ科）

- 開張 40-50mm
- 時期 7-9月
- 分布 北海道・本州・四国・九州

地表にとまると見つけにくい。幼虫の食樹はアブラチャンなど。

奈良県奈良市（2005.9.14）

0298 キマダラツバメエダシャク
Thinopteryx crocoptera（シャクガ科）

- 開張 45-65mm
- 時期 5-10月
- 分布 北海道・本州・四国・九州・沖縄

翅は鮮やかな黄橙色。幼虫の食樹はブドウ類。

奈良県奈良市（2005.5.11）

0299 クロスジフユエダシャク
Pachyerannis obliquaria（シャクガ科）

- 開張 ♂22-30mm ♀体長10-14mm 前翅長3-4mm
- 時期 10-12月
- 分布 北海道・本州・四国・九州

雌は翅がきわめて短い。幼虫の食樹は、クリ、コナラなど。

♂：大阪府東大阪市（2003.12.3）

♀：大阪府東大阪市（2014.11.27）

0300 チャエダシャク
Megabiston plumosaria（シャクガ科）

- 開張 34-50mm
- 時期 10-12月
- 分布 本州・四国・九州

茶褐色で黒色帯をもつが変異がある。幼虫の食樹はチャなど。

大阪府東大阪市（2004.11.25）

0301 トビモンオオエダシャク
Biston robusta（シャクガ科）

- 開張 40-80mm
- 時期 2-5月
- 分布 北海道・本州・四国・九州・沖縄

春にだけ見られる。幼虫は広葉樹各種の葉を食べる。

♂：奈良県奈良市（2017.2.27）

チャバネフユエダシャク 0302
Erannis golda（シャクガ科）

開張	♂34-45mm
	♀体長11-15mm
時期	11-1月
分布	北海道・本州・四国・九州・沖縄

雄は前翅が褐色～黄褐色で暗褐色の帯があり、後翅は淡褐色。メスは翅が退化しており、体は白色で黒色紋がある。晩秋から初冬にかけて雑木林で見られる。幼虫は広葉樹各種の葉を食べる。

♂：大阪府東大阪市(2015.1.5)

♀：大阪府東大阪市(2015.1.5)

シロフフユエダシャク 0303
Agriopis dira（シャクガ科）

開張	♂21-32mm
	♀体長7-10mm 前翅長2-3mm
時期	1-4月
分布	北海道・本州・四国・九州

雄は、前翅が淡褐色で濃褐色の帯があり後翅は灰白色。雌は、翅が退化していて数mm程度の痕跡物があるだけ。冬～早春に現れる。幼虫の食樹は、コナラ、ミズナラ、クヌギなど。

♂：大阪府東大阪市(2005.2.9)

♀：大阪府四條畷市(2014.3.8)

オカモトトゲエダシャク 0304
Apochima juglansiaria（シャクガ科）

開張	33-46mm
時期	2-5月
分布	北海道・本州・四国・九州

翅は茶褐色で、白帯がある。静止時は、翅を細く折りたたむ。春に出現し、灯火に飛来する。幼虫の食樹は、クルミ、ニレ、ツバキなど。

♂：大阪府東大阪市(2004.3.10)

キオビゴマダラエダシャク 0305
Biston panterinaria（シャクガ科）

開張	47-67mm
時期	6-8月
分布	本州・四国・九州

翅は白色地に黒紋が散布されたごまだら模様で、外縁に黄橙色の帯がある。翅の基部や頭部、胸部も黄橙色。幼虫の食樹はリンゴ、アブラギリ、サワグルミなど。

交尾(左が♀)：山梨県甲州市(2012.6.17)

0306 カバエダシャク
Colotois pennaria（シャクガ科）

開張	35-50mm
時期	10-12月
分布	北海道・本州・四国・九州

見つけやすさ

黄褐色で、2本の暗褐色帯がある。幼虫の食樹はカエデなど。

大阪府東大阪市（2003.12.3）

0307 ハスオビエダシャク
Descoreba simplex（シャクガ科）

開張	37-50mm
時期	3-5月
分布	北海道・本州・四国・九州

見つけやすさ

淡褐色で、前翅の翅端が強く尖る。幼虫は、多くの広葉樹の葉を食べる。

東京都武蔵村山市（2012.4.25）

0308 ニトベエダシャク
Wilemania nitobei（シャクガ科）

開張	29-36mm
時期	10-12月
分布	本州・四国・九州

見つけやすさ

前翅は淡褐色と濃褐色に明瞭に塗り分けられる。幼虫は広葉樹各種の葉を食べる。

大阪府東大阪市（2014.11.20）

0309 ヒロバトガリエダシャク
Planociampa antipala（シャクガ科）

開張	38-43mm
時期	3-4月
分布	本州・四国・九州

見つけやすさ

前翅は灰白色で2本の暗褐色帯があり、後翅は白色。春にだけ見られる。幼虫は広食性で、広葉樹各種の葉を食べる。

♀：大阪府四條畷市（2014.3.22）

0310 ゴマフキエダシャク
Angerona nigrisparsa（シャクガ科）

開張	30-53mm
時期	5-8月
分布	本州・四国・九州

見つけやすさ

小黒点の数には変異がある。幼虫は広葉樹各種の葉を食べる。

東京都八王子市（2008.9.17）

0311 ツマトビキエダシャク
Bizia aexaria（シャクガ科）

開張	32-52mm
時期	5-9月
分布	北海道・本州・四国・九州

見つけやすさ

前翅の外縁に太い暗褐色帯がある。幼虫の食樹はクワなど。

東京都東村山市（2011.8.31）

ヒゲマダラエダシャク 0312
Cryptochorina amphidasyaria（シャクガ科）

開張	37-51mm
時期	3-5月
分布	北海道・本州・四国・九州

触角は淡褐色と黒褐色の縞模様。幼虫の食樹は広葉樹各種。

東京都八王子市(2011.4.6)

シロモンクロエダシャク 0313
Proteostrenia leda（シャクガ科）

開張	27-41mm
時期	6-8月
分布	北海道・本州・四国・九州

淡褐色〜黒褐色で、色模様の変異が著しい。幼虫の食樹はマユミなど。

長野県南牧村(2011.8.2)

マエキトビエダシャク 0314
Nothomiza formosa（シャクガ科）

開張	21-31mm
時期	5-10月
分布	北海道・本州・四国・九州

橙色がかった茶褐色で、前翅前縁に波打つような黄色斑がある。幼虫の食樹はイヌツゲ、ソヨゴなど。オオマエキトビエダシャク（未掲載）に似るが、前翅の黄色斑の形などで見分けることができる。

奈良県生駒市(2007.5.9)

エグリヅマエダシャク 0315
Odontopera arida（シャクガ科）

開張	36-51mm
時期	4-11月
分布	北海道・本州・四国・九州・沖縄

ややくすんだ茶褐色で、前翅外縁がえぐれたような形状。幼虫は広食性。

大阪府大阪市(2005.5.13)

オオノコメエダシャク 0316
Acrodontis fumosa（シャクガ科）

開張	45-63mm
時期	10-11月
分布	北海道・本州・四国・九州

淡褐色で前翅の翅端が鎌状に尖る。幼虫の食樹はキブシなど。

東京都八王子市(2011.11.2)

ミスジツマキリエダシャク 0317
Xerodes rufescentaria（シャクガ科）

開張	33-42mm
時期	4-8月
分布	北海道・本州・四国・九州

暗褐色帯をもつが、変異が著しい。幼虫の食樹は針葉樹各種。

京都市左京区(2007.5.23)

0318 ムラサキエダシャク
Selenia tetralunaria（シャクガ科）

開張	26-46mm
時期	4-9月
分布	北海道・本州・四国・九州

前翅の翅端に半円形の茶褐色紋をもつ。幼虫の食樹は広葉樹各種。

東京都八王子市（2009.4.22）

0319 トガリエダシャク
Xyloscia subspersata（シャクガ科）

開張	30-41mm
時期	5-9月
分布	本州・四国・九州

翅は淡褐色で、暗褐色の帯や紋をもつ。幼虫の食樹はアケビなど。

山梨県富士吉田市（2010.8.18）

0320 モミジツマキリエダシャク
Endropiodes indictinaria（シャクガ科）

開張	23-34mm
時期	4-8月
分布	本州・四国・九州

淡褐色で直線状の褐色帯をもつ。幼虫の食樹はヤマモミジなど。

山梨県甲州市（2011.7.13）

0321 ナカキエダシャク
Plagodis dolabraria（シャクガ科）

開張	22-36mm
時期	4-9月
分布	北海道・本州・四国・九州

翅に暗褐色の微細な縞模様をもつ。幼虫の食樹はコナラなど。

東京都八王子市（2011.5.4）

0322 ウラベニエダシャク
Heterolocha aristonaria（シャクガ科）

開張	19-26mm
時期	4-9月
分布	北海道・本州・四国・九州・沖縄

黄褐色〜淡茶褐色。幼虫の食樹はスイカズラなど。

大阪府四條畷市（2004.7.6） 大阪府四條畷市（2003.5.28）

0323 ウコンエダシャク
Corymica pryeri（シャクガ科）

開張	24-31mm
時期	5-9月
分布	北海道・本州・四国・九州・沖縄

前翅を水平に広げてとまる。幼虫の食樹はダンコウバイなど。

大阪府四條畷市（2005.7.6）

ウスキツバメエダシャク 0324
Ourapteryx nivea（シャクガ科）
- 開張 36-59mm
- 時期 5-11月
- 分布 北海道・本州・四国・九州・沖縄

白色で、翅に灰色帯がある。顔面は橙褐色（よく似たフトスジツバメエダシャクは顔色が灰白色）。幼虫の食樹は広葉樹各種。

東京都八王子市(2012.10.3)

コガタツバメエダシャク 0325
Ourapteryx obtusicauda（シャクガ科）
- 開張 30-40mm
- 時期 5-10月
- 分布 北海道・本州・四国・九州

後翅の尾状突起は短い。幼虫の食樹は広葉樹各種。

大阪府四條畷市(2002.6.19)

ヒメツバメエダシャク 0326
Ourapteryx subpunctaria（シャクガ科）
- 開張 31-43mm
- 時期 6-7月
- 分布 北海道・本州・四国・九州

後翅の灰色帯が「くの字」型に走る。幼虫の食樹はサワフタギ。

山梨県八ヶ岳東麓(2012.7.29)

シロツバメエダシャク 0327
Ourapteryx maculicaudaria（シャクガ科）
- 開張 35-54mm
- 時期 6-10月
- 分布 北海道・本州・四国・九州

白色で、明瞭な淡褐色帯がある。幼虫の食樹はイチイなど。

大阪府東大阪市(2014.10.1)

トラフツバメエダシャク 0328
Tristrophis veneris（シャクガ科）
- 開張 27-37mm
- 時期 6-9月
- 分布 北海道・本州・四国・九州

白色で、前翅に黒帯が並ぶ。幼虫の食樹はコメツガ、モミなど。

長野県松本市(2014.7.23)

ウスバフユシャク 0329
Inurois fletcheri（シャクガ科）
- 開張 ♂22-27mm ♀体長9-10mm
- 時期 12-2月
- 分布 北海道・本州・四国・九州

雌は無翅。幼虫は多くの広葉樹の葉を食べる。クロテンフユシャクに似るが、前翅の帯は前縁まで直線状。

♂：東京都練馬区(2012.2.12)

0330 クロテンフユシャク
Inurois membranaria（シャクガ科）

開張	♂25-31mm ♀体長9-11mm
時期	12-3月
分布	北海道・本州・四国・九州

雄の翅は淡褐色で、濃褐色の小さな紋がある。雌は無翅で、尾端の毛束がよく発達している。冬期に出現し、平地〜山地まで広く見られる。幼虫は、クヌギ、コナラのほか多くの広葉樹の葉を食べる。

メモ 翅がない雌の姿は、どう見ても謎の生き物。冬の夜、自然公園の柵の上などを探すと、歩き回る雌や、交尾中のペアが見つかる。

交尾（左が♀）：東京都練馬区（2012.2.25）

♂：東京都練馬区（2012.2.12）

0331 オオアヤシャク
Pachista superans（シャクガ科）

開張	42-65mm
時期	6-9月
分布	北海道・本州・四国・九州

翅の表面はくすんだ緑色〜淡褐色。裏面は白色で、明瞭な黒色の斑紋や帯がある。幼虫の食樹はモクレン、ホオノキなど。

飼育個体（2016.5.28）

0332 ウスアオシャク
Dindica virescens（シャクガ科）

開張	32-45mm
時期	4-9月
分布	北海道・本州・四国・九州・奄美大島

翅は褐色が混ざった緑色。幼虫の食樹はダンコウバイなど。

東京都八王子市（2008.5.7）

0333 アトヘリアオシャク
Aracima muscosa（シャクガ科）

開張	32-44mm
時期	6-8月
分布	北海道・本州・四国・九州

翅の縁が鋸歯状で褐色帯がある。幼虫の食樹はヤマハンノキなど。

大阪府四條畷市（2012.6.24）

0334 キマエアオシャク
Neohipparchus vallata（シャクガ科）

開張	22-34mm
時期	6-10月
分布	北海道・本州・四国・九州

淡緑色で、直線的に走る帯がある。幼虫の食樹はクリなど。

神奈川県横浜市（2010.7.11）

ウスキヒメアオシャク 0335
Jodis urosticta（シャクガ科）

開張	15-21mm
時期	4-9月
分布	本州・四国・九州

淡緑色で、翅の外縁に白点が並ぶ。幼虫は広食性。

奈良県生駒市（2015.7.25）

ヒロバツバメアオシャク 0336
Maxates illiturata（シャクガ科）

開張	29-35mm
時期	6-7月
分布	本州・四国・九州

別名モモアオシャク。幼虫の食樹はモモ、サクラなど。

大阪府東大阪市（2011.6.30）

ヨツモンマエジロアオシャク 0337
Comibaena procumbaria（シャクガ科）

開張	17-25mm
時期	6-9月
分布	本州・四国・九州・沖縄

淡緑色で、翅の縁に縁取りのある白紋をもつ。幼虫は広食性。

高知県大月町（2002.8）

ヘリジロヨツメアオシャク 0338
Comibaena amoenaria（シャクガ科）

開張	22-31mm
時期	6-9月
分布	北海道・本州・四国・九州

前後翅の合わせ目に赤茶色紋がある。幼虫の食樹はコナラなど。

奈良・大阪県境　大和葛城山（2013.9.25）

クロモンアオシャク 0339
Comibaena nigromacularia（シャクガ科）

開張	20-24mm
時期	5-9月
分布	北海道・本州・四国・九州

淡緑色で白帯や茶褐色紋がある。幼虫の食樹はコナラなど。

奈良県生駒市（2015.7.24）

コヨツメアオシャク 0340
Comostola subtiliaria（シャクガ科）

開張	13-23mm
時期	5-11月
分布	北海道・本州・四国・九州・沖縄

淡緑色で、翅に小さな赤褐色紋をもつ。幼虫は広食性。

東京都八王子市（2012.8.29）

0341 ホシシャク
Naxa seriaria（シャクガ科）

開張	34-49mm
時期	6-7月
分布	北海道・本州・四国・九州

翅は白色半透明で黒紋が散在する。幼虫の食樹はイボタノキなど。

♂：大阪府四條畷市（2004.6.23）

0342 ベニスジヒメシャク
Timandra recompta（シャクガ科）

開張	20-26mm
時期	5-9月
分布	北海道・本州・四国・九州

前翅後翅を貫く赤褐色帯がある。幼虫の食草はミゾソバなど。

東京都西東京市（2008.10.1）

0343 コベニスジヒメシャク
Timandra comptaria（シャクガ科）

開張	19-25mm
時期	6-9月
分布	北海道・本州・四国・九州

前翅後翅を貫く褐色帯がある。幼虫の食草はイヌタデなど。

東京都東村山市（2011.8.31）

0344 クロスジオオシロヒメシャク
Problepsis diazoma（シャクガ科）

開張	32-41mm
時期	6-9月
分布	本州・四国・九州

白色で、翅に大きな眼状紋をもつ。灯火によく飛来する。

兵庫県新温泉町（2000.8）

0345 ウンモンオオシロヒメシャク
Somatina indicataria（シャクガ科）

開張	23-29mm
時期	5-9月
分布	北海道・本州・四国・九州

灰色～淡褐色の帯や紋をもつ。幼虫の食樹はスイカズラなど。

埼玉県所沢市（2012.6.10）

0346 マエキヒメシャク
Scopula nigropunctata（シャクガ科）

開張	18-30mm
時期	4-9月
分布	北海道・本州・四国・九州

全体に微細な濃褐色点がある。後翅は角張る。幼虫は広食性。

埼玉県入間市（2012.9.16）

キナミシロヒメシャク 0347
Scopula superior（シャクガ科）

開張	18-25mm
時期	5-9月
分布	本州・四国・九州

白色で、翅一面に淡褐色帯をもつ。幼虫の食樹はサクラなど。

東京都東村山市（2009.9.6）

ウスキクロテンヒメシャク 0348
Scopula ignobilis（シャクガ科）

開張	20-26mm
時期	5-10月
分布	北海道・本州・四国・九州

黄色みがかった白色で、淡黄褐色帯をもつ。幼虫は広食性。

大阪府四條畷市（2007.6.20）

キオビベニヒメシャク 0349
Idaea impexa（シャクガ科）

開張	10-14mm
時期	5-9月
分布	本州・四国・九州

淡褐色で翅の縁に暗褐色帯がある。林縁の葉上でよく見られる。

埼玉県所沢市（2012.6.10）

モンウスキヒメシャク 0350
Idaea effusaria（シャクガ科）

開張	15-19mm
時期	6-7月
分布	北海道・本州・四国・九州

黄色みを帯びた淡褐色で、波状の褐色帯がある。山地性。

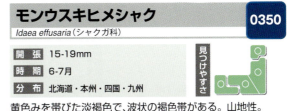
東京都奥多摩町（2012.7.8）

ゴマダラシロナミシャク 0351
Naxidia maculata（シャクガ科）

開張	18-26mm
時期	5-8月
分布	北海道・本州・四国・九州

灰白色で黒紋が散在する。山地の薄暗く湿った場所で見られる。

東京都奥多摩町（2010.9.1）

ホソバトガリナミシャク 0352
Carige scutilimbata（シャクガ科）

開張	24-31mm
時期	6-9月
分布	本州・四国・九州

翅の外縁が角張る。林縁などの薄暗く湿った場所で見られる。

奈良県奈良市（2005.9.14）

0353 シロオビクロナミシャク
Trichobaptria exsecuta（シャクガ科）

開張	22-29mm
時期	5-9月
分布	北海道・本州・四国・九州

黒褐色で、翅に明瞭な白色帯がある。幼虫の食樹はツルアジサイなど。

東京都八王子市(2012.8.29)

0354 ウスクモナミシャク
Heterophleps fusca（シャクガ科）

開張	19-24mm
時期	5-7月
分布	本州・四国・九州・奄美大島

前翅前縁に明瞭な黒褐色紋をもつ。低山地～山地で見られる。

東京都奥多摩町(2012.7.8)

0355 ホソバナミシャク
Tyloptera bella（シャクガ科）

開張	21-30mm
時期	5-9月
分布	北海道・本州・四国・九州・奄美大島

翅の周縁に黒褐色紋が並ぶ。幼虫の食樹はタラノキ。

兵庫県新温泉町(2001.7)

0356 シラナミナミシャク
Glaucorhoe unduliferaria（シャクガ科）

開張	22-30mm
時期	7-8月
分布	北海道・本州

淡褐色で、同心円状の白帯がある。夏に出現し中部山地に多い。

山梨県甲州市(2011.7.13)

0357 モンキキナミシャク
Idiotephria amelia（シャクガ科）

開張	25-29mm
時期	3-5月
分布	北海道・本州・四国・九州

前翅はくすんだオレンジで、淡褐色の紋がある。後翅は淡褐色。幼虫の食樹はコナラ、ミズナラなど。

大阪府東大阪市(2014.3.19)

0358 ギフウスキナミシャク
Idiotephria debilitata（シャクガ科）

開張	26-29mm
時期	3-5月
分布	北海道・本州・四国・九州

淡黄褐色で、目立たない帯がある。幼虫の食樹はカシワなど。

奈良県大和郡山市(2003.3.23)

マルモンシロナミシャク 0359
Gandaritis evanescens（シャクガ科）
- 開張 30-40mm
- 時期 6-7月
- 分布 北海道・本州・四国・九州

明瞭な黒紋が散在する。幼虫の食樹はツルアジサイなど。

山梨県甲州市(2012.6.17)

ツマキシロナミシャク 0360
Gandaritis whitelyi（シャクガ科）
- 開張 30-40mm
- 時期 5-7月
- 分布 北海道・本州・四国・九州

白黒の縞模様で、翅の縁は黄橙色。幼虫の食樹はサルナシ。

東京都奥多摩町(2011.7.10)

キマダラオオナミシャク 0361
Gandaritis fixseni（シャクガ科）
- 開張 40-55mm
- 時期 6-11月
- 分布 北海道・本州・四国・九州・奄美大島

黄褐色で前翅翅端に黄色紋をもつ。幼虫の食樹はサルナシなど。

東京都八王子市(2011.6.24)

ナミガタシロナミシャク 0362
Callabraxas compositata（シャクガ科）
- 開張 33-40mm
- 時期 5-7月
- 分布 北海道・本州・四国・九州

細かな縞模様がある。腹端を反り返らせる。幼虫の食樹はツタ。

奈良県生駒市(2003.6.4)

ウストビモンナミシャク 0363
Eulithis lederi（シャクガ科）
- 開張 17-23mm
- 時期 6-8月
- 分布 北海道・本州・四国・九州

翅端に褐色紋をもつ。腹端を反り返らせる。幼虫の食樹はブドウなど。

埼玉県入間市(2008.6.6)

アカモンコナミシャク 0364
Palpoctenidia phoenicosoma（シャクガ科）
- 開張 15-19mm
- 時期 5-8月
- 分布 北海道・本州・四国・九州

淡褐色で、茶褐色の紋がある。幼虫はクワ類の花をたべる。

大阪府泉佐野市(2015.4.16)

0365 セスジナミシャク
Evecliptopera illitata（シャクガ科）

開張	20-28mm
時期	4-10月
分布	本州・四国・九州

黒褐色で、白色線が網目状に走る。幼虫の食樹はアケビなど。

大阪府東大阪市（2011.6.30）

0366 キアミメナミシャク
Eustroma japonica（シャクガ科）

開張	28-35mm
時期	5-9月
分布	北海道・本州・四国・九州

前翅外縁付近の紋は黄橙色。平地〜低山地で見られる。

東京・神奈川県境陣馬山（2012.7.4）

0367 シロホソスジナミシャク
Lobogonodes multistriata（シャクガ科）

開張	17-21mm
時期	4-8月
分布	北海道・本州・四国・九州

翅に波打つ白線がたくさん走る。低山地、山地で見られる。

大阪府泉佐野市（2015.4.16）

0368 ビロードナミシャク
Sibatania mactata（シャクガ科）

開張	30-45mm
時期	5-10月
分布	北海道・本州・四国・九州

黒褐色で、複雑に走る淡黄色線がある。幼虫の食樹はヤマアジサイ。

東京都八王子市（2011.6.24）

0369 ナカジロナミシャク
Melanthia procellata（シャクガ科）

開張	26-33mm
時期	4-10月
分布	北海道・本州・四国・九州・奄美大島

褐色で、翅の中央が白い。幼虫の食樹はボタンヅルなど。

埼玉県入間市（2012.9.16）

0370 ツマアカシャチホコ
Clostera anachoreta（シャチホコガ科）

開張	30-40mm
時期	4-10月
分布	北海道・本州・四国・九州

淡褐色で、前翅の翅端部は茶褐色。幼虫の食樹はヤナギ類など。

飼育個体（2015.11.3）

ムラサキシャチホコ 0371
Uropyia meticulodina(シャチホコガ科)

開張	48-59mm
時期	4-9月
分布	北海道・本州・四国・九州

見つけやすさ

翅は茶褐色と淡褐色に塗り分けられている。平地〜山地で見られる。幼虫の食樹であるオニグルミがはえた河川の周辺、渓流沿いなどに生息し、灯火にも飛来する。

メモ 翅の絵柄は、だまし絵3Dアート。色の濃淡によって巧みに陰影を表現し、まるで枯葉が丸まっているように見える。自然淘汰の仕業にしては手が込みすぎている。

♂:奈良県上北山村(2006.8.2)

東京都羽村市(2008.4.23)

奈良県上北山村(2006.8.2)

ギンシャチホコ 0372
Harpyia umbrosa(シャチホコガ科)

開張	45-49mm
時期	5-7月
分布	北海道・本州・四国・九州

見つけやすさ

銀灰色で不明瞭な黒褐色帯がある。幼虫の食樹はコナラなど。

大阪府四條畷市(2002.7.3)

アオバシャチホコ 0373
Zaranga permagna(シャチホコガ科)

開張	48-64mm
時期	4-9月
分布	北海道・本州・四国・九州

見つけやすさ

緑色を帯びた暗褐色で背部に黄色毛がある。幼虫の食樹はミズキなど。

東京都奥多摩町(2010.9.1)

0374 ウスイロギンモンシャチホコ
Spatalia doerriesi（シャチホコガ科）

開張 36-41mm
時期 5-9月
分布 北海道・本州・四国・九州

別名オオギンモンシャチホコ。橙褐色〜暗褐色で、前翅に白紋をもつ。幼虫の食樹はコナラなど。

大阪府四條畷市(2004.6.16)

0375 ギンモンスズメモドキ
Tarsolepis japonica（シャチホコガ科）

開張 63-82mm
時期 7-8月
分布 北海道・本州・四国・九州

茶褐色で、前翅に三角形の白紋をもつ。幼虫の食樹はカエデ類。

兵庫県新温泉町(2003.8.4)

0376 ツマキシャチホコ
Phalera assimilis（シャチホコガ科）

開張 48-75mm
時期 6-8月
分布 北海道・本州・四国・九州

前翅端に淡黄褐色の紋がある。とまると枯れ枝の切れ端に似る。幼虫の食樹はコナラなど。

山梨県甲州市(2012.7.18)

0377 モンクロシャチホコ
Phalera flavescens（シャチホコガ科）

開張 45-59mm
時期 6-8月
分布 北海道・本州・四国・九州

乳白色で黒褐色の紋と帯がある。幼虫の食樹はサクラなど。

高知県大月町(2002.8)

0378 シャチホコガ
Stauropus fagi（シャチホコガ科）

開張 51-65mm
時期 4-9月
分布 北海道・本州・四国・九州

暗褐色〜灰褐色で、灰白色の小紋が散布される。後翅を少し見せてとまっていることが多い。幼虫は広葉樹各種の葉を食べる。

大阪府東大阪市(2019.4.27)

0379 オオエグリシャチホコ
Pterostoma gigantinum（シャチホコガ科）

開張 51-70mm
時期 5-8月
分布 北海道・本州・四国・九州

淡褐色で、背部の飾冠毛が目立つ。幼虫の食樹はフジなど。

交尾(上が♀)：東京都羽村市(2008.4.23)

タテスジシャチホコ 0380
Togepteryx velutina（シャチホコガ科）

開張	32-46mm
時期	4-8月
分布	北海道・本州・四国・九州

淡褐色で、前翅に黒褐色帯がある。幼虫の食樹はカエデ類。

東京都奥多摩町（2012.7.8）

ハイイロシャチホコ 0381
Microphalera grisea（シャチホコガ科）

開張	36-45mm
時期	4-9月
分布	北海道・本州・四国・九州

灰色で、黒褐色の線紋がある。幼虫の食樹はカエデ科各種。

東京都八王子市（2012.9.12）

セダカシャチホコ 0382
Euhampsonia cristata（シャチホコガ科）

開張	65-83mm
時期	5-8月
分布	北海道・本州・四国・九州・沖縄

背部に高く突出する毛束がある。幼虫の食樹はクヌギなど。

飼育個体（2016.7.26）

トビギンボシシャチホコ 0383
Rosama ornata（シャチホコガ科）

開張	30-38mm
時期	5-8月
分布	北海道・本州・四国・九州

赤褐色で、背部に毛束をもつ。幼虫の食樹はヤマハギ。

大阪府四條畷市（2007.6.20）

ハネブサシャチホコ 0384
Platychasma virgo（シャチホコガ科）

開張	34-36mm
時期	6-8月
分布	本州・四国・九州

淡褐色で、緑色の帯がある。幼虫の食樹はカジカエデなど。

東京都檜原村（2012.7.11）

リンゴドクガ 0385
Calliteara pseudabietis（ドクガ科）

開張	36-60mm
時期	4-8月
分布	北海道・本州・四国・九州

灰白色で、雌は黒線があり、雄には太い黒帯がある。

♀：山梨県富士吉田市（2010.8.22）　♂：飼育個体

チョウ目

チョウ目

0386 ヒメシロモンドクガ
Orgyia thyellina（ドクガ科）

開張	21-42mm
時期	6-11月
分布	北海道・本州・四国・九州

雌は乳白色で黒紋をもち、雄は茶褐色。幼虫は広食性。

♀：東京都練馬区(2007.8.24)　♂：飼育個体(2016.9.27)

0387 スゲオオドクガ
Laelia gigantea（ドクガ科）

開張	35-50mm
時期	5-9月
分布	本州・四国・九州

淡い乳白色で顔は黄色。雄の触角はウサギの耳のように大きい。

♂：東京都葛飾区(2012.9.19)

0388 ニワトコドクガ
Topomesoides jonasii（ドクガ科）

開張	30-42mm
時期	6-9月
分布	本州・四国・九州

乳白色で、前翅に小黒斑をもつ。幼虫の食樹はカマツカなど。

大阪府四條畷市(2004.6.9)

0389 キアシドクガ
Ivela auripes（ドクガ科）

開張	42-48mm
時期	5-6月
分布	北海道・本州・四国・九州

翅は白色半透明。日中、幼虫の食樹(ミズキ類)の周囲を飛ぶ。

奈良県生駒市(2014.5.29)

0390 マイマイガ
Lymantria dispar（ドクガ科）

開張	♂45-61mm　♀62-93mm
時期	7-8月
分布	北海道・本州・四国・九州

雄は黒褐色〜褐色で、日中活発に飛び回る。雌は白色で翅に目立たない小紋があり、樹木の幹などにじっととまっていることが多い。人家周辺でも見られる。幼虫は広食性で、多くの植物の葉を食べる。

メモ　漢字で書くと「舞々蛾」。雄が活発に飛ぶ様子を表現したものとされる。ダンスの幕間に立派な触角を立てて休む姿が凛々しい。

♀：山梨県八ヶ岳東麓(2012.7.29)　♂：大阪府東大阪市(2011.6.30)

シロオビドクガ 0391
Numenes albofascia（ドクガ科）

開張	45-83mm
時期	6-9月
分布	北海道・本州・四国・九州

雌雄で翅の色模様が異なる。幼虫は毒針毛をもつ。

♂：東京都八王子市（2012.8.29）

モンシロドクガ 0392
Sphrageidus similis（ドクガ科）

開張	24-39mm
時期	5-9月
分布	北海道・本州・四国・九州

白色で毛深い。幼虫は広食性。幼虫・成虫ともに毒針毛をもつ。

長野県諏訪市（2011.8.17）

ノンネマイマイ 0393
Lymantria monacha（ドクガ科）

開張	37-62mm
時期	7-8月
分布	北海道・本州・四国・九州

ミノオマイマイに似るが、翅の地色は白色。幼虫の食樹はクヌギなど。

群馬県赤城山（2012.7.25）

ミノオマイマイ 0394
Lymantria minomonis（ドクガ科）

開張	37-64mm
時期	7-8月
分布	本州・四国・九州・沖縄

ノンネマイマイに似るが、翅の地色は灰色を帯びる。幼虫の食樹はアラカシ。

東京都八王子市（2012.8.12）

カシワマイマイ 0395
Lymantria mathura（ドクガ科）

開張	♂44-52mm　♀80-93mm
時期	7-9月
分布	北海道・本州・四国・九州・沖縄

雄は灰褐色地に黒色の帯や紋が発達するが明暗の変異がある。雌は大型で白く黒色の波形模様があり、後翅や脚は桃色。灯火に飛来する。幼虫の食樹はカシワなど。

メモ 精悍で格好いい雄は、灯火によく飛来し、艶かしく美しい雌は、林縁の樹幹にひっそりととまっている。

♀：大阪府東大阪市（2011.6.30）　♂：山梨県甲州市（2012.7.18）

0396 ドクガ
Artaxa subflava（ドクガ科）

兵庫県加西市(2003.8.3)

開張	25-42mm
時期	6-8月
分布	北海道・本州・四国・九州

別名ナミドクガ。黄色で毛深い。幼虫は広食性。幼虫・成虫ともに毒針毛をもつ。

0397 ゴマフリドクガ
Somena pulverea（ドクガ科）

大阪府四條畷市(2014.10.9)

開張	20-33mm
時期	5-8月
分布	本州・四国・九州・沖縄

黄色で小黒紋が散布される。翅が広く黒褐色になる個体もいる。幼虫は広食性。幼虫・成虫ともに毒針毛をもつ。

0398 チャドクガ
Arna pseudoconspersa（ドクガ科）

東京都八王子市(2012.10.31)

開張	24-35mm
時期	6-10月
分布	本州・四国・九州

淡黄色〜黒褐色。幼虫の食樹はチャなど。幼虫・成虫ともに毒針毛をもつ。

0399 キシタホソバ
Eilema vetusta（ヒトリガ科）

大阪府四條畷市室池(2003.6.4)

開張	27-36mm
時期	5-9月
分布	北海道・本州・四国・九州

キマエホソバに似るがより大きく、後翅は黄色。幼虫は地衣類を食べる。

0400 ムジホソバ
Eilema deplana（ヒトリガ科）

♂：東京都八王子市(2011.6.24)

開張	28-37mm
時期	6-9月
分布	北海道・本州・四国・九州

雄は黄灰色〜黄褐色。雌は灰褐色で翅の周縁が黄色。幼虫は地衣類を食べる。

0401 キマエホソバ
Eilema japonica（ヒトリガ科）

開張	25-30mm
時期	5-9月
分布	北海道・本州・四国・九州

キシタホソバに似るが小さい。幼虫は地衣類を食べる。

大阪府東大阪市(2004.5.30)

クビワウスグロホソバ　0402
Macrobrochis staudingeri（ヒトリガ科）

開張	35-50mm
時期	6-8月
分布	北海道・本州・四国・九州

胸部上部のオレンジ色が目立つ。幼虫は地衣類を食べる。

東京都奥多摩町(2012.7.8)

キマエクロホソバ　0403
Ghoria collitoides（ヒトリガ科）

開張	33-41mm
時期	5-8月
分布	北海道・本州・四国・九州

別名マエキクロホソバ。幼虫は地衣類を食べる。

東京・神奈川県境陣馬山(2012.7.4)

ヨツボシホソバの一種　0404
Lithosia sp.（ヒトリガ科）

開張	45mm前後
時期	6-9月

♀：山梨県甲州市(2012.7.18)

雌は橙黄色で2対の黒紋をもつ。雄は黄灰色で胸部周辺が黄色。幼虫は地衣類を食べる。

♂：東京都東村山市(2013.10.2)

マエグロホソバ　0405
Conilepia nigricosta（ヒトリガ科）

開張	40-48mm
時期	6-9月
分布	本州・四国・九州

雌は橙黄色で2対の黒紋をもち、ヨツボシホソバに似る。雄は灰白色〜黄色で、前翅前縁が黒い。幼虫は地衣類を食べる。

♂：大阪府四條畷市(2003.6.27)

アカスジシロコケガ　0406
Cyana hamata（ヒトリガ科）

開張	20-38mm
時期	6-9月
分布	北海道・本州・四国・九州・沖縄

前翅は白色で鮮やかな赤色の帯模様と小さな黒紋がある。後翅は赤みを帯びた白色。渓流沿いなどに生息し、灯火によく飛来する。幼虫は地衣類を食べて育ち、蛹化する際、自らの毛を用いてマユをつくる。

メモ あまり大きくないので野外ではさほど目立たないが、顔を近づけてしげしげと見つめると、ファンタジーの世界に連れていかれる。

♀：東京都八王子市(2010.4.11)

0407 オオベニヘリコケガ
Melanaema venata（ヒトリガ科）

開張	23-31mm
時期	6-9月
分布	北海道・本州・四国・九州

見つけやすさ

前翅の周縁が赤色。色彩変異に富む。幼虫は地衣類を食べる。

奈良県奈良市（2014.7.2）

0408 ゴマダラキコケガ
Stigmatophora leacrita（ヒトリガ科）

開張	25-35mm
時期	6-9月
分布	北海道・本州・四国・九州・奄美大島

見つけやすさ

橙黄色で、前翅に黒点列がある。幼虫は地衣類などを食べる。

埼玉県杉戸町（2013.6.26）

0409 スジベニコケガ
Barsine striata（ヒトリガ科）

開張	32-40mm
時期	5-9月
分布	北海道・本州・四国・九州

見つけやすさ

ゴマダラベニコケガよりも黄色みが強い。色模様の変化が著しく、黒化する場合もある。幼虫は地衣類や落葉を食べる。

山梨県甲州市（2012.6.6）

0410 ゴマダラベニコケガ
Barsine pulchra（ヒトリガ科）

開張	25-35mm
時期	5-9月
分布	北海道・本州・四国・九州

見つけやすさ

スジベニコケガよりも赤みが強い。幼虫は地衣類を食べると思われる。

大阪府四條畷市（2015.5.26）

0411 ベニヘリコケガ
Miltochrista miniata（ヒトリガ科）

開張	20-26mm
時期	5-9月
分布	北海道・本州・四国・九州

見つけやすさ

翅の周縁が赤く、波形の黒線がある。幼虫は地衣類を食べる。

東京都八王子市（2011.6.24）

0412 モンシロモドキ
Nyctemera adversata（ヒトリガ科）

開張	36-50mm
時期	3-10月
分布	本州・四国・九州・沖縄

見つけやすさ

シロチョウの仲間に似る。日中に活動する。幼虫の食草はヒメジョオンなど。

交尾（左が♀）：沖縄県名護市（2001.10.2）

モンヘリアカヒトリ 0413
Diacrisia irene（ヒトリガ科）

開張	39-45mm
時期	6-7月
分布	北海道・本州(中部)

雄の前翅は黄色で小赤色紋がある。雌は黄橙色で翅脈が赤い。

♀：長野県諏訪市(2012.7.22)

ヒトリガ 0414
Arctia caja（ヒトリガ科）

開張	48-80mm
時期	8-9月
分布	北海道・本州

前翅は黒褐色で網目状の白帯がある。幼虫は広食性。

長野県諏訪市(2011.8.17)

ゴマベニシタヒトリ 0415
Rhyparia purpurata（ヒトリガ科）

開張	41-48mm
時期	7-8月
分布	本州(群馬、長野)

前翅に茶褐色紋が散在する。幼虫の食樹はキンギンボク。

長野県諏訪市(2012.7.22)

ホシベニシタヒトリ 0416
Rhyparioides amurensis（ヒトリガ科）

開張	46-55mm
時期	7-8月
分布	北海道・本州・四国・九州

雄の前翅は黄色。雌は橙黄色で褐色帯がある。後翅は赤い。幼虫の食草はスイバなど。

♀：長野県原村(2008.7.30)

ベニシタヒトリ 0417
Rhyparioides nebulosa（ヒトリガ科）

開張	38-53mm
時期	6-9月
分布	北海道・本州・四国・九州

橙黄色〜暗黄褐色で、後翅は赤色。幼虫の食草はオオバコなど。

長野県諏訪市(2012.7.22)　大阪府四條畷市(2004.6.23)

アメリカシロヒトリ 0418
Hyphantria cunea（ヒトリガ科）

開張	22-36mm
時期	5-9月
分布	北海道・本州・四国・九州

幼虫は広食性でときに大発生する。アメリカ原産の帰化種。

飼育個体(2017.4.30)

東京都台東区(1983.9)　（写真 全国農村教育協会）

0419 シロヒトリ
Chionarctia nivea（ヒトリガ科）

開張	52-78mm
時期	7-9月
分布	北海道・本州・四国・九州

白色で腹部や脚が赤い。幼虫の食草は、スイバ、ギシギシなど。

大阪府四條畷市（2006.9.20）

0420 キハラゴマダラヒトリ
Spilosoma lubricipedum（ヒトリガ科）

開張	32-41mm
時期	4-9月
分布	北海道・本州・四国・九州

翅は白色で黒斑があり、腹部は黄色い。幼虫の食樹はクワなど。

山梨県甲州市（2012.7.18）

0421 スジモンヒトリ
Spilarctia seriatopunctata（ヒトリガ科）

開張	35-50mm
時期	4-9月
分布	北海道・本州・四国・九州・沖縄

翅は乳白色で黒斑列があり、腹部は赤い。幼虫の食樹はクワなど。

山梨県甲州市（2011.7.13）

0422 カクモンヒトリ
Lemyra inaequalis（ヒトリガ科）

開張	30-44mm
時期	5-9月
分布	北海道・本州・四国・九州・沖縄

雌雄で翅の色模様が異なる。幼虫の食樹はクヌギなど。

♂：東京都八王子市（2012.9.12）　♀：東京都八王子市（2012.9.12）

0423 カノコガ
Amata fortunei（ヒトリガ科）

開張	30-37mm
時期	6-9月
分布	北海道・本州・四国・九州

腹部に黄帯がある。日中に活動する。幼虫の食草はタンポポなど。

東京都東村山市（2009.6.14）

0424 キハダカノコ
Amata germana（ヒトリガ科）

開張	30-37mm
時期	6-9月
分布	本州・四国・九州

腹部は縞模様。日中に活動する。幼虫の食樹はオニグルミなど。

埼玉県蓮田市（2013.6.30）

アカヒトリ 0425
Lemyra flammeola（ヒトリガ科）

開張	23-36mm
時期	6-9月
分布	本州・四国・九州

黄赤色〜朱色。幼虫の食樹はシャシャンボ、柑橘類など。

大阪府四條畷市（2002.7.3）

カマフリンガ 0426
Macrochthonia fervens（コブガ科）

開張	31-39mm
時期	6-8月
分布	北海道・本州・四国・九州

茶褐色で、褐色線がある。幼虫の食樹はハルニレ、ケヤキ。

東京都あきる野市（2013.7.21）

アカスジアオリンガ 0427
Pseudoips sylpha（コブガ科）

開張	34-40mm
時期	3-9月
分布	北海道・本州・四国・九州

淡緑色だが、春型の雄は赤色を帯びる。幼虫の食樹はクヌギ。

山梨県甲州市（2012.7.18）

ギンボシリンガ 0428
Ariolica argentea（コブガ科）

開張	23-27mm
時期	5-8月
分布	北海道・本州・四国・九州

橙色の帯を欠く個体もいる。幼虫の食樹はヤマツツジなど。

東京都八王子市（2012.8.29）

ハイイロリンガ 0429
Gabala argentata（コブガ科）

開張	22-27mm
時期	4-11月
分布	北海道・本州・四国・九州

網の目のような褐色線がある。幼虫の食樹はヌルデ。

大阪府四條畷市（2002.6.19）

キノカワガ 0430
Blenina senex（コブガ科）

開張	38-43mm
時期	4-11月
分布	北海道・本州・四国・九州・沖縄

樹皮に似る。色彩変異に富む。幼虫の食樹はカキなど。

大阪府四條畷市（2004.2.18）

0431 ナンキンキノカワガ
Gadirtha impingens（コブガ科）

開張 43-54mm
時期 3-11月
分布 本州・四国・九州

奈良県生駒市(2012.11.30)

灰白色で脚が毛深い。幼虫の食樹はナンキンハゼ、シラキ。

0432 テンクロアツバ
Rivula sericealis（ヤガ科）

開張 20mm前後
時期 5-10月
分布 北海道・本州・四国・九州

東京都羽村市(2011.10.19)

乳白色で褐色紋をもつ。幼虫の食草はノガリヤスなど。

0433 マエジロアツバ
Hypostrotia cinerea（ヤガ科）

開張 20-27mm
時期 5-10月
分布 北海道・本州・四国・九州

青灰色で前翅前縁は黄白色。幼虫が食べるカワラタケ類に似る。

山梨県甲州市(2012.6.17)

0434 ウスキコヤガ
Oruza brunnea（ヤガ科）

開張 22-27mm
時期 5-8月
分布 北海道・本州・四国・九州・沖縄

濃い黄褐色で前翅に暗褐色帯がある。暖地でよく見られる。

大阪府東大阪市(2011.6.30)

0435 テングアツバ
Latirostrum bisacutum（ヤガ科）

開張 48mm前後
時期 3-4、7-11月
分布 本州・四国・九州

大阪府東大阪市(2004.11.25)

下唇ひげがきわめて長く、枯葉に似る。幼虫の食樹はミヤマハハソなど。

0436 クロキシタアツバ
Hypena amica（ヤガ科）

開張 28-35mm
時期 5-9月
分布 北海道・本州・四国・九州

東京・神奈川県境陣馬山(2012.7.4)

前翅基半の色が濃く、台形の黒褐色紋をもつ。後翅は黄色。幼虫の食草はヤブマオなど。

ナミテンアツバ 0437
Hypena strigatus（ヤガ科）

開張	28mm前後
時期	3-4、7-11月
分布	北海道・本州・四国・九州

ちぎれた枯葉のように見える。幼虫の食草はヌスビトハギ。

埼玉県入間市（2011.10.23）

埼玉県さいたま市（2015.8.22）

キンスジアツバ 0438
Colobochyla salicalis（ヤガ科）

開張	23-26mm
時期	5-8月
分布	北海道・本州・四国・九州

灰褐色で、3本の褐色帯がある。幼虫の食樹はヤナギ類など。

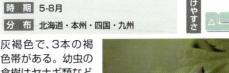
大阪府四條畷市（2003.6.4）

シロテンツマキリアツバ 0439
Amphitrogia amphidecta（ヤガ科）

開張	34mm前後
時期	6-9月
分布	北海道・本州・四国・九州

前翅外縁がえぐれている。幼虫の食樹はミツバウツギなど。

東京都八王子市（2011.6.24）

マエモンツマキリアツバ 0440
Pangrapta costinotata（ヤガ科）

開張	26-30mm
時期	5-8月
分布	北海道・本州・四国・九州

暗褐色で前翅前縁に白紋をもつ。幼虫の食樹はサクラ類など。

東京都羽村市（2009.5.27）

シラナミクロアツバ 0441
Adrapsa simplex（ヤガ科）

開張	25-32mm
時期	4-10月
分布	北海道・本州・四国・九州・沖縄

黒褐色で波状の白帯をもつ。幼虫は広葉樹の枯葉を食べる。

埼玉県所沢市（2012.6.10）

オオシラホシアツバ 0442
Edessena hamada（ヤガ科）

開張	32-50mm
時期	5-8月
分布	北海道・本州・四国・九州

暗褐色でハート型の白紋をもつ。幼虫の食樹はクヌギなど。

山梨県甲州市（2008.7.2）

0443 ハナオイアツバ
Cidariplura gladiata（ヤガ科）

開張	23-33mm
時期	6-8月
分布	本州・四国・九州・沖縄

見つけやすさ

雄は長い下唇ひげが頭部から背中に伸びている。暖地に多い。

♂：大阪府東大阪市（2002.6.16）

0444 ウスグロアツバ
Traudinges fumosa（ヤガ科）

開張	24-34mm
時期	5-9月
分布	北海道・本州・四国・九州

見つけやすさ

褐色で、暗褐色の帯がある。幼虫の食草はスゲ類。

長野県諏訪市（2012.7.22）

0445 キイロアツバ
Treitschkendia helva（ヤガ科）

大阪府四條畷市（2003.5.25）

開張	21-33mm
時期	5-9月
分布	北海道・本州・四国・九州

見つけやすさ

前翅外縁にそって褐色帯がある。幼虫の食樹はカシワなど。

0446 ハグルマトモエ
Spirama helicina（ヤガ科）

開張	55-75mm
時期	4-9月
分布	本州・四国・九州・沖縄

見つけやすさ

オスグロトモエより巴型紋が大きい。幼虫の食樹はネムノキ。

山梨県韮崎市（2013.7.24）

0447 オスグロトモエ
Spirama retorta（ヤガ科）

開張	57-72mm
時期	4-9月
分布	本州・四国・九州

見つけやすさ

前翅に巴型の大きな紋がある。夏型の雄は濃褐色。雌は淡褐色で黒褐色の縞模様があり、ハグルマトモエに似るが巴型紋がやや小さい。春型は雌雄とも赤茶色で前翅の巴型紋は不明瞭。幼虫の食樹は、ネムノキ、アカシアなど。

メモ 山道を歩いていると、人の気配に驚いて下草の中からバサバサと飛び立ち、一定距離を移動したのち、再び草むらの奥に逃げ込んでしまう。

夏型♂：東京都八王子市（2012.8.12）

夏型♀：大阪府東大阪市（2012.8.6）

春型：大阪府四條畷市（2002.6.10）

オオトモエ　0448
Erebus ephesperis（ヤガ科）

- 開張　90-100mm
- 時期　4-9月
- 分布　北海道・本州・四国・九州・沖縄

黒褐色で白帯がある。幼虫の食草はサルトリイバラなど。

兵庫県新温泉町(2001.7)

オオエグリバ　0449
Calyptra gruesa（ヤガ科）

- 開張　50-53mm
- 時期　6-10月
- 分布　本州・四国・九州

灰褐色〜暗褐色で、枯葉に似る。幼虫の食樹はツヅラフジ。

和歌山県龍神村(2001.8.8)

ヒメエグリバ　0450
Oraesia emarginata（ヤガ科）

- 開張　32-40mm
- 時期　5-11月
- 分布　本州・四国・九州・沖縄

黄褐色〜茶褐色で、枯葉に似る。幼虫の食樹はアオツヅラフジ。

大阪府四條畷市(2001.9.5)

アカエグリバ　0451
Oraesia excavata（ヤガ科）

- 開張　40-50mm
- 時期　3-12月
- 分布　北海道・本州・四国・九州・沖縄

茶褐色〜赤褐色で、枯葉に似る。幼虫の食樹はアオツヅラフジ。

（写真 全国農村教育協会）

アケビコノハ　0452
Eudocima tyrannus（ヤガ科）

- 開張　95-105mm
- 時期　3-12月
- 分布　北海道・本州・四国・九州・沖縄

前翅は茶褐色で枯葉に似る。後翅は橙黄色で目玉のように渦巻く黒色の紋がある。人家周辺でも見られる。幼虫は、アケビ、ムベ、ヒイラギナンテンなどの葉を食べる。

メモ まずは枯葉に似せて身を隠し、それが見破られて攻撃を受けると、後翅の目玉模様を出して驚かす、という2段階の防衛手段をもつ。

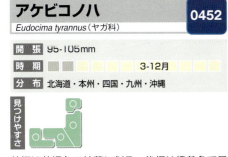

神奈川県横浜市(2012.11.24)（写真 矢島悠子）

埼玉県さいたま市(2015.8.22)

0453 マダラエグリバ
Plusiodonta casta（ヤガ科）

開張	25-32mm
時期	5-9月
分布	北海道・本州・四国・九州

大阪府東大阪市(2006.9.24)

前翅は茶褐色のまだら模様で、金白色の斑紋がある。幼虫の食樹はアオツヅラフジなど。

0454 アカキリバ
Gonitis mesogona（ヤガ科）

開張	37-40mm
時期	4-10月
分布	北海道・本州・四国・九州・沖縄

前翅の外縁がえぐれる。幼虫の食樹は、イチゴ類、ムクゲなど。

神奈川県横須賀市(2011.11.20)

0455 シロシタバ
Catocala nivea（ヤガ科）

開張	80-105mm
時期	7-10月
分布	北海道・本州・四国・九州

大阪府四條畷市(2005.7.20)

大阪府四條畷市(2011.8.4)

前翅はやや紫がかった灰色で地衣類に似た白斑が散在する。後翅は白色で、2本の黒帯がある。雑木林で見られる。幼虫の食樹は、ウワミズザクラ、イヌザクラなど。

> メモ 日中は翅をたたんで樹幹にとまっていて目立たないが、夜の雑木林では、美しい純白の後翅を見せびらかしながら樹液で吸汁する。

0456 オニベニシタバ
Catocala dula（ヤガ科）

開張	56-70mm
時期	6-10月
分布	北海道・本州・四国・九州

大阪府四條畷市(2000.8)

前翅はまだら模様で後翅には赤紋がある。幼虫の食樹はミズナラなど。

0457 マメキシタバ
Catocala duplicata（ヤガ科）

開張	41-48mm
時期	6-10月
分布	北海道・本州・四国・九州

大阪府四條畷市(2011.8.4)

前翅はまだら模様で後翅には黄色紋がある。幼虫の食樹はクヌギなど。

0458 コシロシタバ
Catocala actaea（ヤガ科）

- 開張 50-60mm
- 時期 6-10月
- 分布 本州・四国・九州

前翅はまだら模様で後翅には白紋がある。幼虫の食樹はクヌギなど。

大阪府四條畷市(2011.8.4)

0459 キシタバ
Catocala patala（ヤガ科）

- 開張 52-70mm
- 時期 6-10月
- 分布 北海道・本州・四国・九州

前翅はまだら模様で後翅には黄色紋がある。幼虫の食樹はフジなど。

大阪府四條畷市(2005.7.20)

0460 ユミモンクチバ
Melapia electaria（ヤガ科）

- 開張 31-38mm
- 時期 4-9月
- 分布 北海道・本州・四国・九州

前翅に弓状の褐色帯がある。幼虫の食草はオヒシバなど。

東京都羽村市(2008.4.23)

0461 ホソオビアシブトクチバ
Parallelia arctotaenia（ヤガ科）

- 開張 38-44mm
- 時期 5-10月
- 分布 北海道・本州・四国・九州・沖縄

黒褐色で、翅に明瞭な白帯がある。幼虫の食樹はバラなど。

東京都東村山市(2011.8.31)

0462 ナカグロクチバ
Grammodes geometrica（ヤガ科）

- 開張 38-42mm
- 時期 5-10月
- 分布 本州・四国・九州・沖縄

前翅に窓のような明瞭な紋をもつ。幼虫の食草はイヌタデなど。

東京都西東京市(2008.10.1)

0463 オオウンモンクチバ
Mocis undata（ヤガ科）

- 開張 45-50mm
- 時期 3-9月
- 分布 北海道・本州・四国・九州・沖縄

色彩には変異がある。幼虫の食草は、クズ、ヌスビトハギなど。

東京都東村山市(2011.8.31)

チョウ目

大阪府四條畷市(2004.8)

0464 ムクゲコノハ
Thyas juno（ヤガ科）

開張	85-91mm
時期	4-11月
分布	北海道・本州・四国・九州・沖縄

見つけやすさ

前翅は褐色で、後翅は黒・淡紫・黄～淡紅色に塗り分けられていて美しい。樹液によくやってくる。ミカンなどの果実を吸汁して食害することがある。幼虫の食樹は、クヌギ、コナラ、オニグルミなど。

メモ 大型のがたちがファッションショーを繰り広げる夏の夜の雑木林にあって、本種の艶やかさは際立っている。

0465 アヤシラフクチバ
Sypnoides hercules（ヤガ科）

開張	48-53mm
時期	6-8月
分布	北海道・本州・四国・九州

見つけやすさ

別名アヤクチバ。幼虫の食樹は、ミズナラ、コナラなど。

大阪府四條畷市(2001.6.18)

0466 キクキンウワバ
Thysanoplusia intermixta（ヤガ科）

開張	36-42mm
時期	4-11月
分布	北海道・本州・四国・九州・沖縄

見つけやすさ

前翅は茶褐色で大きな金色紋がある。幼虫の食草はキク科など。

群馬県赤城山(2012.7.25)

0467 イチジクキンウワバ
Chrysodeixis eriosoma（ヤガ科）

開張	32-38mm
時期	6-10月
分布	北海道・本州・四国・九州・沖縄

茶褐色で、橙金色～暗銅色の金属光沢がある。幼虫は広食性。

埼玉県入間市(2012.9.16)

0468 ウリキンウワバ
Anadevidia peponis（ヤガ科）

開張	38-42mm
時期	7-10月
分布	北海道・本州・四国・九州・沖縄

前翅の外縁部に暗褐色紋がある。幼虫の食草はウリ科など。

東京都八王子市(2013.9.11)

東京都八王子市(2013.9.11)

エゾギクキンウワバ 0469
Ctenoplusia albostriata（ヤガ科）

- 開張 32mm前後
- 時期 6-11月
- 分布 北海道・本州・四国・九州・沖縄

前翅は茶褐色で、明瞭な白条があるが、消失する個体もいる。幼虫の食草はエゾギク、ヒメジョオンなど。

埼玉県さいたま市(2015.8.22)

オオキンウワバ 0470
Diachrysia chryson（ヤガ科）

- 開張 40-46mm
- 時期 6-9月
- 分布 北海道・本州・九州

前翅は黒褐色で金色紋がある。幼虫の食草はヒヨドリバナなど。

東京都八王子市(2012.9.12)

イネキンウワバ 0471
Plusia festucae（ヤガ科）

- 開張 29-35mm
- 時期 6-9月
- 分布 北海道・本州・四国・九州

前翅は茶褐色で銀白色の紋がある。幼虫の食草は、ヨシ、イネなど。

東京都東村山市(2011.8.31)

ヒメネジロコヤガ 0472
Maliattha signifera（ヤガ科）

- 開張 16-17mm
- 時期 5-9月
- 分布 北海道・本州・四国・九州・沖縄

前翅の基半部が白色。幼虫の食草はオヒシバ、イネなど。

東京都東村山市(2011.8.31)

シロモンコヤガ 0473
Erastroides fentoni（ヤガ科）

- 開張 23-26mm
- 時期 5-8月
- 分布 北海道・本州・四国・九州

前翅は茶褐色～濃褐色で白紋列がある。灯火に飛来する。

東京都羽村市(2009.5.27)

ヨモギコヤガ 0474
Phyllophila obliterata（ヤガ科）

- 開張 21-26mm
- 時期 5-8月
- 分布 本州・四国・九州

前翅は灰白色で不明瞭な暗灰色の帯がある。幼虫の食草はヨモギ。

栃木県宇都宮市(2013.6.5)

0475 フタトガリアオイガ
Xanthodes transversa（ヤガ科）

開張 35-43mm
時期 5-9月
分布 本州・四国・九州・沖縄

東京都練馬区(2007.8.242)

別名フタトガリコヤガ。前翅は淡黄色で、細い茶褐色の帯がある。幼虫の食樹はフヨウなど。

0476 フクラスズメ
Arcte coerula（ヤガ科）

開張 85mm前後
時期 3-4、7-11月
分布 北海道・本州・四国・九州・沖縄

茶褐色で、後翅に青色紋がある。幼虫の食草はイラクサなど。

兵庫県新温泉町(2003.8)

0477 ゴマケンモン
Moma alpium（ヤガ科）

開張 33-38mm
時期 5-8月
分布 北海道・本州・四国・九州

大阪府四條畷市(2007.6.20)

前翅は淡緑色で黒色紋が散在する。幼虫の食樹はクリなど。

0478 オオケンモン
Acronicta major（ヤガ科）

開張 50-65mm
時期 5-8月
分布 北海道・本州・四国・九州

大阪府四條畷市(2004.7.6)

前翅は灰色で、細い黒褐色帯がある。幼虫の食樹はカエデなど。

0479 アミメケンモン
Lophonycta confusa（ヤガ科）

開張 32-35mm
時期 6-8月
分布 本州・四国・九州

大阪府四條畷市(2007.6.20)

別名アミメコヤガ。前翅は紫灰色で、網目状の白帯がある。

0480 コトラガ
Mimeusemia persimilis（ヤガ科）

開張 54-56mm
時期 5-7月
分布 北海道・本州・四国・九州

東京都八王子市(2011.6.24)

黒色、淡黄色、橙色に塗り分けられていて美しい。日中に活動する。幼虫の食草はヤブガラシなど。

0481 トビイロトラガ
Sarbanissa subflava（ヤガ科）

開張	44-46mm
時期	4-8月
分布	本州・四国・九州

前翅は暗褐色で灰色の模様があり、後翅は黄橙色で外縁が暗褐色。長い毛がはえた前脚を伸ばしてとまる。灯火によく飛来する。幼虫の食樹は、ブドウ、ヤブガラシ、ツタなど。

メモ どこか生気のない色彩で、前翅の模様はクモの糸がからんだようにも見えるので「既に死んでいるガ」を演出しているのかもしれない。

山梨県北杜市(2013.7.10)

0482 ミドリハガタヨトウ
Meganephria extensa（ヤガ科）

開張	48-55mm
時期	10-12月
分布	北海道・本州・四国・九州

前翅は灰褐色で後縁に沿って黒褐色帯がある。幼虫の食樹はケヤキ。

東京都八王子市(2011.11.2)

0483 シロスジカラスヨトウ
Amphipyra tripartita（ヤガ科）

開張	45-55mm
時期	7-10月
分布	本州・四国・九州

前翅は黒褐色で明瞭な2本の白帯がある。幼虫の食樹はアラカシなど。

兵庫県新温泉町(2001.7)

0484 オオシマカラスヨトウ
Amphipyra monolitha（ヤガ科）

開張	56-68mm
時期	7-10月
分布	本州・四国・九州

前翅の中央が広く黒褐色。幼虫の食樹は、クヌギ、アラカシ、エノキなど。

東京都練馬区(2012.10.2)

0485 ツメクサガ
Heliothis maritima（ヤガ科）

開張	32-38mm
時期	6-9月
分布	北海道・本州・四国・九州

淡褐色で黒紋がある。日中に活動する。幼虫の食草はムラサキツメクサなど。

栃木県宇都宮市(2011.9.18)

0486 チャオビヨトウ
Niphonyx segregata（ヤガ科）

開張	25-32mm
時期	5-9月
分布	北海道・本州・四国・九州

灰褐色で、前翅中央に暗褐色帯をもつ。幼虫の食草はカナムグラなど。

埼玉県さいたま市（2008.6.11）

0487 フタテンヒメヨトウ
Acosmetia biguttula（ヤガ科）

開張	28-32mm
時期	4-9月
分布	北海道・本州・四国・九州

前翅は濃褐色で、白色紋をもつ。幼虫の食草はアメリカセンダングサなど。

大阪府四條畷市（2003.5.28）

0488 シロマダラヒメヨトウ
Iambia japonica（ヤガ科）

開張	32-37mm
時期	6-8月
分布	本州・四国・九州

前翅は黒褐色で、後角付近に白斑がある。低山地～山地で見られる。

東京都奥多摩町（2012.7.8）

0489 マダラツマキリヨトウ
Callopistria repleta（ヤガ科）

開張	30-35mm
時期	6-8月
分布	北海道・本州・四国・九州・沖縄

翅の模様が複雑で、脚は毛深い。幼虫の食草はシダ類。

大阪府四條畷市（1999.6.15）

0490 キスジツマキリヨトウ
Callopistria japonibia（ヤガ科）

開張	23-26mm
時期	6-9月
分布	本州・四国・九州

前翅に曲線状の白帯をもつ。幼虫の食草はシダ類。

大阪府東大阪市（2003.6.8）

0491 ハスモンヨトウ
Spodoptera litura（ヤガ科）

開張	34-41mm
時期	4-12月
分布	北海道・本州・四国・九州・沖縄

複雑な白帯がある。幼虫の食草は、多くの野菜類、花卉類。

奈良県生駒市（2004.9.19）

シロスジアオヨトウ 0492
Trachea atriplicis（ヤガ科）

開張	45-52mm
時期	5-9月
分布	北海道・本州・四国・九州

前翅は緑色の混ざった黒褐色で短い白帯がある。幼虫の食草はイヌタデなど。

大阪府四條畷市（2004.8）

キバラモクメキリガ 0493
Xylena formosa（ヤガ科）

開張	47-55mm
時期	11-5月
分布	北海道・本州・四国・九州・沖縄

前翅は淡褐色で背部が茶褐色。前から見ると枝の断面に似る。

東京都練馬区（2013.12.5）

スギタニキリガ 0494
Perigrapha hoenei（ヤガ科）

開張	45-55mm
時期	3-5月
分布	北海道・本州・四国・九州

前翅は淡褐色で、独特の形状の紋がある。幼虫の食樹はコナラなど。

東京都檜原村（2010.5.9）

ヨトウガ 0495
Mamestra brassicae（ヤガ科）

開張	45mm前後
時期	4-8月
分布	北海道・本州・四国・九州

暗褐色と淡褐色の斑模様。幼虫は多くの草本類を食べる。

飼育個体

カブラヤガ 0496
Agrotis segetum（ヤガ科）

開張	37-45mm
時期	4-10月
分布	北海道・本州・四国・九州・沖縄

前翅は灰褐色で、丸型とハート型の紋をもつ。幼虫は広食性で、様々な作物に害を与える。

大阪府大阪市（2005.10.13）

コウスチャヤガ 0497
Diarsia deparca（ヤガ科）

開張	35-43mm
時期	3-11月
分布	北海道・本州・四国・九州

雌はやや紫色がかった赤褐色で、雄は黄褐色。幼虫は多くの草本類を食べる。

♀：大阪府大阪市（2005.5.16）　♂：東京都練馬区（2011.5.14）

トビケラ目

東京都羽村市(2010.9.29)

0498 ヒゲナガカワトビケラ
Stenopsyche marmorata（ヒゲナガカワトビケラ科）

開張	33-55mm
時期	4-11月
分布	北海道・本州・四国・九州

黒色と灰白色のまだら模様。触角が長い。川沿いの樹木の幹や葉上にとまっていることが多い。幼虫は川の中に生息し、小石で筒状の巣をつくる。

メモ　樹木の幹にとまっていると、保護色になって見つけにくいが、人の気配に敏感ですぐ飛び立ち、目で追える範囲内に再びとまるので、かえって存在がばれてしまう。

0499 オオシマトビケラ
Macrostemum radiatum（シマトビケラ科）

開張	30mm前後
時期	5-9月
分布	本州・四国・九州

明瞭な縞模様がある。西日本に多く、時に大発生する。

京都府宇治市(2016.4.30)

0500 シロフマルバネトビケラ
Phryganopsyche brunnea（マルバネトビケラ科）

開張	40mm前後
時期	3-5月、10-11月
分布	本州・四国・九州

暗褐色で細かい白紋がある。山地の渓流沿いで見られる。

東京都八王子市(2011.11.2)

0501 ムラサキトビケラ
Eubasilissa regina（トビケラ科）

開張	50-80mm
時期	6-9月
分布	北海道・本州・四国・九州

山梨県甲州市(2008.8.20)

前翅は褐色のまだら模様。後翅は暗紫色で黄色帯がある。渓流の近くの灯火によく飛来する。樹液にも集まる。

0502 カクツツトビケラの一種
Lepidostoma sp.（カクツツトビケラ科）

開張	15mm前後
時期	5-10月

黒色で毛深い。触角のつけ根には長毛が密生する。

東京都八王子市(2008.4.16)

トビイロトビケラ 0503
Nothopsyche pallipes（エグリトビケラ科）

- 開張 37-40mm
- 時期 9-11月
- 分布 北海道・本州・四国・九州

翅は淡橙褐色で、体は橙褐色。やや開けた渓流などで発生する。

東京都八王子市(2012.10.31)

エグリトビケラ 0504
Nemotaulius admorsus（エグリトビケラ科）

- 開張 60mm前後
- 時期 4-10月
- 分布 北海道・本州・四国・九州

前翅の外縁は波状にえぐれている。浅い池沼などで発生する。

山梨県北杜市(2013.6.16)

ニンギョウトビケラ 0505
Goera japonica（ニンギョウトビケラ科）

- 開張 15-17mm
- 時期 4-10月
- 分布 北海道・本州・四国・九州

淡い黄褐色で細かい毛がある。河川の上流〜中流域で見られる。

東京都羽村市(2008.4.23)

アオヒゲナガトビケラ 0506
Mystacides azurea（ヒゲナガトビケラ科）

- 開張 18-20mm
- 時期 4-10月
- 分布 北海道・本州・四国・九州

小あご脚が発達している。ゆるやかな流れの川や池沼で発生。

東京都羽村市(2010.5.12)

ホソバトビケラ 0507
Molanna moesta（ホソバトビケラ科）

- 開張 17-30mm
- 時期 4-10月
- 分布 北海道・本州・四国・九州

翅が細長い。前翅は黒褐色で、不明瞭な白色の斑紋がある。河川の中流〜下流域や湖沼の緩流部で発生する。

東京都羽村市(2010.5.12)

ヨツメトビケラ 0508
Perissoneura paradoxa（フトヒゲトビケラ科）

- 開張 32-50mm
- 時期 5-7月
- 分布 本州・四国

雄は白色、黄色または灰褐色の紋をもつ個体と、無紋の個体がいる。雌は明瞭な紋をもたない。日中、渓流付近を盛んに飛び回る。

♂:東京都八王子市(2008.5.18)

岐阜県白川村(2014.6.3)

0509 ホリカワクシヒゲガガンボ
Pselliophora bifascipennis（ガガンボ科）

体長 15mm前後
時期 4-9月
分布 本州・九州

黒色で、腹部は橙色と黒色の縞模様。脚は橙色で部分的に薄黒い。翅には大きな黒斑がある。雄の触角は櫛状。平地〜山地の林で見られる。幼虫は朽ち木の中で育つ。

♀：東京都八王子市（2013.9.11）　♀：東京都八王子市（2013.9.11）

0510 ベッコウガガンボ
Dictenidia pictipennis（ガガンボ科）

体長 13-17mm
時期 4-9月
分布 北海道・本州・四国・九州

黒色で、腹部は広く橙色。脚は黒色と橙色の粗い縞模様。翅には大きな黒斑がある。雄の触角は櫛状。平地〜山地の林で見られる。幼虫は朽ち木の中で育つ。

♂：埼玉県所沢市（2012.6.13）

0511 マダラガガンボの一種
Tipula sp.（ガガンボ科）

体長 30-45mm
時期 4-10月
分布 北海道・本州・四国・九州

淡褐色で、黒褐色の斑紋がある。大型で腹部が著しく長く、雌の腹端は針状に尖る。平地〜低山地で見られる。灯火によく飛来する。幼虫は渓流の石の下などで見つかる。

♀：東京都八王子市（2013.4.10）

0512 キリウジガガンボ
Tipula aino（ガガンボ科）

体長 14-18mm
時期 3-11月
分布 北海道・本州・四国・九州

灰褐色で、前翅前縁の色が濃い。都市周辺でも普通に見られ、水田や畑の周辺に多い。幼虫は、土中で腐植物のほか、植物の芽、若い根などを食べる。

交尾（上が♀）：東京都羽村市2008.4.23

ミカドガガンボ　0513
Holorusia mikado（ガガンボ科）

- 体長　30-38mm
- 時期　4-9月
- 分布　本州・四国・九州

見つけやすさ

黄褐色で、胸部に灰褐色の縦条がある。平地〜山地の林内や林縁で見られ、湿った環境に多い。幼虫は湿地の土中で育つ。

メモ　日本最大のガガンボ。薄暗い湿地を歩いていると、突然、大きな羽音を立てて飛び立ち、驚く私たちを尻目に、樹上の彼方に消え去る。

♀：埼玉県入間市（2011.6.8）

ヒメクシヒゲガガンボの一種　0514
Tanyptera sp.（ガガンボ科）

- 体長　12mm前後
- 時期　5-7月

黒色で、腹端に黄色帯がある。雄は触角が櫛状。

♀：京都府京都市（2012.5.13）

マドガガンボ　0515
Tipula nova（ガガンボ科）

- 体長　16-22mm
- 時期　4-11月
- 分布　北海道・本州・四国・九州

見つけやすさ

翅の中央に窓のような白斑をもつ。水辺で見られる。

♀：山梨県韮崎市（2013.5.5）

ホソガガンボの一種　0516
Nephrotoma sp.（ガガンボ科）

- 体長　13mm前後
- 時期　5-10月

淡黄色で、胸部に黒い帯が数本ある。林縁などの薄暗く湿った場所で見られる。類似種が多い。

東京都稲城市（2013.5.8）

クチナガガガンボの一種　0517
Elephantomyia sp.（ヒメガガンボ科）

- 体長　10mm前後
- 時期　5-10月

脚と口吻がきわめて細長い。花でよく吸蜜する。類似種が多い。

埼玉県入間市（2012.10.14）

0518 キバラガガンボ
Eutonia satsuma（ヒメガガンボ科）

- 体長 22-24mm
- 時期 5-8月
- 分布 本州・四国・九州

翅に暗褐色の斑紋がある。湿地の林縁などで見られる。

♂：埼玉県入間市(2012.5.6)

0519 キマダラヒメガガンボ
Epiphragma subinsignis（ヒメガガンボ科）

- 体長 11-13mm
- 時期 6-9月
- 分布 北海道・本州・四国・九州

翅に明瞭な黄褐色斑が散在する。森林や林縁で見られる。

東京都青梅市(2012.5.27)

0520 カスリヒメガガンボ
Limnophila japonica（ヒメガガンボ科）

- 体長 11-13mm
- 時期 4-5月
- 分布 北海道・本州・四国・九州

翅に細かい斑紋がある。河原を飛び回り、灯火にも飛来する。

埼玉県入間市(2012.5.6)

0521 ミスジガガンボ
Gymnastes flavitibia（ヒメガガンボ科）

- 体長 5-6mm
- 時期 6-9月
- 分布 本州・四国・九州

翅に3本の黒帯がある。低山地〜山地の林縁などで見られる。

大阪府四條畷市(2002.7.7)

0522 ハマダラハルカ
Haruka elegans（ハルカ科）

- 体長 6.5-11mm
- 時期 3-4月
- 分布 本州・四国・九州

黒色で翅に白紋がある。春に、陽のあたる樹幹や電柱に集まる。

神奈川県相模原市(2010.4.14)

0523 メスアカケバエ
Bibio japonica（ケバエ科）

- 体長 9-12mm
- 時期 3-5月
- 分布 北海道・本州・四国・九州・沖縄

雌の胸部は朱色だが雄は黒色。春に雑木林周辺で見られる。

♀：奈良県奈良市(2015.4.25)

ハグロケバエ 0524
Bibio tenebrosus（ケバエ科）

- 体長 10-17mm
- 時期 4-5月
- 分布 北海道・本州・四国・九州・沖縄

黒色で、胸部に丸みがある。雄は複眼が大きい。春に雑木林などで発生するが、人家周辺でも見られる。花によく集まり、灯火にも飛来する。幼虫は、落葉などを食べて育つ。

メモ：ケバエ類の幼虫（全身に小さな突起のあるイモムシ型）が、花壇の腐葉土などで大発生した時の光景はこの世のものとも思えない。

♀：京都府京都市(2012.5.13)

♂：埼玉県入間市(2012.5.6)

シワバネキノコバエの一種 0525
Allactoneura sp.（キノコバエ科）

- 体長 10mm前後
- 時期 9-11月

濃灰色で、腹部に白色の縞模様がある。触角が太くて目立つ。

埼玉県横瀬町(2012.10.17)

セアカクロキノコバエ 0526
Sciara thoracica（クロキノコバエ科）

- 体長 10mm前後
- 時期 4-6月
- 分布 北海道・本州・四国・九州

別名セアカキノコバエ、セアカクロバネキノコバエ。赤褐色で翅は黒色。触角は細長い。

大阪府四條畷市(2002.4.28)

ヤマトヤブカ 0527
Aedes japonicus（カ科）

- 体長 6mm前後
- 時期 5-11月
- 分布 北海道・本州・四国・九州・奄美大島

胸部に黄白色の筋模様がある。山地に多く、人をよく刺す。

大阪府四條畷市(2012.5.9)

ヒトスジシマカ 0528
Aedes albopictus（カ科）

- 体長 4.5mm前後
- 時期 4-11月
- 分布 本州・四国・九州・沖縄

胸部に1本の白色線がある。後脚の跗節（ふせつ）は白黒の縞模様。林や公園に多く、人をよく刺す。

東京都八王子市(2012.8.29)

ハエ目

♂：東京都町田市(2012.5.16)

0529 トワダオオカ
Toxorhynchites towadensis（カ科）

体長 10-13mm
時期 4-9月
分布 北海道・本州・四国・九州

黒色で、胸部側面に黄白色の帯がある。青藍色に輝き美しい。林縁の太い樹木の幹にとまったり、その周辺を飛んでいることが多い。幼虫は、樹洞のたまり水などで発生し、ヤブカの幼虫などを食べて育つ。

メモ 静かな谷戸の最奥部で、妖しく輝くこの巨大蚊に遭遇すると、自分の身体が少し縮んだのではと錯覚してしまう。

♂：東京都町田市(2011.4.24)

0530 セスジユスリカ
Chironomus yoshimatsui（ユスリカ科）

体長 4-6mm
時期 3-12月
分布 北海道・本州・四国・九州

♂：奈良県生駒市(2003.5.7)

くすんだ緑色で、胸部に茶色の紋がある。腹部の斑紋は帯状～楕円形。人家周辺でもよく見られ、雄は夕刻、川岸などで群飛する。

0531 アキヅキユスリカ
Stictochironomus akizukii（ユスリカ科）

体長 6-8mm
時期 3-12月
分布 北海道・本州・四国・九州

脚は黒褐色と白色の縞模様。前脚跗節（ふせつ）には長いひげ毛はない。

♂：東京都羽村市(2010.5.12)

オオチョウバエ　0532
Clogmia albipunctatus（チョウバエ科）

体長	4mm前後
時期	4-11月
分布	北海道・本州・四国・九州・沖縄

暗褐色で、逆ハート型の翅をもつ。人家内の壁によくとまっている。幼虫は、排水溝の汚泥などで発生する。

東京都東村山市（2012.10.31）

イシハラクロチョウバエ　0533
Brunettia ishiharai（チョウバエ科）

体長	2mm前後
時期	5-9月
分布	本州・四国・九州

黒褐色で毛深く翅端は白色。山地の渓流周辺で見られる。

山梨県甲州市（2009.7.15）

ネグロクサアブ　0534
Coenomyia basalis（クサアブ科）

体長	14-26mm
時期	4-7月
分布	北海道・本州・四国・九州

雌は赤褐色で、雄は黒褐色。胸部背面が隆起している。

♀：奈良県奈良市（2005.5.26）

ネグロミズアブ　0535
Craspedometopon frontale（ミズアブ科）

体長	5-10mm
時期	4-7月
分布	北海道・本州・四国・九州

小楯板（しょうじゅんばん）後縁に4つのとげをもつ。水辺の植物上で見られる。

東京都八王子市（2013.5.8）

アメリカミズアブ　0536
Hermetia illucens（ミズアブ科）

体長	10-20mm
時期	4-12月
分布	本州・四国・九州・沖縄

黒色でやや細長い。触角は扁平で大きい。腹部上部に1対の白色〜黄白色紋がある。幼虫は、ごみ溜めや腐敗物、獣糞などで育つ。アメリカ原産の帰化昆虫。

メモ　一見、どうということのない黒い虫だが、近づいてその複眼をよく見ると、複雑な模様と虹色の輝きに魅了される。

東京都日野市（2012.10.7）

0537 コガタノミズアブ
Odontomyia garatas（ミズアブ科）

体長	10-13mm
時期	6-7月
分布	北海道・本州・四国・九州・沖縄

黄緑色〜黄色の明瞭な縞模様をもつ。湿地で見られる。

埼玉県さいたま市（2009.6.17）

0538 ミズアブ
Stratiomys japonica（ミズアブ科）

体長	13-20mm
時期	5-10月
分布	北海道・本州・四国・九州

小楯板（しょうじゅんばん）後縁に2つのとげをもつ。水辺で見られ、花によく集まる。

長野県諏訪市（2009.8.5）

0539 ハキナガミズアブ
Rhaphiocerina hakiensis（ミズアブ科）

体長	5-7mm
時期	6-8月
分布	本州・四国・九州

胸部に細い黄色条をもつ。植物の葉上を活発に動き回る。

神奈川県横浜市（2010.7.11）

0540 ヤマトシギアブ
Rhagio japonicus（シギアブ科）

体長	13mm前後
時期	5-8月
分布	本州・四国・九州

体も翅も暗褐色。樹木の幹にとまっていることが多い。

埼玉県入間市（2012.5.6）

0541 キアシキンシギアブ
Chrysopilus ditissimis（シギアブ科）

体長	11mm前後
時期	4-6月
分布	本州・四国・九州

黒色で、金色の毛に覆われている。腹部は黒色と金色の縞模様。山間部や河川敷の草地などで見られる。

大阪府岬町（2017.5.27）

0542 キンイロアブ
Tabanus sapporoensis（アブ科）

体長	11-13mm
時期	6-8月
分布	北海道・本州・四国・九州

黄金色で複眼は緑色。渓流沿いで見られ、雌は家畜や人間の血を吸う。

長野県原村（2008.7.30）

アカウシアブ 0543
Tabanus chrysurus（アブ科）

体長	24-30mm
時期	5-8月
分布	北海道・本州・四国・九州

大型で、全身が黒色とオレンジ色の縞模様。複眼は赤紫色で、触角は橙赤色。雄は複眼が大きい。山地の渓流沿いでよく見られ、雌は、家畜や人間の血を吸う。家畜や人間、自動車の出す二酸化炭素に引き寄せられる。

メモ ウシアブの仲間は、山道を機嫌よく歩く私たちに執拗につきまとい、美しい景色や珍しい虫に見とれている隙を狙ってチクリと攻撃してくる。

♀：山梨県甲州市(2008.7.2)

♂：埼玉県横瀬町(2010.7.16)

ウシアブ 0544
Tabanus trigonus（アブ科）

体長	17-25mm
時期	6-9月
分布	北海道・本州・四国・九州

複眼は緑色。家畜や人間の血を吸うが、樹液にもよく飛来する。

大阪府東大阪市(2012.8.6)

セダカコガシラアブの一種 0545
Oligoneura sp.（コガシラアブ科）

体長	6-8mm
時期	4-5月

黒褐色で、体がへの字形に曲がり、胸部背面がもっこりと隆起している。ツツジなどの花によく集まる。

大阪府四條畷市(2012.5.9)

ビロウドツリアブ 0546
Bombylius major（ツリアブ科）

体長	8-12mm
時期	3-6月
分布	北海道・本州・四国・九州

茶褐色で毛深い。尖った長い口吻をもつ。林縁の地表近くをホバリングしながら飛び、花で吸蜜する。

奈良県生駒市(2006.4.9)

クロバネツリアブ 0547
Ligyra tantalus（ツリアブ科）

体長	13-19mm
時期	7-9月
分布	本州・四国・九州・沖縄

翅が黒く、腹部に白帯がある。草むらの上を活発に飛び回る。

東京都八王子市(2011.7.27)

0548 スキバツリアブ
Villa limbata（ツリアブ科）

体長	10-16mm
時期	7-10月
分布	北海道・本州・四国・九州

毛深く、腹部に淡黄色の縞模様がある。砂地の地表付近を飛ぶ。

東京都あきる野市（2013.8.21）

♀：大阪府東大阪市（2012.8.6）

0549 ニトベハラボソツリアブ
Systropus nitobei（ツリアブ科）

体長	15mm前後
時期	7-10月
分布	北海道・本州・四国・九州

交尾（上が♀）：大阪府四條畷市（2002.9.25）

体も脚も長く、特異な形状。薄暗い林縁で見られる。

0550 ツルギアブの一種
（ツルギアブ科）

体長	10mm前後
時期	4-5月

黄灰色で全体に毛が多い。腹部は円錐形で剣型に尖る。河川敷などで見られ、植物上によくとまる。

東京都羽村市（2008.4.23）

0551 ハラボソムシヒキ
Dioctria nakanensis（ムシヒキアブ科）

体長	9-11mm
時期	5-9月
分布	本州・四国・九州

小型で腹部が細い。小さなハエやハチを捕らえて体液を吸う。

神奈川県横浜市（2011.6.12）

0552 カワムラヒゲボソムシヒキ
Ceraturgus kawamurae（ムシヒキアブ科）

体長	15-22mm
時期	4-7月
分布	本州・四国・九州

黒色で黄白色の縞模様があり、ハチの仲間に擬態していると思われる。長い触角をV字状に立ててとまる。山地の林縁などで見られる。

♀：栃木県栃木市（2013.6.23）

メモ やや悪役めいた地味な風貌の種類が多いムシヒキアブ類にあって、本種（特に雌）の垢抜けた美しさは際立っている。

アシナガムシヒキ 0553
Molobratia japonica（ムシヒキアブ科）

体長 21-27mm
時期 5-6月
分布 北海道・本州・四国・九州・沖縄

黄褐色で脚が長くガガンボの仲間に似る。平地〜低山地の林縁で見られ、ほかの昆虫を捕らえて体液を吸う。片方の前脚をあげて葉にとまる。捕食の際、片脚で植物にぶら下がることがある。

♀：埼玉県入間市（2008.6.18）

クロスジイシアブ 0554
Choerades nigrovittatus（ムシヒキアブ科）

体長 10-15mm
時期 4-8月
分布 北海道・本州・四国・九州

黒色で、胸部には灰白〜灰黄色の微毛がはえ、細い黒色の縦条がある。雄は顔面に黄色毛をもち、雌は白色毛をもつ。ほかの昆虫を捕らえて体液を吸う。

♂：埼玉県入間市（2012.5.6）

♀：山梨県甲州市（2012.6.6）

アオメアブ 0555
Cophinopoda chinensis（ムシヒキアブ科）

体長 20-29mm
時期 5-10月
分布 北海道・本州・四国・九州・沖縄

黄褐色で、緑色の複眼が美しい。脚は黒色で、脛節（けいせつ）が鮮やかな黄褐色。草はらや林縁で見られ、甲虫やハエ、アブなど、ほかの昆虫を捕らえて体液を吸う。

♀：東京都八王子市（2011.7.27）

シオヤアブ 0556
Promachus yesonicus（ムシヒキアブ科）

体長 23-30mm
時期 6-9月
分布 北海道・本州・四国・九州・沖縄

褐色で全身に黄色の毛がある。雄は腹端に白い毛束をもつ。草はらや林縁の日当たりのよい場所でよく見られる。甲虫やハエ、アブなど、ほかの昆虫を捕らえて体液を吸う。

♂：埼玉県さいたま市（2009.6.17）

♀：埼玉県さいたま市（2009.6.17）

0557 オオイシアブ
Laphria mitsukurii（ムシヒキアブ科）

体長	15-26mm
時期	5-9月
分布	本州・四国・九州

日当たりのよい場所に多く、ほかの昆虫を捕らえて体液を吸う。

大阪府東大阪市（2011.5.18）

0558 チャイロオオイシアブ
Laphria rufa（ムシヒキアブ科）

体長	15-28mm
時期	5-9月
分布	北海道・本州・四国・九州

オオイシアブに似るが、腹部の橙色毛の範囲が広い。

東京都町田市（2010.6.27）

0559 コムライシアブ
Choerades komurae（ムシヒキアブ科）

体長	11-18mm
時期	5-8月
分布	北海道・本州・四国・九州

黒青色で、胸部に金色の短毛がある。ほかの昆虫を捕らえて体液を吸う。

♀：東京都檜原村（2012.7.11）

0560 サキグロムシヒキ
Machimus scutellaris（ムシヒキアブ科）

体長	20-26mm
時期	6-9月
分布	北海道・本州・四国・九州

腹部は黄褐色で腹端が黒い。チョウ目をよく襲い体液を吸う。

♀：大阪府四條畷市（2004.7.6）

0561 マガリケムシヒキ
Neoitamus angusticornis（ムシヒキアブ科）

体長	15-20mm
時期	4-8月
分布	北海道・本州・四国・九州

頭部後方に、前方に向かって反り返った長い毛がはえている。

♀：埼玉県所沢市（2012.6.10）

0562 キバネオオヒラオオドリバエ
Empis latro（オドリバエ科）

体長	12mm前後
時期	4-5月
分布	本州

別名キバネオドリバエ。雄はケバエ類を捕らえて求愛餌にする。

奈良県生駒市（2006.4.30）

マダラアシナガバエ 0563
Condylostylus nebulosus（アシナガバエ科）

体長	5-7mm
時期	5-9月
分布	北海道・本州・四国・九州

見つけやすさ

別名マダラホソアシナガバエ。金緑色に輝き、翅に黒褐色の斑紋がある。腹部は細長く脚が長い。薄暗い場所の葉上などで見られる。

東京・神奈川県境陣馬山(2012.7.4)

ヨコジマオオヒラタアブ 0564
Dideoides latus（ハナアブ科）

体長	14-17mm
時期	5-10月
分布	本州・四国・九州

見つけやすさ

腹部の各黒帯が、橙色線によって上下に分断される。

東京都葛飾区(2007.10.24)

ホソヒラタアブ 0565
Episyrphus balteatus（ハナアブ科）

体長	8-11mm
時期	3-12月
分布	北海道・本州・四国・九州

見つけやすさ

腹部の縞模様は、太さの異なる黒帯からなり、帯の間には銀色の光沢がある。人家の庭などでもよく見られ、ホバリングしながら花から花へと飛び回る。幼虫はアブラムシ類を食べて育つ。

メモ ホバリング→花にとまって吸蜜→ホバリング→吸蜜… という行動を繰り返すので、飛翔シーン撮影の入門種として適している。

東京都日野市(2012.10.7)

ナミホシヒラタアブ 0566
Eupeodes bucculatus（ハナアブ科）

体長	8-12mm
時期	3-8月
分布	北海道・本州・四国・九州

見つけやすさ

腹部に3対の黄色紋があるが、左右の紋がつながる個体も多い。

山梨県甲州市(2013.7.14)

フタホシヒラタアブ 0567
Eupeodes corollae（ハナアブ科）

体長	8-10mm
時期	4-11月
分布	北海道・本州・四国・九州・沖縄

見つけやすさ

腹部に3対の明瞭な黄色紋がある。草はらなどで広く見られる。

♀：東京都羽村市(2011.10.19)

0568 オオヨコモンヒラタアブ
Leucozona glaucius(ハナアブ科)

- 体長 12mm前後
- 時期 7-8月
- 分布 北海道・本州・四国

腹部は白っぽく、小楯板（しょうじゅんばん）は黄褐色。山地の花に集まる。

山梨県八ヶ岳東麓(2012.7.29)

0569 オビホソヒラタアブ
Meliscaeva cinctella(ハナアブ科)

- 体長 9-10mm
- 時期 7-10月
- 分布 北海道・本州・四国・九州

腹部上部の黒帯は逆T字型。胸部は光沢のある銅色。山地の花に集まる。

山梨県八ヶ岳東麓(2012.7.29)

0570 ミナミヒメヒラタアブ
Sphaerophoria indiana(ハナアブ科)

- 体長 8-9mm
- 時期 4-10月
- 分布 北海道・本州・四国・九州

以前はキタヒメヒラタアブと呼んだ。黒帯には変異がある。

東京都日野市(2012.10.7) 　東京都羽村市(2009.5.27)

0571 キベリヒラタアブ
Xanthogramma sapporense(ハナアブ科)

- 体長 11-13mm
- 時期 5-9月
- 分布 北海道・本州・九州

胸部側縁の黄色帯は明瞭で太い。主に山地で見られる。

山梨県北杜市(2013.8.28)

0572 キアシマメヒラタアブ
Paragus haemorrhous(ハナアブ科)

- 体長 5mm前後
- 時期 4-9月
- 分布 北海道・本州・四国・九州・奄美大島

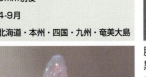

胸部、腹部は全体が黒色。脚は黄褐色。小型で頭部が大きい。花によく集まる。

東京都日野市(2012.10.7)

0573 シママメヒラタアブ
Paragus fasciatus(ハナアブ科)

- 体長 6mm前後
- 時期 5-9月
- 分布 北海道・本州・四国・九州

腹部は黒色と灰黄色の縞模様。複眼にも縞がある。

東京都日野市(2012.10.7)

ハナダカハナアブ 0574
Rhingia laevigata（ハナアブ科）

体長	8-10mm
時期	4-10月
分布	北海道・本州・四国・九州

胸部は黒色で光沢がある。顔面は赤褐色で、著しく前方に突出する。花によく集まる。

埼玉県横瀬町(2012.10.17)

スイセンハナアブ 0575
Merodon equestris（ハナアブ科）

体長	13-14mm
時期	5-8月
分布	北海道・本州

灰茶褐色〜黒色で、ずんぐりした体型。ヨーロッパ原産の帰化種。幼虫は、ユリ、スイセンなどの球根を食べる。

埼玉県入間市(2013.5.1)

ベッコウハナアブ 0576
Volucella jeddona（ハナアブ科）

体長	15-20mm
時期	5-9月
分布	北海道・本州・四国・九州

体に黄褐色の毛がはえている。翅の中央に黒斑をもつ。林縁などで見られ、白い花によく集まる。

群馬県赤城山(2012.7.25)

シロスジベッコウハナアブ 0577
Volucella pellucens（ハナアブ科）

体長	14-23mm
時期	5-9月
分布	北海道・本州・四国・九州

腹部上部に太い黄白色帯をもつ。樹木の花によく集まる。

♂：長野県諏訪市(2010.7.28)　♀：東京都羽村市(2010.10.31)

ハチモドキハナアブ 0578
Monoceromyia pleuralis（ハナアブ科）

体長	15-20mm
時期	5-10月
分布	本州・四国・九州

黒色で、腰の部分が細くくびれ、腹部に2本の黄色帯がある。触角が長い。ドロバチ類(0688〜)に擬態して身を守っていると思われる。雑木林の樹液でよく見られる。

メモ 姿も飛び方もハチにそっくりで、分かっていてもまんまと騙されてしまう。黄色い平均棍が重要なヒントを与えてくれているというのに。

埼玉県さいたま市(2009.6.17)

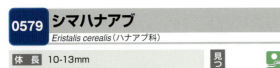

0579	シマハナアブ
	Eristalis cerealis（ハナアブ科）

体長 10-13mm
時期 3-12月
分布 北海道・本州・四国・九州・沖縄

腹部に明瞭な橙黄色の三角斑と縞模様をもつ。ハナアブに似るが、やや小型で腹部の縞模様が明瞭。花によく集まる。幼虫は溝などの汚水中で腐食物を食べて育つ。

♂：奈良県生駒市 (2001.11.4)

♀：東京都青梅市 (2012.5.27)

0580	ナミハナアブ
	Eristalis tenax（ハナアブ科）

体長 11-16mm
時期 3-12月
分布 北海道・本州・四国・九州・沖縄

別名ハナアブ。腹部に橙黄色の縞模様がある。胸部は褐色。翅に淡い黒斑がある。各地で普通に見られ、花によく集まる。幼虫は下水溝などの汚水中で腐食物を食べて育つ。

東京都あきる野市（2007.10.10）

0581	アシブトハナアブ
	Helophilus eristaloideus（ハナアブ科）

体長 10-15mm
時期 3-10月
分布 北海道・本州・四国・九州

胸部に明瞭な縦縞があり、腹部の黄色い三角斑が目立つ。後脚の腿節が太い。都市周辺でもよく見られる。花によく集まる。幼虫は水中で育つ。

♂：東京都町田市 (2011.5.15)

♀：神奈川県横浜市 (2010.10.27)

0582	シロスジナガハナアブ
	Milesia undulata（ハナアブ科）

体長 20-24mm
時期 5-8月
分布 北海道・本州・四国・九州

橙黄色地に、黒色の複雑な帯模様をもつ。腹部上部は白っぽい。雑木林などで見られ、朽木の周辺を飛ぶ。ハチに擬態しており、捕まえると腹部を曲げて刺すような仕草をする。

神奈川県横浜市（2011.6.12）

ケブカハチモドキハナアブ　0583
Primocerioides petri（ハナアブ科）

体長	12mm前後
時期	3-5月
分布	本州・四国・九州

黒色で、円筒形の腹部に3本の明瞭な橙黄色帯がある。胸部に小さな黄色紋がある。触角第1・2節は赤褐色で、第3節は黒褐色。

神奈川県相模原市（2010.4.14）

キゴシハナアブ　0584
Eristalinus quinquestriatus（ハナアブ科）

体長	9-12mm
時期	4-11月
分布	本州・四国・九州・沖縄

複眼は粉を散らしたよう。胸部の縦縞は明瞭。腹部上部は黄色。

東京都千代田区（2013.9.23）

オオハナアブ　0585
Phytomia zonata（ハナアブ科）

体長	11-16mm
時期	3-12月
分布	北海道・本州・四国・九州・沖縄

黒色で、腹部に太い淡黄色帯をもつ。湿地の花によく集まる。

神奈川県横浜市（2010.10.27）

ルリハナアブ　0586
Kertesziomyia viridis（ハナアブ科）

体長	8-12mm
時期	4-7月
分布	本州・四国・九州

金緑色に輝き美しい。腹部に「エ」字形の黒色紋がある。キク科植物の花によく集まる。

奈良県生駒市（2003.6.22）

キョウコシマハナアブ　0587
Eristalis kyokoae（ハナアブ科）

体長	11mm前後
時期	4-11月
分布	北海道・本州・四国・九州

シマハナアブによく似るが、前脚の毛が少ない。雄は第2腹節の黄色紋がシマハナアブよりも太い。

♂：神奈川県横浜市（2010.10.27）

スズキナガハナアブ　0588
Spilomyia suzukii（ハナアブ科）

体長	18-20mm
時期	6-10月
分布	北海道・本州・四国・九州

黒色で、腹部に黄橙色の細かい縞模様がある。

交尾（右が♀）：東京都あきる野市（2013.8.21）

0589 ムツボシハチモドキハナアブ
Takaomyia sexmaculata（ハナアブ科）

体長 9-12mm
時期 5-7月
分布 北海道・本州・四国・九州

♂：東京都青梅市（2012.5.27）

黒色で黄白色紋があり腹部は細くくびれる。雌は腹部の帯が3対で、雄は2対。前脚を前に伸ばしていることが多い。倒木に集まる。

0590 ヒメハチモドキハナアブ
Takaomyia johannis（ハナアブ科）

体長 14mm前後
時期 5-8月
分布 北海道・本州・四国・九州

東京都奥多摩町（2012.7.8）

茶褐色で淡褐色紋があり、腹部は細くくびれる。前脚を前に伸ばして静止していることが多い。

0591 ジョウザンナガハナアブ
Temnostoma jozankeanum（ハナアブ科）

体長 22mm前後
時期 5-6月
分布 北海道・本州

東京都青梅市（2012.5.27）

大型で、黒色と橙色の縞模様。姿も飛び方もスズメバチ類（0702～）に似る。倒木に飛来することがある。生息地は限られる。

0592 アリスアブ
Microdon japonicus（ハナアブ科）

体長 11-14mm
時期 4-6月
分布 本州・四国・九州

暗銅色で、灰白色～淡褐色または橙褐色の短毛がある。

神奈川県横浜市（2011.5.25）

0593 キンアリスアブ
Microdon auricomus（ハナアブ科）

体長 11-13mm
時期 5-6月
分布 本州・九州

地色は青藍色で光沢があり黄褐色の毛を密生する。小楯板（しょうじゅんばん）には金橙色の毛がある。幼虫はクロヤマアリの巣の中で育つ。

メモ 可愛いから「不思議の国のアリスアブ」というわけではなく、幼虫がアリの巣で育つので「アリスアブ」と呼ばれる。

東京都東村山市（2010.5.26）

ハラアカハラナガハナアブ 0594
Chalcosyrphus frontalis（ハナアブ科）

- 体長　11mm前後
- 時期　5-8月
- 分布　本州・四国・九州

後脚の腿節が太く赤褐色紋がある。腹部には黄褐色斑がある。

♀：埼玉県入間市（2008.6.18）

ナミルリイロハラナガハナアブ 0595
Xylota danieli（ハナアブ科）

- 体長　10-11mm
- 時期　4-9月
- 分布　北海道・本州・四国・九州・沖縄

黒色で青銅色の光沢がある。後脚の腿節が太い。

埼玉県所沢市（2012.6.10）

ホシアシナガヤセバエ 0596
Stypocladius appendiculatus（ナガズヤセバエ科）

- 体長　8-10mm
- 時期　6-8月
- 分布　本州・四国・九州

暗褐色で細長く、脚が長い。複眼は赤褐色。翅には黒褐色の小紋が散布される。平地～低山地で見られ、雑木林の樹液に集まる。

メモ　夏の雑木林の樹液でよく見かけるが、人の気配を察すると、長い脚を活かして幹の反対側に巧みに回り込むので、案外観察しにくい。

東京都八王子市（2013.9.11）

モンキアシナガヤセバエ 0597
Nerius femoratus（ナガズヤセバエ科）

- 体長　10mm前後
- 時期　6-8月
- 分布　本州

前種に似るが、翅に斑紋はない。雑木林の樹液に集まる。

山梨県北杜市（2013.8.28）

ツヤホソバエの一種 0598
Sepsis sp.（ツヤホソバエ科）

- 体長　3-4mm前後
- 時期　3-11月

黒褐色で、翅に小黒紋がある。幼虫は獣糞などで発生する。

東京・神奈川県境陣馬山（2012.7.4）

0599 マダラメバエ
Myopa buccata（メバエ科）

体長 7-11mm
時期 3-5月
分布 本州・四国・九州

茶褐色で、胸部背面が黒く、顔面は白い。ナタネなど黄色い花によく集まる。

東京都西東京市(2008.5.14)

0600 オオマエグロメバエ
Physocephala obscure（メバエ科）

体長 12-16mm
時期 5-8月
分布 北海道・本州・四国・九州

黒色で、腹部の一部は赤褐色。頭部は黄色。長い口吻が前に突き出している。

埼玉県所沢市(2012.6.10)

0601 ムネグロメバエ
Conops opimus（メバエ科）

体長 12-18mm
時期 5-7月
分布 本州・四国・九州

黒褐色で、茶褐色の紋がある。ハラナガツチバチなどに寄生する。

東京都羽村市(2010.6.6)

0602 ハマダラヒロクチバエ
Prosthiochaeta flavihirta（ヒロクチバエ科）

体長 12mm前後
時期 5-9月
分布 本州・九州

黒色で、頭部は黄橙色。翅に小黒斑が散布される。

大阪府東大阪市(2003.5.18)

0603 ミスジミバエ
Bactrocera scutellata（ミバエ科）

体長 10-12mm
時期 3-10月
分布 本州・四国・九州・沖縄

胸部に3本の黄白色条がある。幼虫はウリ類の果実を食べる。

♀:神奈川県三浦市(2011.11.9)

0604 ミツボシハマダラミバエ
Proanoplomus japonicus（ミバエ科）

体長 6-7mm
時期 4-7月
分布 北海道・本州・四国・九州

別名オグロマダラミバエ。葉上を活発に歩き回る。

♀:大阪府四條畷市(2004.6.23)

キイロケブカミバエ 0605
Xyphosia punctigera（ミバエ科）

体長	5-8.5mm
時期	6-8月
分布	北海道・本州・四国・九州

黄褐色で、翅に小斑紋がある。幼虫はアザミ類の頭花内で育つ。

山梨県八ヶ岳東麓(2012.7.29)

ヒラヤマアミメケブカミバエ 0606
Campiglossa hirayamae（ミバエ科）

体長	3.5-5.5mm
時期	4-7月
分布	本州・四国・九州・沖縄

白灰色で、胸部背面に2対の小黒斑がある。翅は、黒褐色地に細かな透明斑が散りばめられて美しい。ヨモギ類の葉上などで見つかる。

♀：東京・神奈川県境陣馬山(2012.7.4)

アザミケブカミバエ 0607
Tephritis majuscula（ミバエ科）

体長	5-6mm
時期	5-8月
分布	北海道・本州・四国・九州

灰色で翅に複雑な黒斑がある。幼虫はアザミ類の頭花内で育つ。

♀：山梨県八ヶ岳東麓(2012.7.29)

ヒラヤマシマバエ 0608
Homoneura hirayamae（シマバエ科）

体長	5mm前後
時期	4-10月
分布	北海道・本州・四国・九州

黄白～黄褐色で翅に黒紋がある。山地の川沿いなどで見られる。

東京都八王子市(2012.6.20)

0609 シモフリシマバエの一種
Homoneura sp.（シマバエ科）

体長	3-4mm
時期	4-10月

頭部、胸部、翅に黒褐色紋が散在する。

埼玉県横瀬町(2008.7.16)

0610 ヒゲナガヤチバエ
Sepedon aenescens（ヤチバエ科）

体長	7-11mm
時期	2-12月
分布	北海道・本州・四国・九州・沖縄

触角は長く、特異な形。水田など水辺で見られる。

東京都八王子市(2012.10.31)

0611 フトハチモドキバエ
Eupyrgota fusca（デガシラバエ科）

- 体長 14-18mm
- 時期 6-8月
- 分布 本州・四国・九州

頭部は黄褐色で、腹部は黄褐色と黒色の縞模様。スズメバチ類に似るが体色には変異がある。灯火に飛来する。コガネムシ類の成虫に産卵する。

メモ がっしりした体格も、色模様も、スズメバチにそっくり。むしろ本物よりもスズメバチっぽくて、分かっていてもあまり近寄る気になれない。

山梨県甲州市（2011.7.13）

0612 ベッコウバエ
Dryomyza formosa（ベッコウバエ科）

- 体長 10-20mm
- 時期 5-10月
- 分布 北海道・本州・四国・九州

黄褐色で翅に黒紋がある。薄暗い雑木林の樹幹などで見つかる。

埼玉県所沢市（2012.10.14）

0613 ショウジョウバエの一種
Drosophila sp.（ショウジョウバエ科）

- 体長 2mm前後
- 時期 3-11月

黄褐色で複眼が赤い。樹液に集まる。類似種が多い。

東京都東村山市（2010.5.26）

0614 ヒメフンバエ
Scathophaga stercoraria（フンバエ科）

- 体長 10mm前後
- 時期 3-11月
- 分布 北海道・本州・四国・九州

雄は黄褐色で雌は灰褐色。ほかの小昆虫を捕らえて食べる。

♀：東京都西東京市（2008.5.14）

0615 キバネフンバエ
Scathophaga scybalaria（フンバエ科）

- 体長 8-11mm
- 時期 4-10月
- 分布 北海道・本州・九州

赤褐色で胸部は黄色みを帯びる。ほかの昆虫を捕らえて食べる。

群馬県赤城山（2012.7.25）

クロオビハナバエ 0616
Anthomyia illocata（ハナバエ科）

体長	4-6mm
時期	4-9月
分布	本州・四国・九州・沖縄

灰白色で黒帯がある。ゴミ溜めや動物の死骸などに集まる。

大阪府吹田市(2004.5.6)

オオクロバエ 0617
Calliphora nigribarbis（クロバエ科）

体長	8-13mm
時期	3-11月
分布	北海道・本州・四国・九州・沖縄

暗藍色で体に丸みがある。平地では春と秋によく見られる。

東京都東村山市(2009.11.4)

キンバエの一種 0618
Lucilia sp.（クロバエ科）

体長	9mm前後
時期	3-10月

金緑色に輝き複眼は暗赤色。厨芥や獣糞、動物の死骸などに集まる。類似種が多い。

東京都八王子市(2012.4.29)

ツマグロキンバエ 0619
Stomorhina obsoleta（クロバエ科）

体長	5-7mm
時期	6-10月
分布	北海道・本州・四国・九州・沖縄

深緑色で口器は長く突き出る。林縁や草はらの花でよく見られる。

埼玉県所沢市(2012.10.14)

シリブトミドリバエ 0620
Strongyloneura prasina（クロバエ科）

体長	9mm前後
時期	5-9月
分布	本州・四国・九州

光沢のある黄緑色で、胸部の長い毛が目立つ。

神奈川県横浜市(2012.5.20)

ニクバエの一種 0621
Sarcophaga sp.（ニクバエ科）

体長	10mm前後
時期	5-10月

胸部に3本の黒色条がある。類似種が多い。

交尾(下が♀)：大阪府東大阪市(2001.6.17)

0622 マルボシヒラタハナバエ
Gymnosoma rotundatum（ヤドリバエ科）

体長 5-7mm
時期 4-9月
分布 北海道・本州・四国・九州

埼玉県蓮田市(2013.6.30)

東京都八王子市(2008.7.9)

別名マルボシヒラタヤドリバエ。腹部は黄橙色で楕円形の黒紋をもつが、紋の大きさには変異がある。翅の基部は黄色。花によく集まる。カメムシの仲間に寄生する。

メモ 体にも紋にも翅にも丸みがあって可愛らしく、花に来ているこの種類を見つけると、ハエ類に対する偏見が若干和らぐ。

0623 シナヒラタハナバエ
Ectophasia rotundiventris（ヤドリバエ科）

体長 8-12mm
時期 5-9月
分布 北海道・本州・四国・九州

埼玉県横瀬町(2010.7.16)

別名シナヒラタヤドリバエ。黄褐色で腹部下部は黒色。カメムシの仲間に寄生する。

0624 セスジハリバエ
Tachina micado（ヤドリバエ科）

体長 10-16mm
時期 4-10月
分布 北海道・本州・四国・九州

大阪府東大阪市(2005.10.2)

赤褐色で、胸部は黒色。腹部に黒い縦帯がある。春と秋によく見られる。

0625 ヤドリバエの一種
（ヤドリバエ科）

体長 12mm前後
時期 3-10月

東京都町田市(2012.5.16)

灰色で毛深く、胸部に黒色の縦条がある。ガやチョウの幼虫に寄生する。類似種が多い。

0626 シロオビハリバエの一種
Trigonospila sp.（ヤドリバエ科）

体長 10mm前後
時期 5-9月

東京都青梅市(2012.5.27)

灰白色と黒色の縞模様で、複眼は赤褐色。腹部は細い。

ヨコジマオオハリバエ 0627
Tachina jakovlevi（ヤドリバエ科）

- 体長 13-19mm
- 時期 6-10月
- 分布 北海道・本州・四国・九州

ずんぐりした体型。胸部は黄土色で、腹部に黒色の横縞模様がある。全身に毛がはえている。卵胎生で、雌は卵を体の中で孵して幼虫を産む。

埼玉県所沢市（2012.6.10）

コガネオオハリバエ 0628
Tachina luteola（ヤドリバエ科）

- 体長 14-18mm
- 時期 6-10月
- 分布 北海道・本州・四国・九州

ずんぐりした体型。胸部は黄褐色、腹部は赤褐色で黒紋がある。全身に毛がはえている。卵胎生で、雌は卵を体の中で孵して幼虫を産む。

長野県諏訪市（2012.8.22）

クチナガハリバエ 0629
Prosena siberita（ヤドリバエ科）

- 体長 9-12mm
- 時期 5-10月
- 分布 北海道・本州・四国・九州・奄美大島

口吻はきわめて細長く、前方に伸びる。花によく集まる。卵胎生で、雌は卵を体の中で孵して幼虫を産む。コガネムシ類の幼虫に寄生する。

長野県南牧村（2008.7.28）

ネコノミ 0630
Ctenocephalides felis（ノミ目ヒトノミ科）

- 体長 2-3mm
- 時期 1年中
- 分布 北海道・本州・四国・九州・沖縄

褐色で、頬と前胸にトゲをもつ。成虫は主にネコやイヌに寄生するが、人間につくことも多い。ほかのノミ類と同様、雄、雌ともに吸血する。幼虫はウジ状。全世界に分布する。

（写真　全国農村教育協会）

0631 ガガンボモドキ
Bittacus nipponicus（ガガンボモドキ科）

- 前翅長 20mm前後
- 時期 6-8月
- 分布 本州（中部・関東）

全身が淡褐色。関東の里山などに生息し、林内や林縁の湿った薄暗い場所で見られる。前脚だけで植物からぶらさがる。小昆虫を捕らえて食べる。

埼玉県入間市（2011.6.22）

0632 トガリバガガンボモドキ
Bittacus mastrillii（ガガンボモドキ科）

- 前翅長 20mm前後
- 時期 7-9月
- 分布 本州（中部以北）

淡褐色で、頭部や脚の節は黒ずむ。山地性で、本州の標高1,000～1,500m付近の林内や林縁で見られる。前脚だけで植物からぶらさがる。小昆虫を捕らえて食べる。

山梨県富士吉田市（2010.8.18）

0633 ヤマトシリアゲ
Panorpa japonica（シリアゲムシ科）

- 前翅長 13-20mm
- 時期 5-10月
- 分布 本州・四国・九州

翅に2本の太い黒帯をもつ。春〜初夏に現れるものは黒色。晩夏〜秋に現れるものは黄褐色で小さく、以前は別種とされ、ベッコウシリアゲと呼ばれた。林縁部の葉上で見られる。

♂：東京都羽村市（2009.5.27）

♀：大阪府四條畷市（2002.9.25）

0634 プライアシリアゲ
Panorpa pryeri（シリアゲムシ科）

- 前翅長 13-19mm
- 時期 4-8月
- 分布 本州・四国・九州

黒色で、翅に黒い斑紋があり美しい。脚は黄色。翅の斑紋は変異が大きく、北日本では消失する傾向がある。山地の渓流沿いや林内、林縁で見られる。

♀：三重県名張市（2003.5.4）

♀：山梨県甲州市（2013.7.14）

キシタトゲシリアゲ 0635
Panorpa fulvicaudaria（シリアゲムシ科）

- 前翅長 12.5-15mm
- 時期 4-6月
- 分布 本州・四国・九州

頭部は赤褐色で、翅に黒帯がある。春に山地で見られる。

♀：東京都八王子市（2012.4.29）

キアシシリアゲ 0636
Panorpa wormaldi（シリアゲムシ科）

- 前翅長 13-14mm
- 時期 4-6月
- 分布 本州

淡黄色で、翅に黒い帯模様がある。春に山地で見られる。

東京都八王子市（2009.4.22）

ミスジシリアゲ 0637
Panorpa trizonata（シリアゲムシ科）

- 前翅長 14-18mm
- 時期 7-9月
- 分布 本州・九州

黒色で、翅に3本の黒帯がある。山地で見られる。

奈良県上北山村（2006.8.2）

ツマグロシリアゲ 0638
Panorpa lewisi（シリアゲムシ科）

- 前翅長 16-20mm
- 時期 6-8月
- 分布 本州（中部以北）

黒色で、翅の先端に黒紋がある。山地で見られる。

♂：長野県諏訪市（2008.7.29）

スカシシリアゲモドキ 0639
Panorpodes paradoxus（シリアゲモドキ科）

- 前翅長 14-18mm
- 時期 5-7月
- 分布 本州・四国・九州

体は黄褐色。雄の翅は無紋だが、雌の翅には個体変異があり、無紋型、網状斑型、端紋型の3型がある。林縁の湿った場所で見られる。

メモ 本種の雌たちは、翅の色模様がさまざまであるばかりか、高標高地では短翅タイプまで現われ、きわめてバリエーションに富んでいる。

♀：山梨県甲州市（2013.7.14）

♀：奈良県奈良市（2005.5.11）

♀：山梨県甲州市（2012.5.23）

シリアゲムシ目

0640 アオスネヒラタハバチ
Onycholyda viriditibialis（ヒラタハバチ科）

- 体長 9-14mm
- 時期 5-8月
- 分布 北海道・本州・四国・九州

黒色で、雄は頭部下半が黄色。幼虫の食樹はクマイチゴ。

♀：長野県諏訪市(2012.7.22)

0641 ウスモンヒラタハバチ
Pamphilius takeuchii（ヒラタハバチ科）

- 体長 11-13mm
- 時期 4-8月
- 分布 北海道・本州・四国・九州

黒色で頭部両側と腹部上半は黄褐色。幼虫の食樹はイタヤカエデ。

東京都檜原村(2012.7.11)

0642 アカスジチュウレンジ
Arge nigrinodosa（ミフシハバチ科）

- 体長 7-10mm
- 時期 5-10月
- 分布 北海道・本州・四国・九州

胸部に黒色と橙色のこぶがある。幼虫の食樹はバラ類。

大阪府四條畷市(2012.6.24)

0643 チュウレンジバチ
Arge pagana（ミフシハバチ科）

- 体長 8mm前後
- 時期 4-9月
- 分布 北海道・本州・四国・九州

ニホンチュウレンジに似るが、脚は黒色。幼虫の食樹はバラ類。

東京都日野市(2012.9.12)

0644 ニホンチュウレンジ
Arge nipponensis（ミフシハバチ科）

- 体長 6-8mm
- 時期 4-10月
- 分布 北海道・本州・四国・九州

チュウレンジバチに似るが、脚は黄褐色。幼虫の食樹はバラ類。

大阪府四條畷市(2002.9.25)

0645 ウンモンチュウレンジ
Arge jonasi（ミフシハバチ科）

- 体長 9-11mm
- 時期 5-8月
- 分布 北海道・本州・四国・九州

青藍色を帯びた黒色で翅に暗色帯がある。幼虫の食樹はカマツカ。

山梨県甲州市(2012.6.6)

ルリチュウレンジ 0646
Arge similis（ミフシハバチ科）

体長	7-11mm
時期	4-10月
分布	北海道・本州・四国・九州・沖縄

光沢のある青藍色。幼虫の食樹はツツジ類。

東京都八王子市（2012.4.29）

オスグロハバチ 0647
Dolerus japonicus（ハバチ科）

体長	8-9mm
時期	4-5、9-10月
分布	北海道・本州・四国・九州

雄は全身が黒色で、雌は胸部のみが赤褐色。幼虫の食草はスギナ。

♀：大阪府四條畷市（2012.5.9） ♂：東京都町田市（2012.5.16）

ヨウロウヒラクチハバチ 0648
Leptocimbex yorofui（コンボウハバチ科）

体長	16-19mm
時期	5-6月
分布	本州・四国・九州

別名ヨウロウアシブトハバチ。黒色で黄色の斑紋があり美しい。鋭く尖った大あごをもつ。主に山地で見られる。幼虫の食樹は、ヤマモミジ、イタヤカエデなどのカエデ類。

メモ 雄は、カエデ類の葉上などで仁王立ちして、勇ましく縄張り行動をとるが、その理由はよく分かっていない。

大阪府四條畷市（2004.6.9）

アケビコンボウハバチ 0649
Abia akebii（コンボウハバチ科）

体長	11mm前後
時期	4-5月
分布	本州・四国・九州

黒色で、雌は第1腹節が白色。触角は先端が太く棍棒状。幼虫はアケビ類の葉を食べる。

奈良県生駒市（2017.4.20）

ホシアシブトハバチ 0650
Agenocimbex maculatus（コンボウハバチ科）

体長	16-17mm
時期	4-5月
分布	本州・四国・九州

頭部と胸部は黒色で鮮やかな黄橙色の毛が密生する。腹部は黄橙色で黒斑が並ぶ。幼虫の食樹はエノキ。

♀：大阪府四條畷市（2014.4.30）

ハチ目

0651 オオクロハバチ
Macrophya carbonaria（ハバチ科）

体長 10-12mm
時期 5-7月
分布 北海道・本州・四国・九州

黒色で、後脚の一部が白色。幼虫の食樹はニワトコ。

長野県諏訪市(2012.7.22)

0652 ヒゲナガハバチ
Lagidina platycerus（ハバチ科）

体長 13-15mm
時期 4-6月
分布 本州・四国・九州

雄の触角は扁平で体長より長い。幼虫の食草はスミレ類。

♂：奈良県大和郡山市(2004.5.5)　♀：奈良県奈良市(2015.5.8)

0653 トガリハチガタハバチ
Tenthredo smithii（ハバチ科）

体長 12-17mm
時期 4-6月
分布 北海道・本州・四国・九州

ホソアシナガバチ類（0700、0701）に似る。触角先端付近が淡黄色。幼虫の食草はヤマホトトギスなど。

東京都東村山市(2009.6.3)

0654 クロムネアオハバチ
Tenthredo nigropicta（ハバチ科）

体長 12-15mm
時期 5-7月
分布 北海道・本州・四国・九州

淡緑色で、腹部に細かな縞模様がある。幼虫の食草はササ類。

群馬県赤城山(2012.7.25)

0655 オオツマグロハバチ
Tenthredo providens（ハバチ科）

体長 14-15mm
時期 5-6月
分布 本州・四国・九州

前翅の先端と、腹端が黒色。幼虫の食草はセリ、ミツバなど。

埼玉県所沢市(2012.6.13)　埼玉県所沢市(2012.6.13)

0656 ハラナガハバチ
Tenthredo hilaris（ハバチ科）

体長 11-15mm
時期 4-6月
分布 北海道・本州・四国・九州

黒色で胸部の両側は黄色。腹部が細長い。幼虫の食樹はアオキ。

東京都八王子市(2009.4.22)

ニホンカブラハバチ 0657
Athalia japonica（ハバチ科）

- 体長　8mm前後
- 時期　4-10月
- 分布　北海道・本州・四国・九州・沖縄

黄褐色で胸部は赤みが強い。中脚と後脚の脛節から先は黒色。

大阪府四条畷市(2007.5.16)

セグロカブラハバチ 0658
Athalia infumata（ハバチ科）

- 体長　5-8mm
- 時期　4-10月
- 分布　北海道・本州・四国・九州

赤褐色で、頭部や胸部背面は黒色。幼虫の食草はイヌガラシなど。

埼玉県入間市(2012.5.6)

カタマルヒラアシキバチ 0659
Tremex contractus（キバチ科）

- 体長　22-30mm
- 時期　4-5月
- 分布　本州・四国

よく似たヒラアシキバチは夏〜秋に出現し本種よりも分布が広い。

♀：大阪府四條畷市(2012.5.9)

オナガキバチ 0660
Xeris malaisei（キバチ科）

- 体長　12-25mm
- 時期　5-10月
- 分布　北海道・本州・四国・九州

黒色で、雌は長い産卵管をもつ。幼虫の食樹はマツ、スギなど。

♂：山梨県甲州市(2013.7.14)

チュウゴクシリアゲコバチ 0661
Leucospis sinensis（シリアゲコバチ科）

- 体長　10mm前後
- 時期　6-8月
- 分布　本州・四国・九州・沖縄

黒色で、胸部背面に2本の黄褐色の帯がある。雌は産卵管を背面に折り畳む。コクロアナバチの幼虫に寄生する。

神奈川県横浜市(2010.6.30)

ハエヤドリアシブトコバチ 0662
Brachymeria minuta（アシブトコバチ科）

- 体長　4-7mm
- 時期　3-9月
- 分布　本州・四国・九州・沖縄

後脚の腿節が太く、脛節の両端は黄色。ニクバエなどの幼虫に寄生する。

大阪府東大阪市(2005.3.27)

♀:山梨県甲州市 (2013.7.14)

♀産卵：山梨県甲州市 (2013.7.14)

0663 シロフオナガバチ
Rhyssa persuasoria（ヒメバチ科）

- 体長 37mm前後
- 時期 5-10月
- 分布 北海道・本州・四国・九州
- 見つけやすさ

黒色で白色紋がある。前脚、中脚は橙褐色で、後脚は黒褐色。触角は黒色。翅は透明で黄色味を帯びる。雌は産卵管が長い。キバチ類の幼虫に寄生する。

メモ 雌は、ゆったりと飛びながら朽ち木を念入りに調べまわり、獲物の存在を確信すると、長い産卵管を巧みに朽ち木内部に刺しこんで産卵する。

0664 オオホシオナガバチ
Megarhyssa praecellens（ヒメバチ科）

- 体長 30-40mm
- 時期 6-10月
- 分布 北海道・本州・四国・九州
- 見つけやすさ

別名モンオナガバチ。黒褐色で黄色紋がある。翅に黒斑がある。

♀：東京都練馬区(2009.7.10)

0665 エゾオナガバチ
Megarhyssa jezoensis（ヒメバチ科）

- 体長 50mm前後
- 時期 6-11月
- 分布 北海道・本州・九州
- 見つけやすさ

大型。黒褐色で黄色紋がある。翅は透明で黄色味を帯びる。キバチ類の幼虫に寄生する。

♀産卵：東京都練馬区(2013.11.6)

0666 タマヌキケンヒメバチ
Jezarotes tamanukii（ヒメバチ科）

- 体長 8-11mm
- 時期 5-9月
- 分布 北海道・本州・四国・九州
- 見つけやすさ

翅は透明で前翅の先端が黒褐色。甲虫類の幼虫に寄生する。

♂：埼玉県入間市(2011.6.22)

0667 クロハラヒメバチ
Quandrus pepsoides（ヒメバチ科）

- 体長 27mm前後
- 時期 7-9月
- 分布 北海道・本州・四国・九州
- 見つけやすさ

翅は黄色に曇り先端が黒褐色。スズメガなどの幼虫に寄生する。

大阪府東大阪市(2012.8.6)

マダラヒメバチ　0668
Ichneumon yumyum（ヒメバチ科）

体長	14mm前後
時期	5-8月
分布	北海道・本州・四国・九州

黒色で、脚や頭部前面、腹端などが黄色～橙色。特徴的な色彩で美しい。翅は透明で黄褐色を帯びる。アゲハチョウの幼虫に寄生する。

神奈川県横浜市（2012.5.20）

キスジセアカカギバラバチ　0669
Taeniogonalos fasciata（カギバラバチ科）

体長	8-11mm
時期	5-9月
分布	北海道・本州・四国・九州

頭部と腹部は黒色で、胸部は赤褐色。腹部には黄白色の帯がある。翅は透明で前翅先端には黒斑がある。チョウ、ガなどの幼虫に寄生している寄生バエ、寄生蜂に二重寄生する。

大阪府四條畷市（2010.6.2）

ハラアカマルセイボウ　0670
Hedychrum japonicum（セイボウ科）

体長	5-8mm
時期	6-9月
分布	北海道・本州・九州

別名ハラアカトゲマルセイボウ。金緑色で、腹部は赤色に輝き美しい。花にやって来る。幼虫は、ツチスガリ類の巣に寄生して育つ。

長野県諏訪市（2012.8.22）

オオセイボウ　0671
Stilbum cyanurum（セイボウ科）

体長	12-20mm
時期	5-11月
分布	本州・四国・九州・沖縄

全身が金緑～金菫色に輝ききわめて美しい。腹部は卵形に膨らむ。花にやって来る。幼虫は、スズバチ、トックリバチなどの巣に寄生して育つ。

埼玉県さいたま市（2009.6.17）

♀：神奈川県横浜市（2013.5.19）

0672 ウマノオバチ
Euurobracon yokahamae（コマユバチ科）

体 長	15-24mm
時 期	5-6月
分 布	本州・四国・九州

黄褐色で、触角と後脚は黒褐色。翅も黄褐色で黒褐色斑がある。雌の産卵管はきわめて長く体長の6倍以上に達する。カミキリムシの幼虫に寄生する。

メモ 幹に大穴（カミキリムシの脱出孔）が開いたクリなどの周囲を探すと、長い毛のような産卵管をぶら下げて飛ぶ雌が見つかる。

♀：神奈川県横浜市（2013.5.19）

♀：山梨県甲州市（2012.7.18）

0673 ヒメウマノオバチ
Euurobracon breviterebrae（コマユバチ科）

体 長	14-20mm
時 期	5-7月
分 布	本州・四国・九州

黄褐色で、触角は黒褐色。翅も黄褐色で黒褐色斑がある。ウマノオバチに似るが、やや小さく、雌の産卵管の長さは、体長と同程度。アオスジカミキリの幼虫に寄生する。

メモ「産卵管が長くない方のウマノオバチ」という扱いをされがちだが、そこそこ長い産卵管をもち、均整のとれたスタイルが魅力的。

ムネアカトゲコマユバチ 0674
Zombrus bicolor（コマユバチ科）

- 体長 6.5-14mm
- 時期 6-8月
- 分布 本州・四国・九州

別名ムネアカツヤコマユバチ。頭部、胸部は赤褐色で、触角や脚、翅は黒色。朽ち木や薪で見られる。ブドウトラカミキリなどに寄生する。

メモ 赤と黒に塗り分けられた体色パターンは、宿主のブドウトラカミキリとお揃い。どちらもホタルに擬態しているのかもしれない。

♂：山梨県北杜市(2013.6.16)　♀：東京都八王子市(2009.7.29)

ホシセダカヤセバチ 0675
Pristaulacus intermedius（セダカヤセバチ科）

- 体長 20mm前後
- 時期 5-7月
- 分布 北海道・本州・四国・九州

翅に小黒斑がある。エグリトラカミキリなどの幼虫に寄生する。

♀：山梨県北杜市(2013.6.16)

オオコンボウヤセバチ 0676
Gasteruption japonicum（コンボウヤセバチ科）

- 体長 14-20mm
- 時期 5-8月
- 分布 北海道・本州・四国

黒色で細長い腹部に朱色の縞がある。ハナバチなどの幼虫に寄生する。

♂：大阪府四條畷市(2002.6.10)

ムネアカアリバチ 0677
Bischoffitilla pungens（アリバチ科）

- 体長 7-10mm
- 時期 5-10月
- 分布 本州・四国・九州

雌は翅がなく、胸部が赤褐色で、腹部に乳白色の紋と帯がある。雄は黒色で翅をもつ。コハナバチなどの巣に寄生する。

♀：埼玉県入間市(2011.6.8)

ミカドアリバチ 0678
Mutilla mikado（アリバチ科）

- 体長 10-15mm
- 時期 5-10月
- 分布 北海道・本州・四国・九州

雌は翅がなく胸部が暗赤色。腹部に乳白色の帯がある。腹端付近の帯は間が途切れる。雄は翅をもつ。マルハナバチ類の巣に寄生する。

♀：神奈川県横浜市(2010.7.11)

0679 ベッコウクモバチ
Cyphononyx fulvognathus（クモバチ科）

- 体長 15-27mm
- 時期 4-10月
- 分布 本州・四国・九州・沖縄

別名ベッコウバチ、キバネオオベッコウ。クモ類を狩る。

奈良県生駒市(2001.7.7)

0680 トゲアシオオクモバチ
Priocnemis irritabilis（クモバチ科）

- 体長 10-20mm
- 時期 4-6月
- 分布 本州・四国・九州

別名トゲアシオオベッコウ。黒色で、翅に黒斑がある。クモ類を狩って幼虫の餌にする。

東京都町田市(2011.4.24)

0681 オオシロフクモバチ
Episyron arrogans（クモバチ科）

- 体長 10-17mm
- 時期 4-10月
- 分布 北海道・本州・四国・九州・沖縄

別名オオシロフベッコウ。黒色で、腹部に白紋がある。オニグモ、ナガコガネグモなど大型のクモを捕らえ、地中につくった巣に運び入れて産卵する。

メモ やがて生まれ来る我が子のために、大グモを捕らえて麻酔し、地表を引きずりながら運ぶ姿は、万人の感動を誘う。

♀：奈良県平群町(1998.7.1)　♀：東京都町田市(2010.6.27)

0682 オオモンクロクモバチ
Anoplius samariensis（クモバチ科）

- 体長 12-25mm
- 時期 6-8月
- 分布 北海道・本州・四国・九州

別名オオモンクロベッコウ。クモ類を狩って幼虫の餌にする。

大阪府四條畷市(2002.7.31)

0683 オオモンツチバチ
Scolia histrionica（ツチバチ科）

- 体長 20mm前後
- 時期 7-10月
- 分布 北海道・本州・四国・九州

黒色で胸部と腹部に淡黄色紋がある。海岸や河川敷に多い。

♀：京都府京田辺市(2014.9.6)　♂：山梨県韮崎市(2013.7.24)

キンケハラナガツチバチ 0684
Megacampsomeris prismatica（ツチバチ科）

体長	16-27mm
時期	7-10月
分布	本州・四国・九州

腹部が長く、胸部などに黄褐色の毛を密生する。雄は触角が長い。平地〜山地で見られ、各種の花を訪れる。コガネムシの幼虫に寄生する。

メモ 夏の終わりから秋にかけて、林縁の花に集まっているのをよく見かける。長い腹部を折り曲げてせわしなく花上を動き回る。

♀：東京都町田市（2013.9.1）　♂：東京都町田市（2013.9.1）

ヒメハラナガツチバチ 0685
Campsomeriella annulata（ツチバチ科）

体長	11-22mm
時期	5-11月
分布	本州・四国・九州・沖縄

ほかのハラナガバチよりも一回り小さく、体に白色毛が多い。翅の先端部は曇る。雄は触角が長い。平地〜丘陵地で見られ、各種の花を訪れる。マメコガネ、スジコガネなどの幼虫に寄生する。

メモ 小型のため、一見、ヒメハナバチやコハナバチの仲間に似るが、腹部が細長いことで見分けがつく。

♀：東京都羽村市（2010.9.29）　♂：東京都羽村市（2010.9.29）

キオビツチバチ 0686
Scolia oculata（ツチバチ科）

体長	11-25mm
時期	6-10月
分布	北海道・本州・四国・九州

黒色で腹部に黄色紋がある。コガネムシの幼虫に寄生する。

♂：大阪府大阪市（2004.6.15）

アカスジツチバチ 0687
Scolia fascinata（ツチバチ科）

体長	15-25mm
時期	7-9月
分布	北海道・本州・四国・九州・奄美大島

黒色で腹部に橙黄色の紋があるが、雄は紋が小さい。

♀：東京都東村山市（2009.9.6）　♂：東京都町田市（2013.9.1）

0688 ミカドドロバチ
Euodynerus nipanicus（スズメバチ科）

- 体長 7-14mm
- 時期 6-9月
- 分布 北海道・本州・四国・九州・沖縄

黒色で、胸部上部や腹部に黄色帯をもつ。腹部の黄色帯の本数には個体変異がある。翅はやや曇る。人家の庭や公園などでも見られ、各種の花を訪れる。ガの幼虫を狩る。

奈良県生駒市（1999.7.2）

0689 オオフタオビドロバチ
Anterhynchium flavomarginatum（スズメバチ科）

- 体長 10-21mm
- 時期 5-10月
- 分布 北海道・本州・四国・九州・沖縄

黒色で、腹部に2本の黄色帯をもつ。頭部、胸部などに黄色斑がある。樹木に開いたカミキリムシの脱出孔、竹筒、木材の穴などに巣をつくり、メイガなどの幼虫を運び入れて産卵する。

東京都江東区（2005.8.12）（写真　田仲義弘）

0690 スズバチ
Oreumenes decoratus（スズメバチ科）

- 体長 18-30mm
- 時期 7-9月
- 分布 北海道・本州・四国・九州

黒色で、腹部中央と胸部上部に橙色紋がある。泥を用いて鈴のような形をしたつぼ状の巣をつくり、シャクガの幼虫を運び入れて産卵する。

神奈川県横浜市（2010.9.15）

0691 フタスジスズバチ
Discoelius zonalis（スズメバチ科）

- 体長 8-18mm
- 時期 6-9月
- 分布 北海道・本州・四国・九州・奄美大島

別名ヤマトフタスジスズバチ。黒色で光沢があり、腹部に細い黄色帯をもつ。竹筒や枯枝の髄空に巣をつくり、メイガ、ハマキガなどの幼虫を運び入れて産卵する。

東京・神奈川県境陣馬山（2012.7.4）

ミカドトックリバチ 0692
Eumenes micado（スズメバチ科）

体長	14.5-19.5mm
時期	6-9月
分布	北海道・本州・四国・九州

別名トックリバチ。黒色で、黄色い紋や帯がある。秋型は黄色部が発達する。脚は褐色～黒色で黄斑をもつ個体もいる。泥でつぼ型の巣をつくり、シャクガやヤガの幼虫を運び入れて産卵する。

夏型：埼玉県さいたま市（2008.6.11）

キボシトックリバチ 0693
Eumenes fraterculus（スズメバチ科）

体長	13-17mm
時期	6-9月
分布	本州・四国・九州

黒色で、黄色い紋や帯がある。脚は黄橙色。ミカドトックリバチに似るが腹部に1対の明瞭な黄色紋がある。泥を用いてつぼ型の巣をつくり、ヤガの幼虫を運び入れて産卵する。

奈良県生駒市（2004.7.14）

ムモントックリバチ 0694
Eumenes rubronotatus（スズメバチ科）

体長	10-15mm
時期	7-9月
分布	本州・四国・九州

黒色で黄色紋はあまり発達しない。脚は黒色。ほかのトックリバチとは異なり、石材の凹みなどを利用した半球状の巣をつくる。

東京都町田市（2013.9.1）

フタモンアシナガバチ 0695
Polistes chinensis（スズメバチ科）

体長	14-18mm
時期	4-10月
分布	北海道・本州・四国・九州・沖縄

黒色で斑紋は黄色。腹部上部に1対の黄色紋をもつ。脚は黄褐色。ほかのアシナガバチ類にくらべ、黒色部の面積が大きく、黄色部は明瞭。草はらに多く、巣は主に植物の茎につくられる。

東京都羽村市（2012.8.29）

0696 セグロアシナガバチ
Polistes jokahamae(スズメバチ科)

体長	16-26mm
時期	4-10月
分布	本州・四国・九州・沖縄

黒色で斑紋は黄褐色。胸部背面に1対の細い黄褐色条がある。植物上を飛び回り、ガ類の幼虫などを狩る。市街地でも見られ、家の軒下や草むら、木の枝などに巣をつくる。

奈良県生駒市(2005.4.10)

0697 キアシナガバチ
Polistes rothneyi(スズメバチ科)

体長	18-26mm
時期	4-10月
分布	北海道・本州・四国・九州・沖縄

黒色で黄色の斑紋が発達している。小楯板(しょうじゅんばん)や脚の各部が明瞭な黄色。ガ類の幼虫などを狩るが、樹液にもよく集まる。山地に多い。里山などでは人家の軒下に巣をつくることがある。

東京・神奈川県境陣馬山(2012.7.4)

0698 キボシアシナガバチ
Polistes nipponensis(スズメバチ科)

体長	13-18mm
時期	5-10月
分布	北海道・本州・四国・九州

黒色で斑紋は赤褐色。脚も赤褐色。山地でよく見られる。巣は、樹木の小枝や大きな葉の裏につくることが多く、マユのキャップが黄色いのが特徴。

メモ 「キボシ」の名に反し黄色紋はあまり発達せず、赤褐色の個体が多いが、巣が黄色いのが「キボシ」という憶えやすさはある。

東京都武蔵村山市(2012.10.21)

山梨県北杜市(2013.7.24)

コアシナガバチ 0699
Polistes snelleni（スズメバチ科）
- 体長 11-17mm
- 時期 4-10月
- 分布 北海道・本州・四国・九州

黒色で斑紋は赤褐色～黄色。平地から高標高地まで広く分布するが、山地に多い。巣は、石の下や木の枝、人家の軒下など、さまざまな場所につくる。

栃木県さくら市(2011.9.18)　山梨県甲州市(2012.7.18)

ムモンホソアシナガバチ 0700
Parapolybia crocea（スズメバチ科）
- 体長 14-20mm
- 時期 4-10月
- 分布 本州・四国・九州

別名ホソアシナガバチ。淡黄色で、暗褐色の斑紋がある。腹部が細くくびれている。巣は、樹木の葉裏につくることが多い。晩夏～秋に羽化した新女王は木の洞などで集団越冬する。

奈良県生駒市(2013.6.12)

ヒメホソアシナガバチ 0701
Parapolybia varia（スズメバチ科）
- 体長 11-16mm
- 時期 4-10月
- 分布 本州・四国・九州・奄美大島

黄色で、暗褐色の斑紋がある。腹部が細くくびれている。ムモンホソアシナガバチに似るが小型で斑紋が濃い。巣は木の枝や葉裏につくる。

埼玉県入間市(2011.6.8)

オオスズメバチ 0702
Vespa mandarinia（スズメバチ科）
- 体長 27-44mm
- 時期 4-11月
- 分布 北海道・本州・四国・九州

腹端は橙色。胸部下部には赤褐色の紋がある。雑木林の樹液によく集まる。強力な毒針をもち、とくに晩夏から秋には攻撃的になるので注意が必要。巣は主に樹洞や土中につくる。

東京都町田市(2012.5.16)

0703 ヒメスズメバチ
Vespa ducalis（スズメバチ科）

体長 25-36mm
時期 5-10月
分布 本州・四国・九州・沖縄

腹端は黒色。雑木林の樹液によく集まる。ほかのスズメバチ類よりも性質は穏和。巣は主に樹上につくる。アシナガバチの巣を襲い幼虫や蛹を略奪して、自分たちの幼虫の餌にする。

山梨県北杜市(2013.8.28)

0704 コガタスズメバチ
Vespa analis（スズメバチ科）

体長 21-29mm
時期 5-10月
分布 北海道・本州・四国・九州・沖縄

腹端は橙色。オオスズメバチに似るが、小型で、腹部に太い暗色帯がある。林縁の草むらや雑木林の樹液で見られる。巣は主に樹上につくり、庭や公園の樹木にも営巣する。

大阪府四條畷市(2005.7.13)

東京都東村山市(2012.9.2)

0705 モンスズメバチ
Vespa crabro（スズメバチ科）

体長 19-28mm
時期 5-10月
分布 北海道・本州・四国・九州

腹部の帯が波形になっている。雑木林の樹液でよく見られる。セミを好んで狩り、幼虫の餌にする。巣は、木の洞、屋根裏、地中などにつくる。

メモ 腹部の縞模様に一工夫があり、ほかのスズメバチよりもお洒落に見える。じっくり写真を撮りたくなるが気性が荒いので深追いは禁物。

東京都あきる野市
(2013.7.21)

チャイロスズメバチ 0706

Vespa dybowskii（スズメバチ科）

- 体長 17-29mm
- 時期 6-10月
- 分布 北海道・本州

頭部、胸部は赤褐色で、腹部は黒色。女王は、キイロスズメバチやモンスズメバチの巣を襲い、家主の女王を殺して巣を乗っ取る。各種の昆虫を狩り、樹液にも集まる。

メモ 全身が赤黒い姿で、まさに「異色」のスズメバチ。ダーティーな雰囲気は、この種類の悪役めいた生活史にもマッチしている。

埼玉県入間市（2012.9.16）

クロスズメバチ 0707

Vespula flaviceps（スズメバチ科）

- 体長 10-16mm
- 時期 4-11月
- 分布 北海道・本州・四国・九州

黒色で、乳白色の縞模様がある。地中や屋根裏に巣をつくる。気性は比較的穏やかで、巣に近づいてもあまり攻撃してこない。長野県などでは、幼虫や蛹を食用にする。

東京都武蔵村山市（2012.10.21）

シダクロスズメバチ 0708

Vespula shidai（スズメバチ科）

- 体長 12-18mm
- 時期 4-11月
- 分布 北海道・本州・四国・九州・奄美大島

黒色で、乳白色の縞模様がある。クロスズメバチに似るが、複眼近くの白紋が三日月形。地中などに巣をつくり、クロスズメバチよりも攻撃的で巣に近づくと襲ってくる。

東京・神奈川県境陣馬山（2012.7.4）

0709 キイロスズメバチ
Vespa simillima（スズメバチ科）

体長 17-28mm
時期 4-11月
分布 北海道・本州・四国・九州

ほかのスズメバチ類にくらべると黄色味が強く毛深い。各種の昆虫を狩り、樹液にも飛来する。攻撃性が強く、晩夏から秋にかけてはとくに危険。巣は主に樹上や屋根裏につくる。

東京都檜原村（2011.9.14）

0710 アシナガアリ
Aphaenogaster famelica（アリ科）

体長 4-8mm
時期 4-11月
分布 北海道・本州・四国・九州

体は暗褐色で細長い。触角と脚は赤褐色で、きわめて長い。林内や林縁で見られ、地中や石の下に巣をつくる。羽アリは、7月ごろに現れる。

埼玉県飯能市（2012.4.15）

0711 アミメアリ
Pristomyrmex punctatus（アリ科）

体長 2.5mm前後
時期 4-11月
分布 北海道・本州・四国・九州・沖縄

褐色〜赤褐色で頭部と胸部には網目状の隆条がある。腹部は円形で光沢がある。石の下や倒木などに野営の巣をつくり、頻繁に移住する。女王は存在せず多数の働きアリが産卵する。

クリオオアブラムシとの共生：埼玉県入間市（2011.6.8）

0712 テラニシシリアゲアリ
Crematogaster teranishii（アリ科）

体長 2-4mm
時期 4-11月
分布 本州・四国・九州・沖縄

褐色〜黒褐色で、腹端が尖っている。胸部と腹部をつなぐ後腹柄節は腹部の背面に接続する。枯れ枝などに巣をつくり、樹上で活動する。

神奈川県横浜市（2011.5.25）

灰黒色〜黒褐色。腹部の第1節。第2節には10本以上の立毛をもつ。地表や植物上でもっともよく見かけるアリのひとつ。明るい場所に多く、地中に巣をつくる。

クロヤマアリ　0713
Formica japonica（アリ科）

体長	（働きアリ）4.5-6mm（女王アリ）10mm前後
時期	3-11月
分布	北海道・本州・四国・九州

メモ 植物上でアブラムシ類と共生しているのがよく見つかり、アブラムシが出す甘露を恍惚として受け取る様子が観察できる。

クリオオアブラムシとの共生：埼玉県入間市（2011.6.8）

アメイロアリ　0714
Nylanderia flavipes（アリ科）

体長	2-2.5mm
時期	4-11月
分布	北海道・本州・四国・九州・奄美大島

黄褐色〜暗褐色で、腹部には縞模様がある。草地や林内に生息し、石の下、倒木、草の根際などに巣をつくる。羽アリは秋に羽化して巣の中で冬を越し、翌年初夏に出現する。

埼玉県飯能市（2012.4.15）

サムライアリ　0715
Polyergus samurai（アリ科）

体長	7mm前後
時期	7-8月
分布	北海道・本州・四国・九州

黒色でクロオオアリに似るが、大あごがカマ状。働きアリはクロオオアリなどの巣を襲い、繭や幼虫を持ち帰って奴隷のように働かせる。奴隷狩りの時以外は地中にいて姿をほとんど見せない。

奴隷狩り：大阪府東大阪市（2018.8.10）（写真 前畑真実）

東京都町田市(2012.5.16)

0716 トゲアリ
Polyrhachis lamellidens(アリ科)

体長	(働きアリ)7-8mm (女王アリ)10mm前後
時期	4-10月
分布	本州・四国・九州

見つけやすさ

黒色で、赤褐色の胸部に3対の鋭いとげをもつ。平地～山地の林で見られ、朽木の内部などに巣をつくる。女王がクロオオアリなどの巣に浸入してその巣を乗っ取り、一時的社会寄生を行う。

メモ 戦いのための鎧を装着したかのような勇ましい姿。巣に接近すると「それ以上寄るな！」とばかりに背中のとげを向けてくる。

0717 クロオオアリ
Camponotus japonicus(アリ科)

体長	(働きアリ)7-12mm (女王アリ)20mm弱
時期	4-10月
分布	北海道・本州・四国・九州

黒色の大型種。腹部は黄褐色の毛が目立つ。道ばた、草はらなど、開けた場所の地中に巣をつくる。初夏に羽アリが現れ、下草や地表でひときわ大きな新女王が見つかる。

東京都東村山市(2009.9.6)

0718 ヨツボシオオアリ
Camponotus quadrinotatus(アリ科)

体長	4.5-6mm
時期	4-10月
分布	北海道・本州・四国・九州

見つけやすさ

黒色で、前胸は褐色味を帯びることが多い。腹部に2対の黄白色の紋がある。樹上の枯れ枝や割れ目、樹皮下などに巣を作る。初夏に羽アリが現われ、ひときわ大きな新女王も見つかる。

奈良県奈良市(2016.1.27)

ムネアカオオアリ　0719
Camponotus obscuripes（アリ科）
- 体長　（働きアリ）7-12mm（女王アリ）20mm弱
- 時期　4-10月
- 分布　北海道・本州・四国・九州

黒色で、胸部と腹部上部が赤褐色。平地〜山地の林で見られ、朽木の内部や木の根元などに巣をつくる。初夏〜夏に羽アリが現れ、下草や地表でひときわ大きな新女王が見つかる。

東京都八王子市（2011.5.4）

新女王：神奈川県横浜市（2010.6.16）

クロアナバチ　0720
Sphex argentatus（アナバチ科）
- 体長　23-33mm
- 時期　6-9月
- 分布　本州・四国・九州・沖縄

黒色で、顔面や胸部側面などに銀白色の毛をもつ。平地〜山地で見られる。地中に深い穴を掘って巣をつくり、ツユムシ、クビキリギスなどを狩って運び入れる。

東京都羽村市（2012.8.29）

アメリカジガバチ　0721
Sceliphron caementarium（アナバチ科）
- 体長　20-25mm
- 時期　6-9月
- 分布　本州・九州

黒色で、胸部や脚に明瞭な黄色斑がある。腹柄は黒色できわめて細長い。壁などに泥を固めた巣をつくり、カニグモなどを狩る。北米原産の帰化種。在来種のキゴシジガバチは腹柄が黄色。

♀：千葉県印西市（2006.6.24）（写真　田仲義弘）

フジジガバチ　0722
Ammophila clavus（アナバチ科）
- 体長　25-35mm
- 時期　5-9月
- 分布　本州・九州・沖縄

黒色で、雌は腹柄の大部分と脚が赤褐色。雄は腹柄の下部だけが赤褐色。地面に穴を掘り、ガ類の幼虫などを狩って運び入れる。

♀：山梨県富士吉田市（2010.8.15）

ハチ目

0723 ヤマジガバチ
Ammophila infesta（アナバチ科）

体長 22-27mm
時期 6-9月
分布 北海道・本州・四国・九州

♀：東京都八王子市（2008.7.9）

東京都東村山市（2009.7.19）

黒色で、腹部上部は赤色。丘陵地〜山地で見られる。地面に穴を掘り、ガ類の幼虫などを狩って運び入れる。近縁のサトジガバチよりもやや大きく、胸部の点刻が弱い。

メモ 大きな獲物を運んでいる時は、警戒心よりも子孫繁栄への志が勝っているのか、案外じっくりと観察させてくれる。

0724 オオハヤバチ
Tachytes sinensis（ギングチバチ科）

体長 15-23mm
時期 6-8月
分布 本州・四国・九州・沖縄

別名トガリアナバチ。黒色で茶色毛がある。バッタを狩る。

大阪府四條畷市（2003.7.16）

0725 シロスジギングチバチ
Ectemnius iridifrons（ギングチバチ科）

体長 16mm前後
時期 5-9月
分布 北海道・本州・四国・九州

山梨県北杜市（2013.7.10）

黒色で、白色の小紋や筋模様がある。ハエの仲間を狩る。

ニッポンハナダカバチ 0726
Bembix niponica（ギングチバチ科）

- 体長 20-23mm
- 時期 6-9月
- 分布 北海道・本州・四国・九州

別名ハナダカバチ。黒色で、黄白色の斑紋がある。複眼は緑色。海岸などの乾いた砂地に巣をつくり、ハエやアブを狩って運び入れる。

メモ
巣の中の卵が孵化して幼虫になった後も、その成長に合わせ、新たに獲物を狩って巣の中に運びこんで与える子煩悩。

千葉県八千代市（2008.7.10）（写真 田仲義弘）

ナミツチスガリ 0727
Cerceris hortivaga（フシダカバチ科）

- 体長 9-15mm
- 時期 5-9月
- 分布 北海道・本州・四国・九州

黒色で腹部に黄色帯がある。コハナバチやヒメハナバチを狩る。

東京都八王子市(2012.8.12)

ヤヨイヒメハナバチ 0728
Andrena hebes（ヒメハナバチ科）

- 体長 7-10mm
- 時期 3-5月
- 分布 本州・四国・九州

黒色で、胸部に淡黄褐色の毛がある。春に出現する。

東京都八王子市(2012.4.8)

アカガネコハナバチ 0729
Halictus aerarius（コハナバチ科）

- 体長 6-9mm
- 時期 5-10月
- 分布 北海道・本州・四国・九州・沖縄

銅色で光沢がある。地中に巣をつくり、集団で生活する。

山梨県北杜市(2012.9.30)

アオスジハナバチ 0730
Nomia incerta（コハナバチ科）

- 体長 10mm前後
- 時期 7-10月
- 分布 本州・四国・九州

黒色で、腹部に青い縞模様がある。ハギ類などの花で吸蜜する。

東京都千代田区(2013.9.23)

0731 ヤノトガリハナバチ
Coelioxys yanonis（ハキリバチ科）

体長 14-15mm
時期 7-9月
分布 北海道・本州・四国・九州

暗褐色で腹部に淡黄色の細かい縞模様がある。雌は腹端が尖る。ほかのハキリバチ類の巣に入りこみ、卵を産みつける（労働寄生）。

♀：大阪府四條畷市(2013.9.22)

0732 スミスハキリバチ
Megachile humilis（ハキリバチ科）

体長 17mm前後
時期 7-10月
分布 北海道・本州・四国・九州

黒色で胸部に褐色毛があり、頭部には黒褐色の短毛が密生する。マメ科植物の葉を丸く切り巣材にする。

大阪府四條畷市(2002.8.21)

0733 オオハキリバチ
Megachile sculpturalis（ハキリバチ科）

体長 20mm前後
時期 6-10月
分布 北海道・本州・四国・九州・奄美

黒色で胸部に褐色毛がある。樹脂を使って巣をつくる。

奈良県生駒市(2017.8.28)

0734 ヒメツツハキリバチ
Megachile subalbuta（ハキリバチ科）

体長 7-10mm
時期 5-9月
分布 本州・四国・九州

黒色で白色〜褐色毛がある。吸蜜時に腹部を上に反らせる。竹筒などに営巣する。

東京都千代田区(2013.9.23)

0735 ダイミョウキマダラハナバチ
Nomada japonica（ミツバチ科）

体長 11-13mm
時期 4-5月
分布 北海道・本州・四国・九州・沖縄

別名キマダラハナバチ。黒褐色で、腹部に黄色の縞模様がある。

大阪府四條畷市(2010.6.2)

0736 スジボソフトハナバチ
Amegilla florea（ミツバチ科）

体長 12-16mm
時期 7-9月
分布 本州・四国・九州

黒色で、胸部に黄褐色毛が密生し、腹部に白色の縞模様がある。

東京都あきる野市(2013.7.21)

ニッポンヒゲナガハナバチ 0737
Eucera nipponensis（ミツバチ科）

- 体長 12-14mm
- 時期 4-6月
- 分布 本州・四国・九州

黒色で、淡褐色〜黄褐色毛におおわれている。雄の触角はきわめて長い。春にのみ現れ、林縁に咲く花をよく訪れる。公園のツツジなどにも集まる。巣は地中につくる。

メモ 長い触角の雄ばかりが注目されがちだが、シックな色彩の毛をもった雌もかなり魅力的。

♂：埼玉県所沢市（2012.4.25） ♀：東京都青梅市（2013.4.28）

ルリモンハナバチ 0738
Thyreus decorus（ミツバチ科）

- 体長 13-14mm
- 時期 8-11月
- 分布 本州・四国・九州

別名ナミルリモンハナバチ。黒色で青色の斑紋をもち美しい。幼虫はケブカハナバチ類などの巣内で花粉を食べて育つ（労働寄生）。

奈良県大和郡山市（2014.8.27）

キオビツヤハナバチ 0739
Ceratina flavipes（ミツバチ科）

- 体長 8mm前後
- 時期 4-10月
- 分布 北海道・本州・四国・九州

光沢のある黒色で、腹部に黄色の縞がある。枯れ枝の髄の中に巣をつくる。

埼玉県入間市（2012.5.6）

クマバチ 0740
Xylocopa appendiculata（ミツバチ科）

- 体長 20-24mm
- 時期 3-10月
- 分布 北海道・本州・四国・九州

別名キムネクマバチ。黒色で、胸部には黄色毛が密生する。人家周辺でもよく見られ、いろいろな花を訪れて、花粉や蜜を集める。材木や枯れ枝などに穴をあけ、巣をつくる。

メモ 春〜初夏には、空中でホバリングしている姿がよく見られるが、占有行動をとる雄なので刺される心配はない。

山梨県甲州市（2012.6.6）

0741 オオマルハナバチ
Bombus hypocrita（ミツバチ科）

体長 12-23mm
時期 4-10月
分布 北海道・本州・四国・九州

山梨県甲州市(2012.6.6)

黒色毛でおおわれ、腹部に淡黄色帯をもつ。土中などに巣をつくる。低山地～亜高山で見られる。

0742 トラマルハナバチ
Bombus diversus（ミツバチ科）

体長 11-24mm
時期 4-11月
分布 北海道・本州・四国・九州

長野県諏訪市(2010.7.29)

赤褐色～黄褐色毛でおおわれる。土中などに巣をつくる。平地～亜高山で見られる。

0743 コマルハナバチ
Bombus ardens（ミツバチ科）

体長 10-21mm
時期 3-8月
分布 北海道・本州・四国・九州

♂：神奈川県横浜市(2011.6.12)

雄は淡黄褐色毛、雌は黒色毛でおおわれており、雌雄とも腹端に橙色毛がある。地表や土中に巣をつくる。雌は春から活動し、巣は梅雨前に解散する。雄は梅雨ごろに見られる。

メモ：雄は、もこもこの黄色い毛や円らな複眼が可愛らしく、しかも毒針をもたず刺すこともないので、どこまでも追いかけたくなる。

0744 ニホンミツバチ
Apis cerana（ミツバチ科）

体長（働き蜂）12-13mm
時期 3-11月
分布 本州・四国・九州

大阪府東大阪市(2014.3.24)

セイヨウミツバチより黒っぽく、腹部は全体が規則的な縞模様。木の洞や土中に巣をつくる。

0745 セイヨウミツバチ
Apis mellifera（ミツバチ科）

体長（働き蜂）12-13mm
時期 3-11月
分布 北海道・本州・四国・九州・沖縄

埼玉県横瀬町(2012.10.17)

別名ヨウシュミツバチ。腹部上部はオレンジ色で縞が目立たない。採蜜のためにヨーロッパから移入された。

コラム ＜虫本ガイド❶＞ 昆虫探検の指南本

昆虫に関する書籍はたくさん出版されているが、その中からおすすめ本を厳選して紹介する。
まずは、私たちを昆虫の世界に誘ってくれる6冊のナビゲーターたち。

『集めて楽しむ昆虫コレクション』

安田　守（著）
山と渓谷社
1,800円（税抜）

身近な昆虫たちの魅力を、ユニークな構成で伝えるビジュアル本。パラパラとページを繰るだけで楽しさと驚きに満ちた昆虫ワールドを高速で体感できる。書名から受けるイメージとは違って、標本収集の本ではなく、卵、幼虫から、抜け殻、糞に至るまで、さまざまなテーマで昆虫世界を切り取り、豊富な写真で紹介する「大人のための科学絵本」。

『ぼくらの昆虫採集』

池田清彦、養老孟司、奥本大三郎（監修）
デコ
2,800円（税抜）

昔は夏休みの宿題にさえなっていた昆虫採集を復権させるべく企まれたノウハウ本。虫の捕まえ方、標本の作り方、道具のあれこれなどがわかりやすく解説されている。筋金入りの「大人の昆虫少年」である監修者たちによる体験談や実践指導も貴重。この本の影響で、網を片手に野を駆け回る昆虫キッズや昆虫アダルトが着実に増えつつある（はず）。

『虫と遊ぶ12か月』

奥山英治（著）
デコ
2,500円（税抜）

4月はハムシやギフチョウ、5月はクマバチやハンミョウ、6月はゲンゴロウにタガメ‥
四季折々の昆虫観察ネタを月別に紹介するガイド本。それぞれの虫の探し方や観察方法がたくさんの写真を用いて詳細に解説されている。詳し過ぎて、あまりにも臨場感たっぷりで、拾い読みするだけで既に昆虫探検したような満足感に浸れてしまうのはむしろ弊害か。

『「虫目」のススメ』

鈴木海花（著）
全国農村教育協会
1,900円（税抜）

いつでもどこでも昆虫たちの営みを見つめる「虫目」をもちましょう、というマザーアースな思想に包まれた心地よいエッセイ集。高尾山での虫探し、山梨での昆虫観察会、ライトトラップ体験、石垣島への観察旅行‥と、精力的に活動する著者の虫体験の数々が、そのまま、昆虫探検ビギナーにとっての上質なお手本になっている。

『虫といっしょに庭づくり オーガニック・ガーデン・ハンドブック』

曳地トシ、曳地義治（著）
築地書館
2,200円（税抜）

プロの植木屋さんが、虫たちとの関係を大事にした農薬いらずの庭づくりを提唱するガイド本。「憎っくき害虫との対決の日々」を「かわいい虫たちとの対話の日々」に変えてしまおうという逆転の発想が新鮮。園芸の本ではあるが、145種類もの昆虫が登場し、身近な昆虫たちのことを深く知るための情報がいっぱい詰まっている。

『むし学』

青木淳一（著）
東海大学出版会
2,800円（税抜）

虫の名前、分類、生態、人間との関係などについて淡々と綴る学術派向けの入門書。著者はダニ学の権威で、退官後はホソカタムシというマイナー甲虫の世界に浸っているという。読み進むうちに「虫学者になるための心得」「海外虫紀行」といった章にも行き当たり、単なる入門のつもりが既に深みに足を取られそうになっている自分に気づき愕然とする。

虫本ガイド②「図鑑の図鑑」→p.256　③「迷宮のその奥へ」→p.354

大阪府四條畷市(1999.7.9)

0746 ナガヒラタムシ
Tenomerga mucida（ナガヒラタムシ科）

- 体長 9-17mm
- 時期 6-8月
- 分布 北海道・本州・四国・九州

暗褐色〜赤褐色で、触角が細長い。低地〜山地の林縁の葉上などで見られ、花に集まることもある。灯火にも飛来する。幼虫はサクラなどの朽ち木を食べる。

メモ 現存するコウチュウ目の中で起源が最も古いとされる原始的なグループに属する。この仲間が地球上に現れたのは約2億年前と考えられる。

0747 トウキョウヒメハンミョウ
Cylindera kaleea（オサムシ科）

- 体長 9-10mm
- 時期 4-10月
- 分布 本州(関東、山口)・九州

小型で、飛ぶとハエに似る。東京周辺と北九州周辺で見られる。

東京都東村山市(2009.7.19)

0748 ミヤマハンミョウ
Cicindela sachalinensis（オサムシ科）

- 体長 15-20mm
- 時期 6-9月
- 分布 北海道・本州・四国

暗緑色〜暗銅色で鈍い金属色を帯びる。上翅の白紋が明瞭。上唇が前に張り出す。山地〜高山帯の地表で見られる。

東京都奥多摩町(2010.9.1)

0749 コニワハンミョウ
Cicindela transbaicalica（オサムシ科）

- 体長 10-13mm
- 時期 4-10月
- 分布 北海道・本州・四国・九州

ほかのハンミョウより体が太短い感じ。河原の砂地などに多い。

山梨県韮崎市(2013.5.5)

0750 ニワハンミョウ
Cicindela japana（オサムシ科）

- 体長 15-19mm
- 時期 4-10月
- 分布 北海道・本州・四国・九州

暗緑色、暗銅色、黒色など、色彩変異がある。上翅の白紋は消失する個体もいる。人家周辺から山地までの地表で広く見られる。

東京・神奈川県境陣馬山(2012.7.4)

ハンミョウ 0751
Sophiodela japonica（オサムシ科）

- 体長 18-20mm
- 時期 4-10月
- 分布 本州・四国・九州

全身が赤、青、緑に輝ききわめて美しい。平地〜低山地の林道上などで見られ、長い脚を活かして素早く歩行する。大あごが鋭く、ほかの昆虫を捕らえて食べる。成虫または幼虫で越冬する。幼虫も肉食性で、地面に縦穴を掘って潜む。

メモ 人が近づくと敏感に飛び立ち数m先の地面に止まる。これを延々と繰り返すので、極彩色の輝きをカメラに収めるためにはしばしば持久戦を強いられる。

東京都八王子市(2011.6.24)

千葉県鴨川市(2011.9.4)

エリザハンミョウ 0752
Cylindera elisae（オサムシ科）

- 体長 9-11mm
- 時期 5-9月
- 分布 北海道・本州・四国・九州

別名ヒメハンミョウ。緑色を帯びた銅色の光沢がある。上翅の白帯が強く湾曲する。河原などの湿った地表で見られる。

東京都あきる野市(2013.7.21)

コハンミョウ 0753
Myrlochile specularis（オサムシ科）

- 体長 11-13mm
- 時期 5-10月
- 分布 北海道・本州・四国・九州・沖縄

暗銅色〜暗緑銅色。左右上翅中央の帯は分断されて端が斑紋状になることが多い。河原などの地表で見られる。

埼玉県さいたま市(2013.7.17)

静岡県浜松市(2013.8.7)

0754 カワラハンミョウ
Chaetodera laetescripta（オサムシ科）

体長	14-17mm
時期	6-9月
分布	北海道・本州・四国・九州

見つけやすさ

光沢のない濃い銅緑色で、上翅に白色紋がある。色彩変異があり、白色紋が発達して上翅が白っぽい個体もいる。海岸砂丘や広い河原の砂地などで見られるが、近年、生息地が減っている。

メモ 真夏の砂丘の真ん中で、灼熱地獄をものともせず、太陽神に捧げるかのような炎紋を背に纏い、恋の駆け引きを繰り広げる。

静岡県浜松市(2013.8.7)

0755 クロカタビロオサムシ
Calosoma maximowiczi（オサムシ科）

体長	23-35mm
時期	4-10月
分布	北海道・本州・四国・九州

見つけやすさ

黒色で、上翅前縁が角張っている。平地〜山地の樹上で見られ、ガの幼虫などを捕らえて食べる。オサムシには後翅が退化しているものが多いが、本種は後翅が退化しておらず飛べる。

大阪府東大阪市(2006.5.21)

0756 エゾカタビロオサムシ
Campalita chinense（オサムシ科）

体長	25-35mm
時期	5-9月
分布	北海道・本州・四国・九州・沖縄

見つけやすさ

黒色で金銅〜銅色の金属色を帯びる。上翅には各3列の金色に輝く凹点が並ぶ。平地の畑地や河原の草地などに生息する。後翅が退化しておらず飛ぶことができる。灯火にも飛来する。

東京都羽村市(2012.8.29)

クロオサムシ　0757
Carabus albrechti（オサムシ科）
- 体長　17-26mm
- 時期　5-9月
- 分布　北海道・本州（中部以北）

黒色～銅色。写真は関東で見られる亜種のエサキオサムシ。本種を含めオサムシの仲間には飛べないものが多く、地域ごとに分化が進んでいる。

東京都檜原村（2011.9.14）

オオオサムシ　0758
Carabus dehaanii（オサムシ科）
- 体長　23-38mm
- 時期　4-10月
- 分布　本州・四国・九州

黒色で、前胸や上翅の一部に青色の金属光沢がある。上翅には左右各4本の隆条がある。後翅は退化していて飛べない。おもに夜に活動し、地表を歩き回ってほかの昆虫やミミズを捕えて食べる。

京都府木津川市（2015.4.22）

アオオサムシ　0759
Carabus insulicola（オサムシ科）
- 体長　22-34mm
- 時期　4-10月
- 分布　本州（中部以北）

黒色で、金緑色～赤銅色の光沢がある。平地～山地の林内、林縁の地表で見られる。後翅は退化していて飛べない。おもに夜に活動し、地表でほかの昆虫やミミズを捕らえて食べる。

東京都東村山市（2009.7.19）

マイマイカブリ　0760
Carabus blaptoides（オサムシ科）
- 体長　26-65mm
- 時期　4-10月
- 分布　北海道・本州・四国・九州

光沢のない黒色。地域変異が著しい。平地～山地の林に生息し、地表や樹木の幹で見られる。後翅は退化している。おもに夜に活動しカタツムリなどを捕らえて食べる。樹液にも来る。

大阪府四條畷市（1999.10.6）

幼虫：大阪府東大阪市（2006.9.24）

0761 ヒョウタンゴミムシ
Scarites aterrimus（オサムシ科）

- 体長 15-20mm
- 時期 3-10月
- 分布 北海道・本州・四国・九州

前胸と後体部の間が強くくびれる。海浜の砂地に生息する。

和歌山県串本町（1999.7.28）

0762 アカガネオオゴミムシ
Myas cuprescens（オサムシ科）

- 体長 17.5-22.5mm
- 時期 5-9月
- 分布 本州・四国・九州

銅色の光沢がある。平地から山地まで広く生息する。

山梨県甲州市（2012.6.6）

0763 セアカヒラタゴミムシ
Dolichus halensis（オサムシ科）

- 体長 15.5-20mm
- 時期 3-11月
- 分布 北海道・本州・四国・九州

上翅と前翅の色彩は変異が大きい。人家周辺でも見られる。

奈良県大和郡山市（1999.10.24）

0764 マルガタゴミムシの一種
Amara sp.（オサムシ科）

- 体長 8mm前後
- 時期 3-11月

黒色で楕円形。金銅色〜金緑銅色のものもいる。類似種が多い。

東京都東村山市（2010.5.26）

0765 オオズケゴモクムシ
Harpalus eous（オサムシ科）

- 体長 14mm前後
- 時期 7-10月
- 分布 北海道・本州・四国・九州

黒色〜黒褐色で、頭部が大きい。灯火によく飛来する。

京都府京田辺市（2017.10.27）

0766 オオイクビツヤゴモクムシ
Trichotichnus nipponicus（オサムシ科）

- 体長 7-9mm
- 時期 5-10月
- 分布 北海道・本州・四国・九州

黒色で、脚や触角は黄褐色。植物上などで見られる。

埼玉県入間市（2012.5.6）

スジアオゴミムシ 0767
Chlaenius costiger（オサムシ科）

体長	22-23mm
時期	3-11月
分布	北海道・本州・四国・九州・沖縄

頭部と前胸は赤銅〜銅緑色。日中は石や落ち葉の下に潜む。

大阪・奈良県境生駒山(2007.5.9)

アトボシアオゴミムシ 0768
Chlaenius naeviger（オサムシ科）

体長	14-15.5mm
時期	4-11月
分布	北海道・本州・四国・九州

頭部と胸部が緑銅色に輝く。上翅に1対の黄褐色紋がある。地表や植物上で見つかる。

大阪府四條畷市(2014.5.17)

ハギキノコゴミムシ 0769
Coptodera subapicalis（オサムシ科）

体長	5.5-6.5mm
時期	5-9月
分布	北海道・本州・四国・九州・奄美大島

上翅の黄紋は消失する場合もある。倒木や枯れ木で見られる。

東京都町田市(2012.5.16)

コヨツボシアトキリゴミムシ 0770
Dolichoctis rotundata（オサムシ科）

体長	4-5.5mm
時期	5-10月
分布	本州・四国・九州・沖縄

上翅に2対の茶褐色紋をもつ。朽ち木の樹皮下などで見つかる。

埼玉県所沢市(2012.2.22)

オオヨツアナアトキリゴミムシ 0771
Parena perforata（オサムシ科）

体長	9-12mm
時期	5-9月
分布	北海道・本州・四国・九州

暗褐色で、上翅に4対の孔点をもつ。平地〜低山地の樹上で見られる。

山梨県甲州市(2011.7.24)

オオヒラタアトキリゴミムシ 0772
Parena laesipennis（オサムシ科）

体長	11-12.5mm
時期	5-9月
分布	北海道・本州・四国・九州・沖縄

上翅に条溝はほとんどない。樹木の葉上で見られる。

東京都奥多摩町(2011.7.10)

コウチュウ目

0773 ミヤマジュウジアトキリゴミムシ
Lebia sylvarum（オサムシ科）

体長	5.5-7mm
時期	5-7月
分布	北海道・本州・四国・九州

暗褐色で、上翅に黄褐色紋がある。樹木の葉上で見られる。

埼玉県入間市（2012.5.6）

0774 ジュウジアトキリゴミムシ
Lebia retrofasciata（オサムシ科）

体長	5.5-6.5mm
時期	4-11月
分布	北海道・本州・四国・九州

黄褐色〜赤褐色で、上翅に十字型の暗褐色紋がある。

神奈川県横浜市（2013.9.18）

0775 ホソアトキリゴミムシ
Dromius prolixus（オサムシ科）

体長	6-6.5mm
時期	5-9月
分布	北海道・本州・四国・九州

黒褐色〜茶褐色。樹木の葉上で見られる。

埼玉県所沢市（2012.4.25）

0776 クビボソゴミムシ
Galerita orientalis（オサムシ科）

体長	20-22mm
時期	5-10月
分布	本州・四国・九州・沖縄

別名オオクビボソゴミムシ。頭部と前胸の間が細い。

大阪府四條畷市（2001.5.9）

神奈川県横浜市（2011.5.25）

0777 ミイデラゴミムシ
Pheropsophus jessoensis（オサムシ科）

体長	11-18mm
時期	4-10月
分布	北海道・本州・四国・九州・奄美大島

上翅は黒色で中央に1対の黄色紋がある。頭部、前胸には黒色の縦帯がある。湿った草原の地表で見られる。おもに夜に活動し、ほかの昆虫などを食べる。

> **メモ** 敵に襲われると肛門から刺激臭の強い液体を霧状に噴出するため「ヘッピリムシ」というかわいそうな俗称がある。

コホソクビゴミムシ　0778
Brachinus stenoderus（オサムシ科）

- 体長 5.5-11.5mm
- 時期 5-8月
- 分布 北海道・本州・四国・九州

頭部と前胸は赤褐色。上翅は黒色で、丸みがある。河原の石の下などで見つかる。

山梨県甲州市（2012.5.23）

コツブゲンゴロウ　0779
Noterus japonicus（コツブゲンゴロウ科）

- 体長 3.8-4.3mm
- 時期 3-11月
- 分布 北海道・本州・四国・九州・沖縄

茶褐色。水生植物の多い池沼、湿地などで広く見られる。

奈良県大和郡山市（2004.5.5）

ケシゲンゴロウ　0780
Hyphydrus japonicus（ゲンゴロウ科）

- 体長 3.8-5mm
- 時期 3-11月
- 分布 北海道・本州・四国・九州

体は丸く黒色紋が発達する。池沼、湿地などで広く見られる。

山梨県北杜市（2013.7.10）

キベリマメゲンゴロウ　0781
Platambus fimbriatus（ゲンゴロウ科）

- 体長 6.5-8mm
- 時期 3-11月
- 分布 北海道・本州・四国・九州

上翅が黄色紋で縁取られる。水のきれいな川や池で見られる。

京都府笠置町（2001.8.29）

ハイイロゲンゴロウ　0782
Eretes griseus（ゲンゴロウ科）

- 体長 9.8-16.5mm
- 時期 一年中
- 分布 北海道・本州・四国・九州・沖縄

黄灰色で、上翅は黒色の点刻でおおわれる。池や水田に広く生息し、水質の悪い場所でも見つかる。小魚やほかの昆虫などを捕食する。灯火にも飛来する。

メモ 水田や浅い池の水底を蠢きまわる白い楕円形物体の正体は本種。衰退の一途をたどるゲンゴロウ類には珍しく、都市周辺でも広く見られる貴重な存在。

茨城県牛久市（2013.8.4）

0783	シマゲンゴロウ
	Hydaticus bowringii（ゲンゴロウ科）

体　長　12.5-14mm
時　期　4-10月
分　布　北海道・本州・四国・九州

黒色で、明瞭な淡黄色の縦条がある。腹面は赤褐色。植物が多い池沼や水田に生息し、ほかの昆虫などを捕食する。灯火にも飛来する。

メモ　黒豆にストライプが入ったような美しい姿。生息地が減っており、自然環境の良好な地域でないと見られなくなっている。

山梨県北杜市（2013.8.28）

0784	コシマゲンゴロウ
	Hydaticus grammicus（ゲンゴロウ科）

体　長　9-11mm
時　期　4-10月
分　布　北海道・本州・四国・九州・奄美大島

黄褐色で細かな黒色条がある。池やゆるい流れの川で見られる。

栃木県宇都宮市（2011.9.18）

0785	クロゲンゴロウ
	Cybister brevis（ゲンゴロウ科）

体　長　20-25mm
時　期　4-10月
分　布　本州・四国・九州

黒色で暗緑色の光沢がある。池やゆるい流れの川で見られる。

栃木県宇都宮市（2011.10.9）

0786	ゲンゴロウ
	Cybister chinensis（ゲンゴロウ科）

体　長　34-42mm
時　期　4-10月
分　布　北海道・本州・四国・九州

別名ナミゲンゴロウ。黄白色の縁取りがある。激減している。

（写真　全国農村教育協会）

0787	ミズスマシ
	Gyrinus japonicus（ミズスマシ科）

体　長　6-7.5mm
時　期　4-10月
分　布　北海道・本州・四国・九州

池や川の水面を活発に旋回する。近年は減っている。

大阪府四條畷市（1998.8.5）

ガムシ 0788
Hydrophilus acuminatus（ガムシ科）

- 体長 33-40mm
- 時期 3-11月
- 分布 北海道・本州・四国・九州・沖縄

黒褐色で、背面がふくらんでいる。上翅に点刻列がある。池沼や水田などに生息するが、近年は減っている。成虫は草食性で水草などを食べるが、幼虫は肉食性でほかの昆虫などを捕食する。

メモ 腹面に、きわめて長いトゲ状の突起を1本もち、これが「牙虫（がむし）」という名の由来とされる。

栃木県宇都宮市(2011.9.18)

コガムシ 0789
Hydrochara affinis（ガムシ科）

- 体長 15-18mm
- 時期 3-11月
- 分布 北海道・本州・四国・九州

黒色で脚は赤褐色。平地の池沼や水田などで見られる。

栃木県宇都宮市(2011.9.18)

ヒメガムシ 0790
Sternolophus rufipes（ガムシ科）

- 体長 9-11mm
- 時期 一年中
- 分布 本州・四国・九州・沖縄

やや細長い。池沼、水田、川の緩流部などで広く見られる。

栃木県宇都宮市(2013.7.3)

タマガムシ 0791
Amphiops mater（ガムシ科）

- 体長 3.4-3.7mm
- 時期 4-10月
- 分布 本州・四国・九州・沖縄

暗褐色で半球形。池沼や水田で広く見られる。

山梨県北杜市(2013.8.28)

ゴマフガムシ 0792
Berosus punctipennis（ガムシ科）

- 体長 6.3-6.9mm
- 時期 3-11月
- 分布 北海道・本州・四国・九州・奄美大島

灰褐色で黒色紋がある。池沼、溝などで見られすばしこく泳ぐ。

栃木県宇都宮市(2011.9.18)

コウチュウ目

0793 オオヒラタエンマムシ
Hololepta amurensis（エンマムシ科）

- 体長 8-11.3mm
- 時期 4-10月
- 分布 北海道・本州・四国・九州

鋭く尖った大あごをもつ。倒木の樹皮の下や朽木で見つかる。

大阪府四條畷市（2012.6.24）

0794 ヨツボシモンシデムシ
Nicrophorus quadripunctatus（ハネカクシ科）

- 体長 13-21mm
- 時期 3-11月
- 分布 北海道・本州・四国・九州

黒色で大きな橙色紋がある。動物の死骸などに集まる。

東京都八王子市（2009.8.26）

栃木県栃木市（2013.6.23）

幼虫：東京都八王子市（2008.6.25）

0795 オオヒラタシデムシ
Necrophila japonica（ハネカクシ科）

- 体長 18-23mm
- 時期 4-10月
- 分布 北海道・本州・四国・九州

青灰色を帯びた黒色で、上翅にあらい縦条がある。体は扁平。平地から山地まで広く見られ、公園や人家周辺でも見つかる。地表に生息し、動物の死骸などに集まる。

> メモ：幼虫はまるで原始の生きもののような風貌。地表を這い回るその姿は、超進化をとげた巨大ダンゴムシのように見えなくもない。

0796 カバイロヒラタシデムシ
Oiceoptoma subrufum（ハネカクシ科）

- 体長 10-15mm
- 時期 5-9月
- 分布 北海道・本州（中部以北）

前胸は赤褐色でしわ状の起伏がある。動物の死骸などに集まる。

山梨県八ヶ岳東麓（2012.7.29）

0797 クロボシヒラタシデムシ
Oiceoptoma nigropunctatum（ハネカクシ科）

- 体長 10-15mm
- 時期 5-8月
- 分布 本州・四国・九州

前胸は赤褐色で2対の小黒斑がある。動物の死骸や糞に集まる。

奈良県上北山村（2006.8.2）

ベッコウヒラタシデムシ 0798
Necrophila brunnicollis（ハネカクシ科）

- 体長 17-22mm
- 時期 5-9月
- 分布 本州・四国・九州・奄美大島

前胸は赤褐色で中央部が黒色。動物の死骸や腐敗物に集まる。

埼玉県横瀬町（2010.7.16）

ヨツボシヒラタシデムシ 0799
Dendroxena sexcarinata（ハネカクシ科）

- 体長 10-15mm
- 時期 5-7月
- 分布 北海道・本州・四国・九州

淡黄茶色で、黒色紋がある。樹上でガの幼虫などを補食する。

大阪府四條畷市（2006.5.24）

ヤマトデオキノコムシ 0800
Scaphidium japonum（ハネカクシ科）

- 体長 5-7mm
- 時期 4-10月
- 分布 北海道・本州・四国・九州

黒色で、上翅に2対の橙赤色の紋がある。腹端が尖る。林内や林縁で見られ朽ち木のキノコなどに集まる。類似種が多い。

神奈川県横浜市（2012.5.20）

オサシデムシモドキ 0801
Apatetica princeps（ハネカクシ科）

- 体長 6.5-7mm
- 時期 6-8月
- 分布 本州・四国・九州

尾端は上翅からはみ出している。植物上や石の下で見つかる。

山梨県甲州市（2011.7.13）

オオヒラタハネカクシ 0802
Piestoneus lewisii（ハネカクシ科）

- 体長 5-9mm
- 時期 3-11月
- 分布 北海道・本州・四国・九州

上翅に赤褐色の紋がある。山地の枯れ木の樹皮下で見つかる。

山梨県甲州市（2013.7.14）

アオバアリガタハネカクシ 0803
Paederus fuscipes（ハネカクシ科）

- 体長 6.5-7mm
- 時期 3-11月
- 分布 北海道・本州・四国・九州・沖縄

赤褐色で頭部、上翅、腹端は黒色。体液に毒をもつ。

大阪府四條畷市（2014.4.9）

0804 ルイスオオアリガタハネカクシ
Megalopaederus lewisi（ハネカクシ科）

体長	10-12.5mm
時期	5-10月
分布	北海道・本州(中部以北)

黒色で、脚と触角は茶色。アリに似る。山地の森林で見られる。

東京・神奈川県境陣馬山(2012.7.4)

0805 アバタウミベハネカクシの一種
Cafius sp.（ハネカクシ科）

体長	8mm前後
時期	4-8月

黒色で光沢がない。海岸のゴミや海草の下で見つかる。

神奈川県横須賀市(2012.11.4)

0806 ツマグロムネスジハネカクシ
Hesperus tiro（ハネカクシ科）

体長	10.5-12.5mm
時期	4-10月
分布	北海道・本州・四国・九州

黒色で光沢があり、上翅と腹部の一部が赤褐色。落ち葉の下などで見つかる。

東京都八王子市(2008.5.21)

0807 ツヤケシブチヒゲハネカクシ
Anisolinus elegans（ハネカクシ科）

体長	11-12mm
時期	4-10月
分布	北海道・本州・四国・九州

光沢がない。上翅に不明瞭な黄赤色斑がある。

大阪府四條畷市(2012.5.9)

0808 ハイイロハネカクシ
Eucibdelus japonicus（ハネカクシ科）

体長	14-17mm
時期	4-8月
分布	本州・四国・九州

光沢のない黒色で、上翅は銅色を帯びる。山地に多く、樹木の葉上や、花上で見られる。肉食性で、ハナアブなど、ほかの昆虫を捕らえて食べる。

長野県諏訪市(2012.7.22)

> **メモ** ハネカクシの仲間は、短い上翅の下に、長い後翅を上手に折りたたんで隠し持っている。腹部が露わで無防備にも見えるが、可動性や開放感を優先させたのだろう。

アカアシオオメツヤムネハネカクシ 0809
Indoquedius praeditus（ハネカクシ科）

体 長	9-12mm
時 期	5-10月
分 布	北海道・本州・四国

寸胴型。頭部と前胸は光沢のある黒色で、脚は赤褐色。

山梨県甲州市（2012.5.23）

ネブトクワガタ 0810
Aegus laevicollis（クワガタムシ科）

体 長	♂13-33mm　♀14-18mm
時 期	6-9月
分 布	本州・四国・九州・沖縄

雄の大あごは強く湾曲する。昼夜を問わず活動する。

飼育個体（2018.9.1）

ミヤマクワガタ 0811
Lucanus maculifemoratus（クワガタムシ科）

体 長	♂30-78mm　♀25-40mm
時 期	6-9月
分 布	北海道・本州・四国・九州

雄は他種にくらべて黄色みが強く、頭部両側が張り出している。雌は他種にくらべてスマートで大あごが大きい。山地で見られるが、関西では平地〜低山地にも生息する。成虫は秋までに死に越冬しない。

メモ 山梨など関東周辺の山地では日中によく活動するが、関西では夜の方が見つけやすい。

♂：長野県南牧村（2008.7.28）

♀：大阪府四條畷市（2005.7.20）

♀：奈良県上北山村（2006.8.2）

♂：山梨県北杜市
(2008.7.31)

0812 ノコギリクワガタ
Prosopocoilus inclinatus（クワガタムシ科）

体長	♂26-75mm ♀20-40mm
時期	6-9月
分布	北海道・本州・四国・九州

見つけやすさ

雄は大あごの内歯が鋸状だが、形には変異がある。雌は他種にくらべてやや丸みのある体型。平地〜低山地の雑木林で見られ、夜、クヌギ、コナラなどの樹液に集まる。成虫は秋までに死に越冬しない。

メモ 雄の大あごは、大型の個体では湾曲していて立派だが、中型や小型の個体ではまっすぐで、小さな内歯が並ぶ。

♂：大阪府四條畷市
(2002.8.14)

♀：東京都町田市
(2010.7.14)

0813 オオクワガタ
Dorcus hopei（クワガタムシ科）

体長	♂21-76mm ♀22-48mm
時期	6-9月
分布	北海道・本州・四国・九州

見つけやすさ

幅広で、がっしりとした体型。雌の上翅には弱い条溝がある。平地〜低山地の雑木林で見られる。夜、樹液に来るが警戒心が強く、あまり姿を見せない。成虫で越冬する。

♂飼育個体：
(2005.6.12)

♀飼育個体：
(2005.6.12)

0814 ヒラタクワガタ
Dorcus titanus（クワガタムシ科）

体長	♂19-81mm ♀21-44mm
時期	5-9月
分布	本州・四国・九州・沖縄

見つけやすさ

やや扁平で、がっしりとした体型。雄の大あごには、中ほどより少し下に1対の内歯がある。西南日本の平地に多く、夜、クヌギ、コナラ、アカメガシワなどの樹液に来る。成虫で越冬する。

♂：沖縄県石垣島
(2005.8.9)

♀：沖縄県石垣島
(2005.8.9)

アカアシクワガタ 0815
Dorcus rubrofemoratus（クワガタムシ科）

体長 ♂23-58mm ♀25-38mm
時期 6-9月
分布 北海道・本州・四国・九州

脚の腿節は赤褐色。やや北方系で、山地や東日本でよく見られる。ミズナラ、ヤナギなどの樹液に集まる。灯火にもよく飛来する。成虫は秋までに死に越冬しない。

♂：奈良県上北山村（2006.8.2）（写真　川邊滉大）

♂：山梨県甲州市（2012.6.17）　♀：飼育個体（鳥取県大山町で採集）（2003.9.24）

スジクワガタ 0816
Dorcus striatipennis（クワガタムシ科）

体長 ♂15-40mm ♀14-24mm
時期 5-9月
分布 北海道・本州・四国・九州

雌と小型の雄の上翅には条溝があるが、大型の雄にはない。雑木林の樹液に集まるが、地表や道の側溝などでも見つかることがある。灯火にもやって来る。成虫で越冬する。

♂：東京都八王子市（2008.6.25）

♂：山梨県甲州市（2012.7.18）

コクワガタ 0817
Dorcus rectus（クワガタムシ科）

体長 ♂17-54mm ♀22-33mm
時期 5-9月
分布 北海道・本州・四国・九州

雄の大あごの中ほどに1対の内歯がある。大都市の郊外では最も普通に見られるクワガタムシで、人家の灯火にもよく飛来する。成虫で越冬する。

♂：大阪府四條畷市（2005.6.1）

♂：東京都東村山市（2012.10.31）　♀：埼玉県入間市（2012.9.16）

ヒゲブトハナムグリ 0818
Amphicoma pectinata（ヒゲブトハナムグリ科）

体長 7-10mm
時期 5-7月
分布 本州・四国

雄は暗銅色で、触角が大きい。雌は頭部と前胸部が緑銅色で上翅は紫銅色。林縁や草地で見られるが、分布は局地的。雄は晴れた日の午前中に低空を活発に飛ぶ。

♂：山梨県韮崎市（2013.5.5）

埼玉県所沢市（2012.4.25）

埼玉県所沢市（2012.6.10）

0819 センチコガネ
Phelotrupes laevistriatus（センチコガネ科）

体長	14-20mm
時期	3-12月
分布	北海道・本州・四国・九州

見つけやすさ

鈍い光沢がある。黒、金銅、紫、紫銅、藍、緑銅など色彩変異が著しい。獣糞や動物の死骸に集まる。雌は糞を地中へ埋めこんで産卵し、幼虫も糞を食べて育つ。

メモ オオセンチコガネに似るが輝きは弱い。オオセンチコガネの頭楯（とうじゅん）が三角に突出するのに対し、本種の頭楯は丸い。

0820 オオセンチコガネ
Phelotrupes auratus（センチコガネ科）

体長	15-22mm
時期	4-11月
分布	北海道・本州・四国・九州

光沢があり美しい。赤紫、金緑、青紫など色彩変異が著しい。

奈良県奈良市（2014.7.9）

熊本県阿蘇市（2014.10.29）

0821 マグソコガネの一種
Aphodius sp.（コガネムシ科）

体長	5mm前後
時期	3-10月

茶褐色で長楕円形。獣糞に集まる。類似種が多い。

奈良県奈良市（2013.8.15）

0822 ゴホンダイコクコガネ
Copris acutidens（コガネムシ科）

体長	10-15mm
時期	5-10月
分布	北海道・本州・四国・九州

雄は5本の角状突起をもつ。森林内のシカの糞などに集まる。

♂：山梨県大月市（2009.7.26）

0823 フトカドエンマコガネ
Onthophagus fodiens（コガネムシ科）

体長	7-11mm
時期	4-11月
分布	本州・四国・九州

黒色で、光沢は鈍い。雄の前胸は逆V字型に隆起する。

♂：熊本県阿蘇市（2014.10.29）

カドマルエンマコガネ　0824
Onthophagus lenzii（コガネムシ科）

- 体長　6-12mm
- 時期　4-11月
- 分布　北海道・本州・四国・九州

前胸の側部が鋭く突出する。獣糞に集まる。

♀：奈良県奈良市(2013.8.15)

カナブン　0825
Pseudotorynorrhina japonica（コガネムシ科）

- 体長　23-31.5mm
- 時期　6-9月
- 分布　本州・四国・九州

黄褐色〜茶褐色。四角い頭部をもつ。都市公園でも発生する。

東京都八王子市(2011.7.27)　　東京都八王子市(2009.7.29)

アオカナブン　0826
Rhomborhina unicolor（コガネムシ科）

- 体長　26-32mm
- 時期　6-9月
- 分布　北海道・本州・四国・九州

美しい緑色。カナブンよりもやや細長い。山地に多く、樹液に集まる。

山梨県甲州市(2012.7.18)

クロカナブン　0827
Rhomborhina polita（コガネムシ科）

- 体長　25.5-32.5mm
- 時期　7-9月
- 分布　北海道・本州・四国・九州

黒色で光沢が強い。雑木林の樹液に集まる。

東京都東村山市(2011.8.31)

コアオハナムグリ　0828
Gametis jucunda（コガネムシ科）

- 体長　12.5-15mm
- 時期　4-10月
- 分布　北海道・本州・四国・九州

緑色〜赤褐色。上翅に白斑をもつが変異がある。林縁や草原でよく見られ、花に集まる。

山梨県甲州市(2012.6.6)

東京都町田市(2011.5.15)

ハナムグリ　0829
Cetonia pilifera（コガネムシ科）

- 体長　16-19mm
- 時期　4-7月
- 分布　北海道・本州・四国・九州

別名ナミハナムグリ。緑黄色〜緑色で、体には淡褐色の毛を密生する。樹木の白い花によく集まり、樹液にも飛来する。

神奈川県横浜市(2012.5.20)

コウチュウ目

0830 アオハナムグリ
Cetonia roelofsi（コガネムシ科）

体長	15.5-20mm
時期	5-9月
分布	北海道・本州・四国・九州

鮮やかな緑色。林縁の花でよく見られる。

東京都青梅市（2012.5.27）

山梨県甲州市（2012.6.17）

0831 クロハナムグリ
Glycyphana fulvistemma（コガネムシ科）

体長	12.5-15mm
時期	5-8月
分布	北海道・本州・四国・九州

黒色で上翅に白帯がある。林縁の花や朽ち木上で見られる。

神奈川県横浜市（2012.5.20）

0832 シロテンハナムグリ
Protaetia orientalis（コガネムシ科）

体長	20-27mm
時期	4-10月
分布	北海道・本州・四国・九州・沖縄

暗緑色～銅色で、白紋が散在する。樹液によく集まる。

山梨県甲州市（2012.6.17）

埼玉県さいたま市（2010.6.9）

0833 ヒメトラハナムグリ
Lasiotrichius succinctus（コガネムシ科）

体長	10.5-14.5mm
時期	5-8月
分布	北海道・本州・四国・九州

上翅に縞模様があり飛ぶとミツバチに似る。林縁の花に集まる。

神奈川県横浜市（2010.6.30）

0834 ヒラタハナムグリ
Nipponovalgus angusticollis（コガネムシ科）

体長	5.7-7.3mm
時期	4-8月
分布	北海道・本州・四国・九州

黒色～黒褐色で、黄灰色の毛がまばらに生えている。体は著しく扁平。花の中に潜り込んで花粉を食べる。

山梨県韮崎市（2013.5.5）

0835 コイチャコガネ
Adoretus tenuimaculatus（コガネムシ科）

体長	9.5-12mm
時期	5-9月
分布	本州・四国・九州・沖縄

別名チャイロコガネ。暗赤褐色で、黄灰色の毛でおおわれる。クリ、コナラ、ブドウなどによく集まり、盛んに葉を食べる。

山梨県甲州市（2012.6.17）

オオトラフハナムグリ 0836
Paratrichius doenitzi（コガネムシ科）

- 体長　14-17mm
- 時期　6-8月
- 分布　本州（東海以北）

別名オオトラフコガネ。雄は黒褐色〜茶褐色地に明瞭な縞模様がある。雌は黒っぽい。山地の渓流沿いなどで見られ、林縁の植物上や花で見つかる。幼虫は朽ち木を食べて育つ。

> **メモ**　近畿、中国地方にはきわめてよく似たキイオオトラフハナムグリが分布し、西南日本にはほかにもいくつか近縁種が存在する。

♂：群馬県赤城山（2012.7.25）

♂：群馬県赤城山（2012.7.25）

セマダラコガネ 0837
Exomala orientalis（コガネムシ科）

- 体長　8-13.5mm
- 時期　5-9月
- 分布　北海道・本州・四国・九州・奄美大島

上翅は黄褐色と黒色のまだら模様。雑木林周辺の葉上でよく見られ、雄は触角をアンテナのように広げていることが多い。広葉樹などの葉を食べる。

> **メモ**　淡褐色から黒色まで色彩変異が激しく、全身が黒い個体は別種のように見える。

♂：群馬県赤城山（2012.7.25）

♀：長野県松本市（2012.7.31）

♀：長野県諏訪市（2010.7.28）

0838 マメコガネ
Popillia japonica（コガネムシ科）

体長	9-13.5mm
時期	6-9月
分布	北海道・本州・四国・九州

緑色〜銅色で、上翅は茶色。マメ科植物などの葉を食べる。

ペア（左が♀）：山梨県甲州市（2011.7.13）

0839 キスジコガネ
Phyllopertha irregularis（コガネムシ科）

体長	8-11.5mm
時期	5-7月
分布	本州・四国・九州

雄は上翅に黄褐色の太い帯をもつ。色彩変異が著しい。

♂：大阪府四條畷市（2005.6.1）　♂：大阪府東大阪市（2014.5.16）

0840 アオウスチャコガネ
Phyllopertha intermixta（コガネムシ科）

体長	8-12.5mm
時期	5-8月
分布	北海道・本州・四国・九州

黒緑色から黄褐色まで色彩変異が著しい。

♂：山梨県甲州市（2013.7.14）

0841 ウスチャコガネ
Phyllopertha diversa（コガネムシ科）

体長	7-10mm
時期	4-6月
分布	本州・四国・九州

黒色で、上翅は黄褐色〜黒色。草丈の低い草原で見られる。

♂：奈良県大和郡山市（2004.5.5）　♀：奈良県奈良市（2015.4.25）

0842 カタモンコガネ
Blitopertha conspurcata（コガネムシ科）

体長	7.5-11.5mm
時期	4-6月
分布	北海道・本州・四国・九州

上翅は黄褐色で不明瞭な黒紋がある。河川敷などで見られる。

♀：山梨県韮崎市（2013.5.5）

0843 アオドウガネ
Anomala albopilosa（コガネムシ科）

体長	17.5-25mm
時期	4-10月
分布	本州・四国・九州・沖縄

緑色〜赤緑色。多くの植物の葉を食べ、灯火にもよく飛来する。近年、分布を広げている。

東京都八王子市（2011.7.27）

ドウガネブイブイ　0844
Anomala cuprea（コガネムシ科）
- 体長　17-25mm
- 時期　6-9月
- 分布　北海道・本州・四国・九州・沖縄

銅色で光沢がある。広葉樹の葉を食べる。灯火にも集まる。

兵庫県新温泉町(2000.8.)

サクラコガネ　0845
Anomala daimiana（コガネムシ科）
- 体長　15.5-21mm
- 時期　6-9月
- 分布　北海道・本州・四国・九州

体に丸みがある。サクラ類やクルミ類の葉上でよく見つかる。

山梨県韮崎市(2013.7.24)

ヒメコガネ　0846
Anomala rufocuprea（コガネムシ科）
- 体長　12-17.5mm
- 時期　6-9月
- 分布　北海道・本州・四国・九州・奄美大島

色彩変異が著しい。多くの植物の葉を食べる。

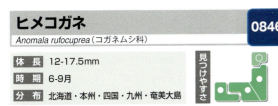
東京都八王子市(2011.7.27)　山梨県甲州市(2011.7.24)

ヒラタアオコガネ　0847
Anomala octiescostata（コガネムシ科）
- 体長　9-13mm
- 時期　4-6月
- 分布　本州(関東以西)・四国・九州・奄美大島

黄白色の毛が多い。雄は、晴天時に低空を活発に飛翔する。

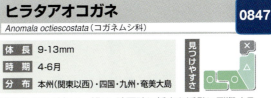
東京都羽村市(2009.5.27)

スジコガネ　0848
Mimela testaceipes（コガネムシ科）
- 体長　14.5-20mm
- 時期　6-9月
- 分布　北海道・本州・四国・九州

上翅のすじが明瞭。スギの小枝などで見られ、灯火にも集まる。

山梨県甲州市(2011.7.24)

オオスジコガネ　0849
Mimela costata（コガネムシ科）
- 体長　16-21mm
- 時期　6-9月
- 分布　北海道・本州・四国・九州

スジコガネより光沢が強い。山地の針葉樹で見られる。

山梨県富士吉田市(2012.8.15)

0850 ヒメスジコガネ
Mimela flavilabris（コガネムシ科）

体長	13-20mm
時期	6-9月
分布	北海道・本州・四国・九州

金緑～赤金緑色で光沢が強い。イタドリなどの葉を食べる。

東京・神奈川県境陣馬山(2012.7.4)

0851 コガネムシ
Mimela splendens（コガネムシ科）

体長	16.5-24mm
時期	5-8月
分布	本州・四国・九州

緑色に強く輝く。河川敷など開けた場所でよく見られる。

埼玉県蓮田市(2013.6.30)

0852 カブトムシ
Trypoxylus dichotomus（コガネムシ科）

体長	27-53mm(♂の角除く)
時期	6-9月
分布	北海道・本州・四国・九州・沖縄

雄の頭部に大小2本の立派な角がある。丈夫な鍵爪をもち、強い力で樹木の幹にしがみつく。夜にクヌギなどの樹液に集まる。雄は縄張り意識が強く、雄同士やほかの虫と始終小競り合いをしている。

メモ 飼育されていたものが逃げ出し野生化するためか、都会の公園などでも雑木林と落葉の堆肥化した土壌があれば繁殖していることがある。

♂(左)♀：山梨県甲州市(2008.8.20)

♂：大阪府四條畷市(2005.7.20)

♀：東京都町田市(2010.7.14)

コカブトムシ 0853
Eophileurus chinensis（コガネムシ科）
- 体長　18-26mm
- 時期　4-9月
- 分布　北海道・本州・四国・九州・沖縄

頭部に小さな角をもつ。雑木林の朽ち木などで見つかる。

♂：奈良県生駒市（2005.6.19）

ヒメアシナガコガネ 0854
Ectinohoplia obducta（コガネムシ科）
- 体長　6.5-9mm
- 時期　5-8月
- 分布　北海道・本州・四国・九州

黄褐色〜茶褐色の鱗片におおわれる。クリの花などに集まる。

東京都八王子市（2008.5.28）　　長野県諏訪市（2012.7.22）

アシナガコガネ 0855
Hoplia communis（コガネムシ科）
- 体長　5.5-8.5mm
- 時期　4-7月
- 分布　本州・四国・九州

黄褐色の鱗片におおわれる。後脚が長い。類似種がいるが、後脚の腿節がより太い。クリの花などに集まる。

東京都羽村市（2010.5.12）

クリイロコガネ 0856
Miridiba castanea（コガネムシ科）
- 体長　19-25mm
- 時期　5-7月
- 分布　本州・四国・九州

全身が赤褐色。ネズミモチやキソケイの葉を食べる。

大阪府東大阪市（2002.6.16）

オオクロコガネ 0857
Pedinotrichia parallela（コガネムシ科）
- 体長　17-25mm
- 時期　6-8月
- 分布　本州・四国・九州

黒色〜暗褐色。農耕地や河川敷で見られる。類似種が多い。

山梨県甲州市（2012.7.18）

ナガチャコガネ 0858
Heptophylla picea（コガネムシ科）
- 体長　10-14mm
- 時期　5-9月
- 分布　北海道・本州・四国・九州

黄褐色〜暗褐色。広葉樹などの葉を食べる。

京都府京都市（2014.7.15）

0859 コフキコガネ
Melolontha japonica（コガネムシ科）
- 体長 24-32mm
- 時期 5-9月
- 分布 本州

淡色の短毛でおおわれる。アカマツ、クヌギなどの葉を食べる。

東京都練馬区（2012.9.15）

0860 ヒメビロウドコガネ
Maladera orientalis（コガネムシ科）
- 体長 7.8-10mm
- 時期 4-11月
- 分布 北海道・本州・四国・九州

光沢のない黒褐色。都市周辺でもよく見られる。類似種が多い。

交尾（左が♀）：山梨県甲州市（2012.6.17）

0861 アカビロウドコガネ
Maladera castanea（コガネムシ科）
- 体長 8-10.5mm
- 時期 5-9月
- 分布 北海道・本州・四国・九州

赤褐色〜暗赤褐色。林縁の植物上などで見られる。

東京都練馬区（2013.4.7）

0862 クロアシヒゲナガハナノミ
Epilichas atricolor（ナガハナノミ科）
- 体長 8-13mm
- 時期 6-7月
- 分布 本州（関東周辺）

脚も含め全身が黒色。触角が長い。水辺で見られる。

東京都八王子市（2012.6.20）

0863 ヒゲナガハナノミ
Paralichas pectinatus（ナガハナノミ科）
- 体長 8-12mm
- 時期 5-7月
- 分布 本州・四国・九州

雄は赤褐色〜黄褐色で櫛状に発達した触角をもつ。雌は黒褐色で触角は鋸歯状。林縁の細流周辺や湿地の植物上などで見つかる。幼虫は水生。

メモ 梅雨の晴れ間に、谷戸のせせらぎあたりで葉っぱの上に陣取り、柔らかな触角を風になびかせている雄の姿が清々しい。

♂：神奈川県横浜市（2013.5.19）

♀：埼玉県入間市（2008.6.6）

ヤマトタマムシ 0864
Chrysochroa fulgidissima（タマムシ科）

体長	24-40mm
時期	6-9月
分布	本州・四国・九州・沖縄

別名タマムシ。緑色で金属光沢があり、胸部と上翅に1対の赤色帯をもつ。真夏の炎天下にエノキなどの樹上を飛び回る。幼虫は、エノキ、ケヤキ、サクラなどの衰弱木や枯れ木に穿孔し、材を食べて育つ。

> メモ　樹上で活動するため見かける機会は少ないが、エノキやサクラの倒木を探すと、産卵のために飛来した雌に出会えることがある。

東京都あきる野市（2013.8.21）

擬死：東京都あきる野市（2013.8.21）

アオマダラタマムシ 0865
Nipponobuprestis amabilis（タマムシ科）

体長	17-29mm
時期	5-8月
分布	本州・四国・九州

緑色で金属光沢があり、赤銅色を帯びる場合もある。上翅の中央前後に2対の陥凹紋がある。サクラ、ウメ、ツゲなどの枯れ木や衰弱木に集まり、幼虫はそれらの樹木の材を食べる。

> メモ　よく見ると、触角は第3節までが緑色、第4節以降は紫色に輝いており、神様の小さなこだわりを感じさせる。

埼玉県所沢市（2012.6.13）

埼玉県入間市（2013.5.1）

0866 ウバタマムシ
Chalcophora japonica（タマムシ科）

- 体長 24-40mm
- 時期 1-10月
- 分布 北海道・本州・四国・九州・沖縄

黒褐色～赤褐色。マツ林や、マツの生えた雑木林で見られる。

東京都西東京市（2008.10.1）

0867 クロタマムシ
Buprestis haemorrhoidalis（タマムシ科）

- 体長 11-23mm
- 時期 5-9月
- 分布 北海道・本州・四国・九州・沖縄

黒色で銅色の光沢がある。マツ類、モミ類の枯れ木で見つかる。

山梨県甲州市（2008.8.20）

0868 ムツボシタマムシ
Chrysobothris succedanea（タマムシ科）

- 体長 7-12mm
- 時期 5-8月
- 分布 北海道・本州・四国・九州・奄美大島

3対の金色紋をもつ。広葉樹、針葉樹の枯れ木で見つかる。

神奈川県横浜市（2010.6.30）

0869 シロオビナカボソタマムシ
Coraebus quadriundulatus（タマムシ科）

- 体長 5-9mm
- 時期 4-8月
- 分布 北海道・本州・四国・九州

翅端に2本の白帯をもつ。林縁のキイチゴ類の葉上で見られる。

山梨県甲州市（2012.6.6）

0870 ムネアカナガタマムシ
Agrilus imitans（タマムシ科）

- 体長 7-11mm
- 時期 5-7月
- 分布 北海道・本州・四国・九州

前胸は金赤色。頭部と上翅は黒色。エノキ、ケヤキなどの葉上や枯れ木で見られる。

埼玉県嵐山町（2013.5.26）

0871 ヒシモンナガタマムシ
Agrilus discalis（タマムシ科）

- 体長 5-10mm
- 時期 4-6月
- 分布 本州・四国・九州

銅色で、上翅に菱形の濃色紋がある。エノキ、ケヤキなどの葉上で見られる。

埼玉県嵐山町（2013.5.26）

クロナガタマムシ 0872
Agrilus cyaneoniger（タマムシ科）
- 体長 10-16mm
- 時期 5-8月
- 分布 北海道・本州・四国・九州

体色には変異がある。コナラ、クヌギなどにつく。

山梨県甲州市(2012.6.6)　大阪府四條畷市(2012.6.24)

クズノチビタマムシ 0873
Trachys auricollis（タマムシ科）
- 体長 3-4mm
- 時期 4-10月
- 分布 北海道・本州・四国・九州

頭部、前胸の毛は金色。クズにつく。

山梨県甲州市(2012.6.6)

ソーンダースチビタマムシ 0874
Trachys saundersi（タマムシ科）
- 体長 3.3-4.5mm
- 時期 5-8月
- 分布 本州・四国・九州

頭部、前胸の毛は金色。ウツギにつく。

山梨県甲州市(2012.6.17)

ヤノナミガタチビタマムシ 0875
Trachys yanoi（タマムシ科）
- 体長 2.6-4.2mm
- 時期 4-6月
- 分布 本州・四国・九州

体は赤銅色を帯びる。ケヤキにつく。

東京都町田市(2011.5.15)

ダンダラチビタマムシ 0876
Trachys variolaris（タマムシ科）
- 体長 3-4.2mm
- 時期 5-10月
- 分布 本州・四国・九州

金褐色、茶褐色、黒色などが複雑に混ざり合った毛紋がある。コナラ、クヌギなどにつく。

山梨県甲州市(2012.6.17)

サビキコリ 0877
Agrypnus binodulus（コメツキムシ科）
- 体長 12-16mm
- 時期 4-11月
- 分布 北海道・本州・四国・九州

暗褐色で鱗毛におおわれる。林縁の樹幹や葉上で見られる。

神奈川県横浜市(2012.5.20)

0878 ムナビロサビキコリ
Agrypnus cordicollis（コメツキムシ科）

- 体長 12-17mm
- 時期 5-8月
- 分布 北海道・本州・四国・九州

前胸は側縁前半が丸くふくらむ。林縁の樹幹や葉上で見られる。

東京都八王子市（2012.10.3）

0879 ホソサビキコリ
Agrypnus fuliginosus（コメツキムシ科）

- 体長 13-20mm
- 時期 5-7月
- 分布 北海道・本州・四国・九州

黒褐色で、サビキコリやムナビロサビキコリより細長い。林縁の樹幹や葉上で見られる。

大阪府四條畷市（2012.6.24）

0880 オオフタモンウバタマコメツキ
Cryptalaus larvatus（コメツキムシ科）

- 体長 26-32mm
- 時期 5-9月
- 分布 本州・四国・九州・沖縄

別名フタモンウバタマコメツキ。上翅に1対の大きな紋がある。

兵庫県新温泉町（2001.8.1）

0881 ウバタマコメツキ
Cryptalaus berus（コメツキムシ科）

- 体長 22-30mm
- 時期 4-8月
- 分布 本州・四国・九州・沖縄

前胸には丸みがある。マツの多い雑木林で見られる。

東京都東村山市（2009.6.3）

0882 ヒゲコメツキ
Pectocera hige（コメツキムシ科）

- 体長 21-27mm
- 時期 5-7月
- 分布 北海道・本州・四国・九州

光沢のある赤褐色で、黄白色の細かい紋がある。雄は櫛状の長い触角をもつ。雌の触角は鋸歯状。樹上や林縁に生息し、ほかの昆虫などを捕食する。幼虫は、腐葉土や朽ち木の中にいる。

メモ：雄は、その名に恥じない立派な触角をもち、緑豊かな野山の片隅で人知れず風格を漂わせている。

♂：東京都東村山市（2010.5.26）　♀：埼玉県所沢市（2012.6.13）

コウチュウ目

オオツヤハダコメツキ 0883
Stenagostus umbratilis（コメツキムシ科）
- 体長 15-23mm
- 時期 6-8月
- 分布 北海道・本州・四国・九州

茶褐色で上翅に暗褐色の帯紋がある。灯火によく飛来する。

東京都八王子市（2012.8.12）

クロツヤハダコメツキ 0884
Hemicrepidius secessus（コメツキムシ科）
- 体長 10-18mm
- 時期 6-8月
- 分布 本州・四国・九州・沖縄

黒色だが色彩変異があり前胸や上翅が黄褐色の個体もいる。

東京・神奈川県境陣馬山（2012.7.4）

ミヤマベニコメツキ 0885
Denticollis miniatus（コメツキムシ科）
- 体長 8-12mm
- 時期 5-6月
- 分布 本州・四国・九州

ニホンベニコメツキに似るが頭頂部に斑紋がない。

東京都八王子市（2011.5.8）

トラフコメツキ 0886
Pristilophus onerosus（コメツキムシ科）
- 体長 10.5-15.5mm
- 時期 4-6月
- 分布 本州・四国・九州

上翅は淡褐色で黒紋がある。春に平地で見られる。

東京都練馬区（2009.4.29）

アカヒゲヒラタコメツキ 0887
Neopristilophus corrifor（コメツキムシ科）
- 体長 13-23mm
- 時期 5-8月
- 分布 本州・四国・九州

触角や脚は赤褐色。林縁の植物上などで見られる。

大阪府四條畷市（2012.5.9）

シモフリコメツキ 0888
Actenicerus pruinosus（コメツキムシ科）
- 体長 15mm前後
- 時期 4-8月
- 分布 北海道・本州・四国・九州

銅色で斑紋状の灰白色毛をもつ。前胸の中央に浅い縦溝がある。林縁の植物上などで見られる。

東京都青梅市（2012.5.27）

0889 カバイロコメツキ
Ectinus sericeus（コメツキムシ科）

滋賀県大津市（2014.7.12）

体長 8-11.5mm
時期 5-7月
分布 北海道・本州・四国・九州

前胸は黒褐色で上翅は茶褐色。林縁の植物上などで見られる。

0890 ヨツキボシコメツキ
Ectinoides insignitus（コメツキムシ科）

体長 5.5-7.2mm
時期 4-6月
分布 本州・四国・九州

上翅に2対の黄褐色紋をもつが後方の1対は消失する場合がある。

東京都青梅市（2013.4.28）

0891 キバネホソコメツキ
Dolerosomus gracilis（コメツキムシ科）

♀：東京都青梅市（2013.4.28）

♂：大阪府四條畷市（2014.4.30）

体長 7-8mm
時期 4-7月
分布 北海道・本州・四国・九州

黄褐色で細長い。雄は前胸が暗色。林縁の白い花によく集まる。

0892 オオナガコメツキ
Orthostethus sieboldi（コメツキムシ科）

体長 23-30mm
時期 5-8月
分布 北海道・本州・四国・九州・沖縄

暗褐色で細長く上翅の翅端が尖る。雑木林の樹液で見られる。

大阪府四條畷市（2001.5.9）

0893 アカアシオオクシコメツキ
Melanotus cete（コメツキムシ科）

体長 15-19mm
時期 5-8月
分布 北海道・本州・四国・九州・奄美大島

触角や脚は赤褐色。幼虫は畑作物の根茎を加害する。

東京都八王子市（2008.5.28）

0894 ムネクリイロボタル
Cyphonocerus ruficollis（ホタル科）

体長 7-9mm
時期 5-7月
分布 本州・四国・九州

黒色〜黒褐色で、前胸は橙赤色。林縁の植物上などで見られる。

大阪府四條畷市（2012.6.24）

ゲンジボタル　0895
Nipponoluciola cruciata（ホタル科）

- 体長　12-18mm
- 時期　5-7月
- 分布　本州・四国・九州

前胸の黒条は中央で太くなる。夜、林縁の細流周辺で活動する。

♂：千葉県大原町（2002.6.1）（写真 全国農村教育協会）　♀：大阪府東大阪市（2013.6.10）

ヘイケボタル　0896
Aquatica lateralis（ホタル科）

- 体長　7-10mm
- 時期　6-8月
- 分布　北海道・本州・四国・九州

前胸の黒条は一様に太い。夜、小川や水田周辺で活動する。

奈良県生駒市（2000.7.19）

クロマドボタル　0897
Pyrocoelia fumosa（ホタル科）

- 体長　9-11mm
- 時期　6-8月
- 分布　本州・四国

光沢のない黒色で、前胸に1対の透明な窓状の部分がある。雌は翅が退化している。

東京都八王子市（2008.7.9）

オオオバボタル　0898
Lucidina accensa（ホタル科）

- 体長　13-15mm
- 時期　6-8月
- 分布　本州・四国・九州

前胸の周縁は強く上反する。森林の植物上などで見られる。

埼玉県横瀬町（2008.7.16）

オバボタル　0899
Lucidina biplagiata（ホタル科）

- 体長　7-12mm
- 時期　6-8月
- 分布　北海道・本州・四国・九州

黒色で、前胸に1対の赤い紋がある。オオオバボタルに似るが、小型で、前胸の紋はあまり発達しない。林縁などで日中に活動する。

埼玉県横瀬町（2010.7.16）

スジグロボタル　0900
Pristolycus sagulatus（ホタル科）

- 体長　6-9mm
- 時期　5-6月
- 分布　北海道・本州・四国・九州・奄美大島

上翅は朱色で黒条がある。林縁の湿地周辺で日中に活動する。

神奈川県横浜市（2010.6.16）

0901 ニンフジョウカイの一種
Asiopodabrus sp.（ジョウカイボン科）

体長	8mm前後
時期	5-7月

淡黄褐色で黒紋がある。植物上で見られ、小昆虫を捕食する。

埼玉県入間市（2012.5.6）

0902 クビボソジョウカイ
Hatchiana heydeni（ジョウカイボン科）

体長	9-12mm
時期	5-7月
分布	本州（関東以西）・四国・九州

上翅は黄褐色〜黒褐色。植物上で見られ、小昆虫を捕食する。

大阪府四條畷市（2010.6.2）

0903 クロヒゲナガジョウカイ
Habronychus providus（ジョウカイボン科）

体長	5.2-7.6mm
時期	5-8月
分布	北海道・本州・四国・九州

全身が黒褐色。雄は触角が長く、体長とほぼ同じ長さ。林縁の植物上などで見られる。

長野県南牧村（2008.7.28）

0904 アオジョウカイ
Themus cyanipennis（ジョウカイボン科）

体長	15-20mm
時期	4-8月
分布	北海道・本州・四国

ふつうは前胸の側縁が黄色いが、消失する個体もいる。

東京都青梅市（2012.5.27）　東京都青梅市（2012.5.27）

0905 キンイロジョウカイ
Themus episcopalis（ジョウカイボン科）

体長	20-23mm
時期	5-7月
分布	本州・四国・九州

黒褐色で、前翅には紫の光沢がある。前翅の末端は淡茶色。暖地に多い。樹木の葉上や花上で見られる。成虫、幼虫ともほかの昆虫を捕らえて食べる。

メモ ジョウカイボン科は近年研究が進み、大型種を除き、新種の追加や種名の変更が多い。

大阪府四條畷市（2012.6.24）

コウチュウ目

セボシジョウカイ　0906
Lycocerus vitellinus（ジョウカイボン科）
- 体長　9-11mm
- 時期　5-8月
- 分布　北海道・本州・四国・九州

黄褐色で、頭部と前胸に黒紋があるが消失する個体もいる。花に集まって蜜を舐めるほか、ほかの昆虫を捕食する。

東京都町田市（2012.5.16）

セスジジョウカイの一種　0907
Lycocerus sp.（ジョウカイボン科）
- 体長　11mm前後
- 時期　5-7月

上翅は黒褐色で、黄褐色の縦帯がある。類似種が多い。

神奈川県横浜市（2012.5.20）

クロジョウカイ　0908
Lycocerus attristatus（ジョウカイボン科）
- 体長　14-17mm
- 時期　5-7月
- 分布　本州

ふつうは全身が黒色だが、黄褐色を帯びる個体もいる。

山梨県甲州市（2011.7.13）

ジョウカイボン　0909
Lycocerus suturellus（ジョウカイボン科）
- 体長　14-18mm
- 時期　4-8月
- 分布　北海道・本州・四国・九州

上翅は茶褐色。林縁や草原で見られる。小昆虫を捕食する。

奈良県生駒市（2013.6.12）

ウスチャジョウカイ　0910
Lycocerus insulsus（ジョウカイボン科）
- 体長　11.5-13.5mm
- 時期　4-7月
- 分布　本州

上翅が茶褐色～黒色で、前胸は赤褐色。小昆虫を捕食する。

東京都八王子市（2011.5.8）

マルムネジョウカイ　0911
Prothemus ciusianus（ジョウカイボン科）
- 体長　9-10.5mm
- 時期　4-7月
- 分布　本州（岐阜以西）・四国・九州

中部以東には近縁のヒガシマルムネジョウカイが分布。

大阪府四條畷市（2003.6.11）

0912 キベリコバネジョウカイ
Trypherus niponicus（ジョウカイボン科）

体長	6.3-7.1mm
時期	5-7月
分布	北海道・本州・四国・九州

上翅が短く腹部が露出している。林縁の植物上で見られる。

大阪府四條畷市（2003.6.4）

0913 クシヒゲベニボタル
Macrolycus flabellatus（ベニボタル科）

体長	9-20mm
時期	6-8月
分布	北海道・本州・四国・九州

上翅はくすんだ赤色。ビロード状で、格子状隆起はない。雄の触角は櫛状に分岐を出す。雌の触角は鋸歯状。

♀：山梨県甲州市（2012.6.6）

0914 ベニボタル
Lycostomus modestus（ベニボタル科）

体長	9-14mm
時期	5-7月
分布	北海道・本州・四国・九州

黒褐色で、上翅はくすんだ赤色。触角が長く、口器は前方に突出している。林縁の植物上で、上翅を少し開き気味にしてとまっていることが多い。

メモ ベニボタルやホタルの仲間は体内に毒をもち身を守っている。そのため、これらに姿を似せて敵をあざむく便乗昆虫が後を絶たない。

東京・神奈川県境陣馬山（2012.7.4）

0915 クロハナボタルの一種
Plateros sp.（ベニボタル科）

体長	8mm前後
時期	6-10月

黒色で、上翅に細かい条溝がある。

東京都練馬区（2013.5.29）

0916 ヒシベニボタル
Dictyoptera gorhami（ベニボタル科）

体長	5-9mm
時期	4-6月
分布	本州・四国・九州

前胸と上翅は赤色。前胸中央に隆条に囲まれた菱形部分がある。

東京都八王子市（2009.4.8）

ベニヒラタムシ 0917
Cucujus coccinatus（ヒラタムシ科）

- 体長 11-15mm
- 時期 4-10月
- 分布 北海道・本州・四国・九州

見つけやすさ

頭部、前胸は黒色で、上翅は鮮やかな紅色。体が著しく平たく狭い場所に潜り込むのに適している。枯れ木の樹皮下などで見られる。

メモ 大あごから頭部、前胸、尾端に至るまで見事に扁平で、押し花ならぬ「押し虫」の称号を与えたくなる。

東京都八王子市（2009.4.8）

カマキリタマゴカツオブシムシ 0918
Thaumaglossa rufocapillata（カツオブシムシ科）

- 体長 3-4mm
- 時期 6-10月
- 分布 本州・四国・九州

見つけやすさ

黒色～黒褐色。幼虫はカマキリ類の卵のうに寄生する。

東京都武蔵村山市（2012.10.3）

ヒメマルカツオブシムシ 0919
Anthrenus verbasci（カツオブシムシ科）

- 体長 2-3.2mm
- 時期 3-6月
- 分布 北海道・本州・四国・九州・沖縄

見つけやすさ

幼虫は人家内で毛織物や動物質の貯蔵物などを食害する。

埼玉県嵐山町（2013.5.26）

コウチュウ目

ヒロオビジョウカイモドキ 0920
Intybia historio（ジョウカイモドキ科）

- 体長 2.5-3mm
- 時期 5-9月
- 分布 本州・四国・九州

雄の触角は奇妙な形状。ほかの昆虫を捕らえて食べる。

大阪府四條畷市（2003.7.16）

ツマキアオジョウカイモドキ 0921
Malachius prolongatus（ジョウカイモドキ科）

- 体長 5-6mm
- 時期 4-6月
- 分布 北海道・本州・四国・九州

前胸側縁と翅端は黄色。林縁の植物上で見られる。肉食性。

大阪府四條畷市（2002.4.28）

0922 ヒメヒラタムシ
Uleiota arboreus（ホソヒラタムシ科）

体長	5.5-6.5mm
時期	3-11月
分布	北海道・本州・四国・九州

見つけやすさ

光沢のない暗褐色で扁平。枯れ木の樹皮下などで見られる。

東京都奥多摩町（2012.7.8）

0923 ヨツボシオオキスイ
Helota gemmata（オオキスイムシ科）

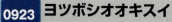

体長	11-15mm
時期	5-9月
分布	北海道・本州・四国・九州

見つけやすさ

2対の黄色紋がある。クヌギ、ヤナギなどの樹液に集まる。

大阪府東大阪市（2011.6.30）

0924 ヨツボシケシキスイ
Glischrochilus japonius（ケシキスイ科）

体長	4-14mm
時期	5-10月
分布	北海道・本州・四国・九州

見つけやすさ

黒色で光沢があり、上翅に赤色の斑紋がある。クヌギ、コナラなどの樹液に集まり、都市郊外の雑木林でもよく見られる。幼虫は、樹液のほか、ほかの昆虫の幼虫も食べる。

メモ 樹液酒場の常連過ぎて見過ごしがちだが、よく見ると、形がよく頑丈そうな大あごをもっており、通好みの魅力がある。

東京都羽村市（2010.5.12）

0925 クロハナケシキスイ
Carpophilus chalybeus（ケシキスイ科）

体長	2.5-4mm
時期	5-10月
分布	北海道・本州・四国・九州・沖縄

見つけやすさ

全身が黒色。花上でよく見られる。

埼玉県横瀬町（2012.10.17）

0926 ナガコゲチャケシキスイ
Amphicrossus lewisi（ケシキスイ科）

体長	4.5-6.5mm
時期	5-8月
分布	本州・四国・九州

見つけやすさ

全身に淡褐色の短い毛がはえている。樹液に集まる。

大阪府四條畷市（2003.5.21）

キムネヒメコメツキモドキ 0927
Anadastus atriceps（オオキノコムシ科）

- 体長 3-5.5mm
- 時期 5-10月
- 分布 本州・九州

黒色で、前胸は黄赤褐色。草原でよく見られる。

埼玉県所沢市(2012.6.10)

ツマグロヒメコメツキモドキ 0928
Anadastus praeustus（オオキノコムシ科）

- 体長 6.5-8.5mm
- 時期 5-9月
- 分布 本州・四国・九州

黄赤褐色～赤褐色で上翅の翅端は暗色。草原のススキで見つかる。

ペア（左が♀）：山梨県富士吉田市(2012.8.15)

ルイスコメツキモドキ 0929
Languriomorpha lewisi（オオキノコムシ科）

- 体長 6-9.5mm
- 時期 5-8月
- 分布 北海道・本州・四国・九州

黒褐色で、銅色、緑銅色、赤銅色などの光沢がある。

山梨県大月市(2009.7.26)

ヨツボシテントウダマシ 0930
Ancylopus pictus（テントウムシダマシ科）

- 体長 4.5-5mm
- 時期 4-10月
- 分布 北海道・本州・四国・九州

橙色で黒色紋がある。屑野菜の下や枯れ木のキノコで見つかる。

大阪府高槻市(2014.9.3)

ヒメオビオオキノコ 0931
Episcapha fortunei（オオキノコムシ科）

- 体長 9-13mm
- 時期 4-10月
- 分布 本州(関東以西)・四国・九州・奄美大島

黒色で赤色紋がある。枯木にはえるキノコを食べる。

大阪府四條畷市(2011.8.4)

アミダテントウ 0932
Amida tricolor（テントウムシ科）

- 体長 4-4.6mm
- 時期 4-10月
- 分布 本州・四国・九州

黄色、黒色の紋があり美しい。アオバハゴロモの幼虫を食べる。

奈良県奈良市(2005.9.14)

0933 ヨツボシテントウ
Phymatosternus lewisii（テントウムシ科）

- 体長 2.9-3.7mm
- 時期 4-10月
- 分布 本州・四国・九州

ややぼんやりした4つの紋がある。アブラムシを食べる。

東京都八王子市（2009.7.29）

0934 アカホシテントウ
Chilocorus rubidus（テントウムシ科）

- 体長 5.8-7.2mm
- 時期 4-10月
- 分布 北海道・本州・四国・九州

深みのある赤紋がある。タマカタカイガラムシを食べる。

奈良県生駒市（2013.6.12）

0935 ヒメアカホシテントウ
Chilocorus renipustulatus（テントウムシ科）

- 体長 3.3-4.9mm
- 時期 4-10月
- 分布 北海道・本州・四国・九州

上翅の中央に円形の赤紋がある。カイガラムシ類を食べる。

埼玉県蓮田市（2013.6.30）

0936 ベニヘリテントウ
Rodolia limbata（テントウムシ科）

- 体長 3.9-5.4mm
- 時期 4-11月
- 分布 本州・四国・九州

上翅が赤帯で縁取られる。オオワラジカイガラムシを食べる。

神奈川県横浜市（2012.5.20）

0937 アカイロテントウ
Rodolia concolor（テントウムシ科）

- 体長 3.5-5.7mm
- 時期 5-10月
- 分布 本州・四国・九州

体表に細かい毛がはえている。カイガラムシ類などを食べる。

大阪府東大阪市（2006.6.21）

0938 ジュウサンホシテントウ
Hippodamia tredecimpunctata（テントウムシ科）

- 体長 5.6-6.2mm
- 時期 5-10月
- 分布 北海道・本州・四国・九州

テントウムシにしては、細長く扁平。ヨシ原で見られる。

埼玉県蓮田市（2013.6.30）

ナナホシテントウ 0939

Coccinella septempunctata（テントウムシ科）

体長	5-8.6mm
時期	3-11月
分布	北海道・本州・四国・九州・沖縄

黄赤色で7個の黒斑紋がある。草原や畑などでよく見られる。成虫で越冬し、春早くから活動を始める。肉食性で、成虫、幼虫ともに植物につくアブラムシを食べる。

奈良県大和郡山市(2004.5.5)

幼虫：東京都町田市(2011.4.24)

シロジュウシホシテントウ 0940

Calvia quatuordecimguttata（テントウムシ科）

体長	4.4-6mm
時期	4-8月
分布	北海道・本州・四国・九州

黄褐色で、白色の紋がある。上翅の白紋は上から2・6・4・2の4列14個。個体変異があり、基本型のほかに、地色が黒くなる型、地色が淡紅色で上翅に12個の黒紋をもつ型がある。

山梨県八ヶ岳東麓(2012.7.29)

東京都八王子市(2009.4.22)　　大阪府四條畷市(2004.7.6)

ヒメカメノコテントウ 0941

Propylea japonica（テントウムシ科）

体長	3-4.6mm
時期	3-11月
分布	北海道・本州・四国・九州・沖縄

薄黄色地に黒色の斑紋がある。全体が橙赤色のもの、黒色のものなど色彩変異に富む。都市公園や人家の庭先などでも見られる。成虫、幼虫とも植物につくアブラムシを食べる。

東京・神奈川県境陣馬山(2012.7.4)

ペア(左が♀)：東京都羽村市(2010.5.12)　東京都八王子市(2008.5.28)

カメノコテントウ 0942

Aiolocaria hexaspilota（テントウムシ科）

体長	8-11.7mm
時期	4-10月
分布	北海道・本州・四国・九州

大型で光沢が強く、赤と黒の特徴的な模様がある。渓流沿いの樹木の葉上や下草上で見つかる。成虫、幼虫ともにクルミハムシやドロノキハムシの幼虫を食べる。

東京都八王子市(2011.5.4)

幼虫：東京都八王子市(2011.6.24)

0943 マクガタテントウ
Coccinula crotchi（テントウムシ科）
- 体長 3-3.8mm
- 時期 5-11月
- 分布 北海道・本州・四国

上翅の基部と末端に黄赤色紋がある。河川敷の花上で見つかる。

東京都羽村市（2010.11.10）

0944 シロトホシテントウ
Calvia decemguttata（テントウムシ科）
- 体長 4.5-6mm
- 時期 4-10月
- 分布 北海道・本州・四国・九州

黄褐色で白紋がある。植物につくウドンコ病菌などを食べる。

大阪府四條畷市（2002.7.7）

0945 ムーアシロホシテントウ
Calvia muiri（テントウムシ科）
- 体長 4-5.1mm
- 時期 4-11月
- 分布 北海道・本州・四国・九州・奄美大島

黄褐色で白紋がある。前胸の白紋は4個。

東京都東村山市（2013.10.2）

0946 ウンモンテントウ
Anatis halonis（テントウムシ科）
- 体長 6.7-8.5mm
- 時期 4-9月
- 分布 北海道・本州・四国・九州

上翅は黄褐色で、白い輪に囲まれた黒紋があり美しい。

山梨県甲州市（2011.7.13）

0947 ムモンチャイロテントウ
Micraspis kurosai（テントウムシ科）
- 体長 3.1-3.9mm
- 時期 4-6月
- 分布 北海道・本州

黄褐色で紋はない。池沼周辺の湿地などで見られる。

埼玉県蓮田市（2013.6.30）

0948 ダンダラテントウ
Menochilus sexmaculata（テントウムシ科）
- 体長 3.7-6.7mm
- 時期 3-11月
- 分布 本州・四国・九州・沖縄

斑紋には地域差、個体差があり南に行くほど赤紋が発達する。

奈良県生駒市（2002.5.22）

沖縄県竹富島（2005.8.6）

ナミテントウ 0949
Harmonia axyridis（テントウムシ科）

体長	4.7-8.2mm
時期	3-11月
分布	北海道・本州・四国・九州・沖縄

別名テントウムシ。色彩と斑紋の変異が著しい。住宅地から山地まで、どこでもごくふつうに見られる。成虫も幼虫も植物につくアブラムシを食べる。よく似たクリサキテントウは翅端がやや尖り、翅端部に隆起線がないが、区別は難しい。

メモ 冬期には、樹木の隙間、家屋の片隅などで集団越冬する。さまざまな色の個体が集まると宝箱のように美しい。

埼玉県所沢市（2012.4.25）

埼玉県所沢市（2013.4.14）

東京都東村山市（2009.6.3）

幼虫：大阪府東大阪市（2003.5.18）

キイロテントウ 0950
Kiiro koebelei（テントウムシ科）

体長	3.5-5.1mm
時期	3-11月
分布	本州・四国・九州・沖縄

上翅は黄色。植物につくうどんこ病菌などの菌類を食べる。

東京都東村山市（2013.10.2）

シロホシテントウの一種 0951
Vibidia sp.（テントウムシ科）

体長	3.1-4.9mm
時期	4-9月
分布	北海道・本州・四国・九州

黄褐色で白紋がある。前胸中央は黄褐色。白渋病菌類を食べる。

東京都東村山市（2009.6.3）

ハラグロオオテントウ 0952
Callicaria superba（テントウムシ科）

体長	11-12mm
時期	5-6月
分布	本州・四国・九州

明るい橙色で黒紋が並ぶ。クワキジラミなどを捕食する。

奈良県奈良市（2014.6.7）

トホシテントウ 0953
Diekeana admirabilis（テントウムシ科）

体長	5.4-7.5mm
時期	5-9月
分布	北海道・本州・四国・九州

赤地に10個の黒紋が目立つ。カラスウリ類の葉を食べる。

神奈川県横浜市（2012.5.20）

幼虫：東京都武蔵村山市（2012.10.21）

0954 オオニジュウヤホシテントウ
Henosepilachna vigintioctomaculata（テントウムシ科）

体長	6.6-8.2mm
時期	5-10月
分布	北海道・本州・四国・九州

東日本に多く、ニジュウヤホシテントウより黒紋がやや大きい。

東京都檜原村（2012.7.11）

0955 ニジュウヤホシテントウ
Henosepilachna vigintioctopunctata（テントウムシ科）

体長	5.3-6.8mm
時期	4-10月
分布	本州・四国・九州・沖縄

くすんだ赤褐色で多くの黒紋がある。ナス科植物の葉を食べる。

奈良県生駒市（2004.7.3）

0956 ヒメスナゴミムシダマシ
Gonocephalum persimile（ゴミムシダマシ科）

体長	8.5mm前後
時期	4-10月
分布	北海道・本州・四国・九州

光沢のない黒色。公園などの砂地の地表や石の下で見つかる。

京都府井手町（2015.7.6）

0957 オオスナゴミムシダマシ
Gonocephalum pubens（ゴミムシダマシ科）

体長	11-13mm
時期	4-9月
分布	本州・四国・九州

体表には微細な短毛がある。砂浜の草地で見られる。

静岡県浜松市（2013.8.7）

0958 ヨツボシゴミムシダマシ
Basanus erotyloides（ゴミムシダマシ科）

体長	8-11mm
時期	4-10月
分布	北海道・本州・四国・九州

オオキノコムシの仲間に似る。山地の枯れ木上で見られる。

東京都奥多摩町（2012.7.8）

0959 オオモンキゴミムシダマシ
Diaperis niponensis（ゴミムシダマシ科）

体長	8.5-10mm
時期	4-10月
分布	北海道・本州・四国・九州

黒色で黄赤色の帯がある。枯れ木に生えるキノコを食べる。

大阪・奈良県境生駒山（2007.5.9）

ホソナガニジゴミムシダマシ 0960
Ceropria striata（ゴミムシダマシ科）

体長	11mm前後
時期	3-11月
分布	本州・四国・九州

前胸には緑青〜紫色の、上翅には虹色の金属光沢がある。

山梨県甲州市（2012.6.6）

エグリゴミムシダマシの一種 0961
Uloma sp.（ゴミムシダマシ科）

体長	7-9mm
時期	4-10月

赤褐色で、雄は前胸前方がへこむ。朽ち木で見つかる。

♂：山梨県韮崎市（2013.7.24）

ユミアシゴミムシダマシ 0962
Promethis valgipes（ゴミムシダマシ科）

体長	25mm前後
時期	3-11月
分布	本州・四国・九州

別名サトユミアシゴミムシダマシ。光沢のない黒色で、前脚の脛節が弧状。倒木や薪で見られる。

大阪府東大阪市（2000.5.22）

ミツノゴミムシダマシ 0963
Toxicum tricornutum（ゴミムシダマシ科）

体長	16mm前後
時期	4-10月
分布	北海道・本州・四国・九州

雄の頭部に逆三角形の突起がある。枯れ木で見つかる。

♂：東京都八王子市（2012.8.15）

ニジゴミムシダマシ 0964
Tetraphyllus paykullii（ゴミムシダマシ科）

体長	5-6.5mm
時期	5-10月
分布	北海道・本州・四国・九州

虹色の光沢がある。広葉樹の枯れ木で見つかる。

東京都町田市（2012.5.16）

キマワリ 0965
Plesiophthalmus nigrocyaneus（ゴミムシダマシ科）

体長	16.5-24.5mm
時期	5-10月
分布	北海道・本州・四国・九州

脚は黒色〜茶褐色で長い。樹幹や倒木上で見つかる。

山梨県甲州市（2011.7.24）　大阪府四條畷市（2012.6.24）

コウチュウ目

0966 ヒメナガキマワリ
Strongylium impigrum（ゴミムシダマシ科）

体長	10-13mm
時期	5-9月
分布	北海道・本州・四国・九州

黒色で、触角や脚は赤褐色。枯れ木上で見られる。

東京都八王子市(2011.5.4)

0967 アラメヒゲブトゴミムシダマシ
Luprops cribrifrons（ゴミムシダマシ科）

体長	8-9mm
時期	5-10月
分布	本州・四国・九州

別名アラメヒゲブトハムシダマシ。黒褐色で、前胸と上翅は点刻におおわれている。枯れ木などで見つかる。

奈良県生駒市(2002.3.17)

0968 ハムシダマシ
Lagria rufipennis（ゴミムシダマシ科）

体長	7-8mm
時期	5-10月
分布	北海道・本州・四国・九州

細かな毛が密生する。雑木林周辺の葉上で見られる。

埼玉県所沢市(2012.6.10)

0969 アオハムシダマシ
Arthromacra viridissima（ゴミムシダマシ科）

体長	8-12mm
時期	5-8月
分布	本州・四国・九州

金緑色に輝く。山地に多く、花によく集まる。

東京都青梅市(2013.4.28)

0970 アカガネアオハムシダマシ
Arthromacra decora（ゴミムシダマシ科）

体長	7-10.6mm
時期	4-6月
分布	本州・四国・九州

赤紫、金緑、青紫など色彩変異が著しい。樹木の花に集まる。

京都府木津川市(2015.5.13)

0971 オオクチキムシ
Upinella fuliginosa（ゴミムシダマシ科）

体長	14-16mm
時期	4-10月
分布	北海道・本州・四国・九州

光沢のない黒色。体は細長い。雑木林の朽ち木でよく見られる。

奈良県生駒市(2002.3.17)

0972 ウスイロクチキムシ
Allecula bilamellata（ゴミムシダマシ科）

- 体長 6mm前後
- 時期 4-10月
- 分布 本州・四国・九州

黄赤褐色で毛が多い。雑木林の樹上でよく見られる。

奈良県生駒市(2013.6.12)

0973 アカホソアリモドキ
Clavicollis fugiens（アリモドキ科）

- 体長 2.3-3mm
- 時期 3-6月
- 分布 北海道・本州・四国・九州

雄の上翅中央には窪みがある。樹上などで見られる。

♂：東京都武蔵村山市(2012.4.4)　♀：埼玉県入間市(2012.5.6)

0974 アカハネムシ
Pseudopyrochroa vestiflua（アカハネムシ科）

- 体長 12-17mm
- 時期 4-7月
- 分布 北海道・本州・四国・九州・奄美大島

頭部や前胸は黒色で、上翅は赤色。林縁などで見られる。

埼玉県入間市(2012.5.6)

0975 ムナビロアカハネムシ
Pseudopyrochroa laticollis（アカハネムシ科）

- 体長 8-12mm
- 時期 4-6月
- 分布 北海道・本州・四国・九州

アカハネムシに似るが、頭部に深い窪みがある。

東京都八王子市(2012.4.29)

0976 オニアカハネムシ
Pseudopyrochroa japonica（アカハネムシ科）

- 体長 8-14mm
- 時期 5-7月
- 分布 本州・四国・九州

前胸は赤褐色。雄の頭部には、こぶ状の突起がある。林内の朽ち木などで見つかる。

山梨県韮崎市(2013.5.5)

0977 セアカナガクチキムシ
Ivania coccinea（ナガクチキムシ科）

- 体長 14-16mm
- 時期 4-10月
- 分布 北海道・本州・四国・九州

赤色毛が密生している。朽ち木の上や樹皮下で見られる。

東京都檜原村(2012.7.11)

0978 ピックオビハナノミ
Glipa pici（ハナノミ科）

体長 7-9mm
時期 6-8月
分布 本州・四国・九州

黒と灰色の斑模様で上翅は茶褐色。林縁の葉上などで見られる。

三重県津市（2014.6.25）

0979 シラホシハナノミ
Hoshihananomia perlata（ハナノミ科）

体長 6.5-9.5mm
時期 5-8月
分布 北海道・本州・四国・九州

黒色で白色紋がある。林縁の植物上や枯れ木で見つかる。

山梨県北杜市（2013.6.16）

0980 キンオビハナノミ
Variimorda flavimana（ハナノミ科）

体長 5-7mm
時期 6-8月
分布 北海道・本州・四国・九州

上翅に金色帯がある。林縁の葉上などで見られ花にも集まる。

東京都八王子市（2012.6.20）

0981 クロハナノミ
Mordella brachyura（ハナノミ科科）

体長 5-6.5mm
時期 6-8月
分布 北海道・本州・四国

黒色で、上翅前半に光沢のある微毛がある。林縁の葉上などで見られる。

山梨県甲州市（2012.6.17）

0982 ツヤナガヒラタホソカタムシ
Pycnomerus vilis（コブゴミムシダマシ科）

体長 2.9-4.3mm
時期 5-10月
分布 北海道・本州・四国・九州・沖縄

赤褐色で光沢がある。朽ち木の樹皮の下などで見つかる。

東京都奥多摩町（2012.7.8）

0983 キイロカミキリモドキ
Nacerdes hilleri（カミキリモドキ科）

体長 12-16mm
時期 5-7月
分布 北海道・本州・四国・九州

橙黄色で脚は暗褐色。林縁の花に集まる。体液に毒をもつ。

大阪府四條畷市（2004.6.23）

スジカミキリモドキ 0984
Chrysanthia geniculata（カミキリモドキ科）

- 体長 6-8.2mm
- 時期 6-8月
- 分布 北海道・本州・（中部以北）

上翅は銅光沢を帯びた赤紫色。山地の花によく集まる。

山梨県甲州市（2011.7.24）

カミキリモドキの一種 0985
Nacerdes sp.（カミキリモドキ科）

- 体長 10-15mm
- 時期 6-8月

赤褐色で上翅は金緑色。体液に毒をもつ。類似種が多い。

埼玉県所沢市（2012.6.13）

モモブトカミキリモドキ 0986
Oedemera lucidicollis（カミキリモドキ科）

- 体長 5.5-8mm
- 時期 4-6月
- 分布 北海道・本州・四国・九州

黒色で、雄の後脚腿節は太い。花に集まる。体液に毒をもつ。

♂：埼玉県入間市（2013.5.1）　♀：東京都羽村市（2009.4.19）

マメハンミョウ 0987
Epicauta gorhami（ツチハンミョウ科）

- 体長 12-17mm
- 時期 6-10月
- 分布 本州・四国・九州

幼虫はバッタ類の卵に寄生する。体液に毒をもつ。

千葉県松戸市（2002.10.14）（写真　全国農村教育協会）

ヒメツチハンミョウ 0988
Meloe coarctatus（ツチハンミョウ科）

- 体長 9-23mm
- 時期 4-6月　10月
- 分布 本州・四国・九州

黒藍色で、腹部が丸く膨れている。頭部と前胸はアリに似ている。林に隣接した草原などで見られ、地表を歩き回っていることが多い。体液に毒をもつので要注意。

メモ あり得ないほど巨大なアリがいた！という報告があったときは、まず、本種をはじめとしたツチハンミョウの仲間を疑ってみるのがいい。

♀：東京都八王子市（2011.5.8）

♂：沖縄県石垣市(2005.8.9)

0989 ヒラズゲンセイ
Synhoria maxillosa（ツチハンミョウ科）

体長	22-31mm
時期	5-8月
分布	本州（近畿以西）・四国・九州・沖縄

別名トサヒラズゲンセイ。鮮やかな朱色で、大あご、触角、脚は黒色。南方系の種類だが、近年、本州の温暖地にも分布を広げている。幼虫はクマバチの巣に寄生する。体液に毒をもつので要注意。

メモ 立派な大あごといい、色合いといい、「ならず者」っぽさ満開だが、下膨れの顔には若干の愛嬌がある。

0990 ウスバカミキリ
Aegosoma sinicum（カミキリムシ科）

体長	40-60mm
時期	5-9月
分布	北海道・本州・四国・九州・沖縄

暗褐色～暗赤褐色で光沢がない。広葉樹やマツ科各種につく。

♀：東京都八王子市(2012.8.12)

0991 ノコギリカミキリ
Prionus insularis（カミキリムシ科）

体長	23-48mm
時期	5-9月
分布	北海道・本州・四国・九州

黒色～黒褐色。灯火に飛来する。針葉樹、広葉樹各種につく。

山梨県甲州市(2008.7.2)

0992 クロカミキリ
Spondylis buprestoides（カミキリムシ科）

体長	12-25mm
時期	5-10月
分布	北海道・本州・四国・九州・沖縄

黒色で、数珠状の短い触角をもつ。針葉樹の伐採木に集まる。

奈良県生駒市(2002.7.3)

0993 オオクロカミキリ
Megasemum quadricostulatum（カミキリムシ科）

体長	14-29mm
時期	7-8月
分布	北海道・本州・四国・九州

雄は褐色、雌は黒色。夕刻によく活動する。針葉樹各種につく。

♂：山梨県甲州市(2011.7.24)

モモグロハナカミキリ 0994
Toxotinus reinii（カミキリムシ科）

体長	7-15mm
時期	5-8月
分布	北海道・本州・四国・九州

上翅は黄褐色だが黒化した個体もいる。林縁の葉上で見られる。

神奈川県横浜市（2012.5.20）

カラカネハナカミキリ 0995
Gaurotes doris（カミキリムシ科）

体長	8-15mm
時期	5-8月
分布	北海道・本州・四国・九州

上翅は金属光沢があり、銅緑色、赤紫色、青藍色など変異に富む。セリ科、ノリウツギなどの花に集まる。

長野県南牧村（2011.8.2）

フタコブルリハナカミキリ 0996
Japanocorus caeruleipennis（カミキリムシ科）

体長	17-25mm
時期	5-8月
分布	北海道・本州・四国・九州

暗青緑色で鈍い光沢がある。前胸に2対のこぶ状突起をもつ。林縁などで見られ、シシウドなどの花に集まる。寄主植物はミズキ、ヤマボウシ。

メモ こぶはさておき、全体の色彩は有毒のアオジョウカイ（ジョウカイボン科）によく似ており、擬態していると思われる。

山梨県甲州市（2011.7.13）

フタオビヒメハナカミキリ 0997
Pidonia puziloi（カミキリムシ科）

体長	3.5-7.5mm
時期	4-7月
分布	本州・四国・九州

別名フタオビノミハナカミキリ。ガマズミなどの花に集まる。

山梨県甲州市（2012.5.23）

ヨコモンヒメハナカミキリの一種 0998
Pidonia sp.（カミキリムシ科）

体長	8mm前後
時期	5-8月

目玉のような黒紋がある。林縁の花に集まる。類似種が多い。

群馬県赤城山（2012.7.25）

0999 マツシタヒメハナカミキリ
Pidonia matsushitai（カミキリムシ科）

- 体長 6.5-10.5mm
- 時期 6-8月
- 分布 本州

黄褐色で黒帯がある。林縁の花に集まる。類似種が多い。

♂：長野県原村（2008.7.30）

1000 チャイロヒメハナカミキリ
Pidonia aegrota（カミキリムシ科）

- 体長 6-9mm
- 時期 5-8月
- 分布 本州・四国・九州

淡黄褐色。平地～山地まで広く見られ薄暗い場所の花に集まる。

長野県南牧村（2011.8.2）

1001 ツヤケシハナカミキリ
Anastrangalia scotodes（カミキリムシ科）

- 体長 8-13mm
- 時期 5-8月
- 分布 北海道・本州・四国・九州

上翅は黒色～赤色。各種の花や、マツ類の倒木に集まる。

長野県諏訪市（2008.7.29）

1002 ヒメアカハナカミキリ
Stictoleptura pyrrha（カミキリムシ科）

- 体長 9-12mm
- 時期 6-8月
- 分布 本州・四国

黒色で、上翅は赤い。山地で見られ、花に集まる。

長野県南牧村（2011.8.2）

1003 アカハナカミキリ
Stictoleptura succedanea（カミキリムシ科）

- 体長 12-22mm
- 時期 6-8月
- 分布 北海道・本州・四国・九州・沖縄

上翅は赤色で、前胸は赤色～黒色。林縁の白い花によく集まる。

山梨県大泉村（2012.8.19）

1004 マルガタハナカミキリ
Pachytodes cometes（カミキリムシ科）

- 体長 10-17mm
- 時期 6-8月
- 分布 北海道・本州・四国・九州

黒色で、上翅は淡黄褐色で黒紋がある。黒紋には個体変異がある。シシウドなどの花に集まる。

山梨県大泉村（2012.8.19）

ニョウホウホソハナカミキリ　1005
Parastrangalis lesnei（カミキリムシ科）

体長	8-12mm
時期	6-8月
分布	本州・四国・九州

触角は縞模様。林縁の花に集まる。

山梨県大泉村(2012.8.19)

ニンフホソハナカミキリ　1006
Parastrangalis nymphula（カミキリムシ科）

体長	9-13mm
時期	5-8月
分布	北海道・本州・四国・九州

触角の8節後半〜10節が黄白色。林縁の花に集まる。

長野県諏訪市(2012.8.22)

ヤツボシハナカミキリ　1007
Leptura annularis（カミキリムシ科）

体長	12-17mm
時期	5-8月
分布	北海道・本州・四国・九州

上翅は黄褐色で基部と翅端付近に黄色紋がある。翅端は黒色。上翅の色には変異があり、黒化する場合もある。林縁の花に集まる。

大阪府四條畷市(2010.6.2)

ヨツスジハナカミキリ　1008
Leptura ochraceofasciata（カミキリムシ科）

体長	12-20mm
時期	6-8月
分布	北海道・本州・四国・九州

上翅に4本の黄褐色帯がある。林縁の花や樹液に集まる。

長野県諏訪市(2012.8.22)

フタスジハナカミキリ　1009
Etorofus vicarius（カミキリムシ科）

体長	14-20mm
時期	6-8月
分布	北海道・本州・四国・九州

上翅に2本の淡褐色帯をもつが、黒化する個体もいる。

長野県南牧村(2011.8.2)

ミヤマホソハナカミキリ　1010
Idiostrangalia contracta（カミキリムシ科）

体長	9-12mm
時期	6-8月
分布	本州・四国・九州

黄褐色で、前胸に1対の黒い縦条がある。上翅が細く、湾曲する。山地の日陰の花に集まる。

山梨県甲州市(2009.7.15)

山梨県甲州市 (2013.7.14)

1011 オオホソコバネカミキリ
Necydalis solida（カミキリムシ科）

体長	11-30mm
時期	6-8月
分布	本州・四国・九州

頭部、前胸は黒色。上翅は黄褐色〜黒色で短く、後翅が露出する。山地のブナ林に生息し、ブナやダケカンバの立ち枯れに集まる。

メモ 姿形がキバチの仲間にそっくり。飛び方や歩き方まで似ていて感心させられるが、刺さないキバチに似せてどんなメリットがあるのか、よくわからない。

1012 アオスジカミキリ
Xystrocera globosa（カミキリムシ科）

山梨県甲州市 (2012.7.18)

体長	15-35mm
時期	6-8月
分布	本州・四国・九州

赤褐色で、上翅と前胸に青緑色の明瞭な縦条がある。ネムノキの衰弱木などに集まる。灯火にもよく飛来する。

1013 キマダラミヤマカミキリ
Aeolesthes chrysothrix（カミキリムシ科）

神奈川県横浜市 (2013.5.19)

体長	22-35mm
時期	5-8月
分布	本州・四国・九州・沖縄

別名キマダラカミキリ。赤褐色〜黒褐色で、黄金色の微毛でおおわれる。広葉樹の樹液や花に集まる。灯火にもよく飛来する。

1014 ミヤマカミキリ
Neocerambyx raddei（カミキリムシ科）

大阪府四條畷市 (2001.7.1)

体長	32-57mm
時期	5-8月
分布	北海道・本州・四国・九州

黒色〜褐色で、黄色の微毛で密におおわれる。クリ、コナラなどに集まり、樹液でもよく見られる。灯火にも飛来する。

1015 ミドリカミキリ
Chloridolum viride（カミキリムシ科）

体長	12-19.5mm
時期	5-8月
分布	北海道・本州・四国・九州

緑色や赤銅色に輝く。クリ、クヌギなどの伐採木に集まる。

神奈川県横浜市 (2012.5.20)

大阪府四條畷市 (2012.6.24)

ルリボシカミキリ 1016
Rosalia batesi（カミキリムシ科）

- 体長 18-29mm
- 時期 6-8月
- 分布 北海道・本州・四国・九州

澄んだ青色地に明瞭な黒紋があり美しい。コブシ類、カエデ類、ブナ類、ナラ類、ヤナギ類などの倒木や伐採木、薪などに集まる。樹液にもやってくる。

メモ 山地に生息するが、関東では、近年、平地〜低山地の自然公園などにも進出しており、夏の初めに倒木上などを探すと、サプライズな出会いが期待できる。

神奈川県横浜市（2010.7.11）

スギカミキリ 1017
Semanotus japonicus（カミキリムシ科）

- 体長 14-23mm
- 時期 3-5月
- 分布 本州・四国・九州

黒色で、触角と脚は赤褐色。上翅に2対の黄褐色紋がある。夜、杉林で活動する。

埼玉県所沢市（2012.4.25）

チャイロホソヒラタカミキリ 1018
Phymatodes testaceus（カミキリムシ科）

- 体長 8-15mm
- 時期 5-7月
- 分布 北海道・本州・四国・九州

全身が黄褐色の個体もいる。広葉樹の倒木などに集まる。

山梨県北杜市（2013.6.16）

1019 ウスイロトラカミキリ
Xylotrechus cuneipennis（カミキリムシ科）

山梨県甲州市（2013.7.14）

体長	11-18.5mm
時期	6-8月
分布	北海道・本州・四国・九州

見つけやすさ

前胸は黒色で、上翅は褐色。上翅に細い白色帯がある。広葉樹の伐採木や倒木に集まる。

1020 クビアカトラカミキリ
Xylotrechus rufilius（カミキリムシ科）

埼玉県嵐山町（2013.5.26）

体長	7-13mm
時期	5-9月
分布	北海道・本州・四国・九州

見つけやすさ

前胸は赤褐色で丸みがある。上翅は黒色で黄白色の帯があり、翅端に向けて強く狭まる。広葉樹の伐採木や倒木に集まる。

1021 ニイジマトラカミキリ
Xylotrechus emaciatus（カミキリムシ科）

山梨県甲州市（2009.7.15）

体長	7-13.5mm
時期	6-8月
分布	北海道・本州・四国・九州

見つけやすさ

黒色で、前胸と上翅に黄白色帯が連なる。広葉樹の伐採木や倒木に集まる。

1022 シラケトラカミキリ
Clytus melaenus（カミキリムシ科）

体長	8-11mm
時期	4-8月
分布	北海道・本州・四国・九州

見つけやすさ

全身に白い毛がはえている。広葉樹の倒木や花に集まる。

東京都八王子市（2013.5.8）

1023 キスジトラカミキリ
Cyrtoclytus caproides（カミキリムシ科）

神奈川県横浜市（2010.6.30）

体長	10.5-18mm
時期	5-8月
分布	北海道・本州・四国・九州

見つけやすさ

黒色で淡黄色の横帯があり、ハチの仲間に似る。広葉樹の倒木やクリなどの花に集まる。

1024 エグリトラカミキリ
Chlorophorus japonicus（カミキリムシ科）

体長	9-13.5mm
時期	5-8月
分布	北海道・本州・四国・九州

見つけやすさ

上翅の翅端に棘がある。広葉樹の倒木やクリなどの花に集まる。

神奈川県横浜市（2010.6.30）

ヨツスジトラカミキリ 1025
Chlorophorus quinquefasciatus（カミキリムシ科）

体 長	13-19mm
時 期	5-9月
分 布	本州・四国・九州・沖縄

黄褐色で黒帯が発達する。広葉樹の倒木や花に集まる。

東京都江東区(2013.7.11)

ヨコヤマトラカミキリ 1026
Epiclytus yokoyamai（カミキリムシ科）

体 長	7-9.5mm
時 期	4-7月
分 布	本州・四国・九州

上翅の基部が暗赤色。カエデ、ミズキなどの花に集まる。

東京都青梅市(2013.4.28)

トゲヒゲトラカミキリ 1027
Demonax transilis（カミキリムシ科）

体 長	8-11.5mm
時 期	4-7月
分 布	北海道・本州・四国・九州

前胸に1対の円紋がある。クリなどの花に集まる。

山梨県甲州市(2008.7.2)

キイロトラカミキリ 1028
Grammographus notabilis（カミキリムシ科）

体 長	13-19mm
時 期	5-8月
分 布	本州・四国・九州

黄色～灰緑色。斑紋には変異がある。広葉樹の倒木や花に集まる。

神奈川県横浜市(2010.6.16)

シロトラカミキリ 1029
Paraclytus excultus（カミキリムシ科）

体 長	10-16.5mm
時 期	5-8月
分 布	北海道・本州・四国・九州

白色～黄白色で黒紋が発達する。枯れ木やカエデ類などの花に集まる。

長野県南牧村(2011.8.2)

トガリバアカネトラカミキリ 1030
Anaglyptus niponensis（カミキリムシ科）

体 長	7-11.5mm
時 期	4-6月
分 布	北海道・本州・四国・九州

黒色で、上翅の肩が広く赤褐色。上翅の翅端は鋭く突出する。カエデ類などの花に集まる。

東京都八王子市(2011.5.4)

1031 ベニカミキリ
Purpuricenus temminckii（カミキリムシ科）

- 体長　12.5-17mm
- 時期　4-6月
- 分布　北海道・本州・四国・九州

前胸や上翅が鮮やかな赤色。マダケ、モウソウチクなどにつく。

奈良県大和郡山市（2011.6.15）

1032 ヘリグロベニカミキリ
Purpuricenus spectabilis（カミキリムシ科）

- 体長　13.5-19mm
- 時期　4-7月
- 分布　北海道・本州・四国・九州

上翅に1対の黒紋がある。広葉樹の倒木や花に集まる。

埼玉県横瀬町（2010.7.16）

1033 ホタルカミキリ
Dere thoracica（カミキリムシ科）

- 体長　7-10mm
- 時期　4-7月
- 分布　北海道・本州・四国・九州

黒色で、前胸は赤色。その名のとおりホタルの仲間（0894〜）に似た色彩。ネムノキなどの伐採木や倒木に集まる。

山梨県北杜市（2013.6.16）

1034 ゴマダラカミキリ
Anoplophora malasiaca（カミキリムシ科）

- 体長　25-35mm
- 時期　5-10月
- 分布　北海道・本州・四国・九州・沖縄

光沢のある黒色で白紋がある。柑橘類、イチジクなどに集まる。

東京都江東区（2013.7.17）

1035 キボシカミキリ
Psacothea hilaris（カミキリムシ科）

- 体長　15-30mm
- 時期　5-11月
- 分布　本州・四国・九州・沖縄

深緑色で、淡黄色の斑紋がある。林縁の樹上でよく見つかる。都市郊外にも広く生息する。幼虫はクワ、イチジク、ミカンなどの生木を食べる。中国、台湾からの帰化種。

東京都八王子市（2008.9.17）　神奈川県横浜市（2010.7.11）

> **メモ**　前胸両側の黄色条が途切れる西日本型とつながる東日本型がいるが、近年は西日本型が東日本にも勢力を広げている。

ヤハズカミキリ 1036
Uraecha bimaculata（カミキリムシ科）

- 体長 12.5-24mm
- 時期 6-8月
- 分布 北海道・本州・四国・九州

上翅の翅端が尖っている。広葉樹の枯れ枝に集まる。

神奈川県横浜市（2011.5.25）

センノカミキリ 1037
Acalolepta luxuriosa（カミキリムシ科）

- 体長 15-40mm
- 時期 6-10月
- 分布 北海道・本州・四国・九州・奄美大島

淡褐色で暗褐色の不明瞭な帯がある。タラノキなどに集まる。

奈良県生駒市（2014.8.25）

ヒメヒゲナガカミキリ 1038
Monochamus subfasciatus（カミキリムシ科）

- 体長 9.5-18.5mm
- 時期 5-9月
- 分布 北海道・本州・四国・九州

上翅に不明瞭な黄白色の帯をもつが変異がある。倒木に集まる。

埼玉県所沢市（2012.6.13）

ビロウドカミキリ 1039
Acalolepta fraudatrix（カミキリムシ科）

- 体長 13-27.5mm
- 時期 6-10月
- 分布 北海道・本州・四国・九州

褐色～赤褐色。比較的新しい倒木に集まる。類似種が多い。

群馬県赤城山（2012.7.25）

シロスジカミキリ 1040
Batocera lineolata（カミキリムシ科）

- 体長 40-55mm
- 時期 5-9月
- 分布 本州・四国・九州・奄美大島

灰色の体に、縦に流れる黄白色の紋がある。平地の雑木林で見られる。樹液や灯火にやって来る。幼虫は、ヤナギ科、ブナ科、カバノキ科など各種樹木の幹に穿孔し、大きなトンネルを作る。

メモ 迫力のある巨大なカミキリムシ。捕まえると、胸の部分を使ってギィギィと音をたてて威嚇するが、それは相手が手も足も出ない証拠なので、ひるんではいけない。

兵庫県新温泉町（2003.8.）

東京都江東区(2013.7.11)

1041 クワカミキリ
Apriona japonica（カミキリムシ科）

体長	32-45mm
時期	6-9月
分布	本州・四国・九州

灰黄褐色で、上翅基部に黒色小顆粒が散在する。触角は灰色と黒色の縞模様。クワの若枝の樹皮をよく食べる。幼虫は、クリ、ケヤキ、ブナなどの生木を食べる。

メモ 大型なのですぐ目にとまるように思えるが、樹上の枝先付近に潜んでいることが多く、案外目立たない。

1042 ゴマフカミキリ
Mesosa japonica（カミキリムシ科）

埼玉県入間市(2013.5.1)

体長	10-15mm
時期	4-10月
分布	北海道・本州・四国・九州

黒褐色で全体に黄茶色の小紋がある。広葉樹の倒木で見られる。

1043 ナガゴマフカミキリ
Mesosa longipennis（カミキリムシ科）

体長	11-22mm
時期	4-9月
分布	北海道・本州・四国・九州・奄美大島

黒色、淡褐色、茶褐色の紋がある。広葉樹の倒木で見られる。

神奈川県横浜市(2010.10.27)

1044 セミスジコブヒゲカミキリ
Rhodopina lewisii（カミキリムシ科）

♂:大阪府東大阪市(2011.6.30)

体長	10-20mm
時期	5-9月
分布	北海道・本州・四国・九州

黒色〜黒褐色で、上翅には黒色と黄褐色の不規則な斑紋がある。雄の触角第3節が膨らむ。枯れ枝や朽木に集まる。

1045 ヒトオビアラゲカミキリ
Rhopaloscelis unifasciatus（カミキリムシ科）

東京都八王子市(2013.5.22)

体長	5.5-9mm
時期	4-7月
分布	北海道・本州・四国・九州

灰白色で、上翅に太い黒帯がある。広葉樹の枯れ枝などに集まる。

ハイイロヤハズカミキリ 1046
Niphona furcata（カミキリムシ科）

- 体長 12-20.5mm
- 時期 4-8月
- 分布 本州・四国・九州・沖縄

灰褐色で上翅基部がこぶ状に隆起する。タケ、ササ類に集まる。

埼玉県入間市（2011.10.23）

トガリシロオビサビカミキリ 1047
Pterolophia caudata（カミキリムシ科）

- 体長 12-16mm
- 時期 5-10月
- 分布 北海道・本州・四国・九州

上翅の翅端が尖る。フジ、ヤマフジの枯れ蔓などに集まる。

大阪府四條畷市（2004.6.23）

ワモンサビカミキリ 1048
Pterolophia annulata（カミキリムシ科）

- 体長 9.5-14.5mm
- 時期 4-10月
- 分布 本州・四国・九州・沖縄

上翅に不明瞭な環状紋がある。フジなどの枯れ枝に集まる。

埼玉県所沢市（2012.11.7）

アトジロサビカミキリ 1049
Pterolophia zonata（カミキリムシ科）

- 体長 7-11mm
- 時期 4-8月
- 分布 北海道・本州・四国・九州

上翅後方が広く白色。広葉樹、針葉樹の枯れ枝に集まる。

東京都練馬区（2013.5.29）

アトモンサビカミキリ 1050
Pterolophia granulata（カミキリムシ科）

- 体長 7-10mm
- 時期 4-10月
- 分布 北海道・本州・四国・九州

暗褐色〜黒褐色で、茶褐色の毛におおわれる。上翅後方に三角形の白色紋がある。広葉樹の枯れ枝に集まる。

東京都町田市（2012.5.16）

ナカジロサビカミキリ 1051
Pterolophia jugosa（カミキリムシ科）

- 体長 6.5-10mm
- 時期 4-10月
- 分布 北海道・本州・四国・九州

暗褐色〜黒褐色で、茶褐色の毛におおわれる。上翅中央前方に白帯がある。広葉樹の枯れ枝に集まる。

山梨県甲州市（2011.7.24）

1052 クワサビカミキリ
Mesosella simiola（カミキリムシ科）

- 体長 6-10mm
- 時期 5-8月
- 分布 本州・四国・九州

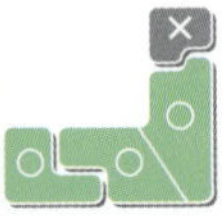

上翅中央に白帯がある。広葉樹の枯れ枝に集まる。

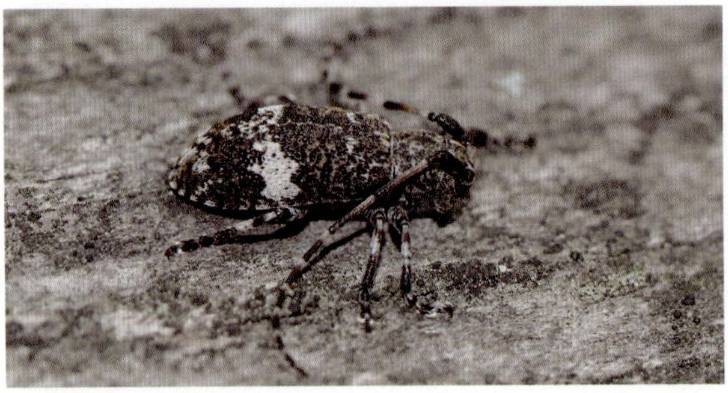

山梨県甲州市(2013.7.14)

1053 ガロアケシカミキリ
Exocentrus galloisi（カミキリムシ科）

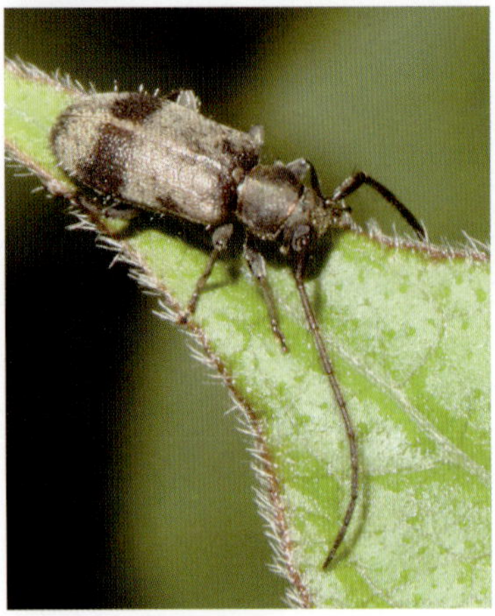

- 体長 3.3-6.8mm
- 時期 5-8月
- 分布 北海道・本州・四国・九州

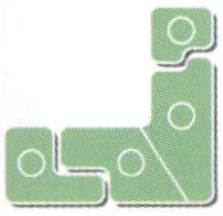

上翅は灰色で黒褐色の帯がある。広葉樹の枯れ枝に集まる。

東京都東村山市(2009.6.3)

1054 ハンノアオカミキリ
Eutetrapha chrysochloris（カミキリムシ科）

- 体長 11-17mm
- 時期 5-8月
- 分布 北海道・本州・四国・九州

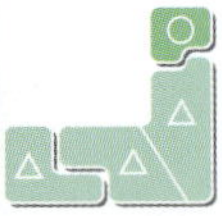

緑青色に輝き美しい。前胸と上翅には黒紋が並ぶ。山地の渓流沿いの林縁などで見られ、オヒョウ、シナノキなどの葉や葉柄を食べる。幼虫は広葉樹の伐採木、倒木を食べる。

> メモ 西日本に分布するものは上翅の斑紋が小さく、亜種ハンノオオルリカミキリとされる。

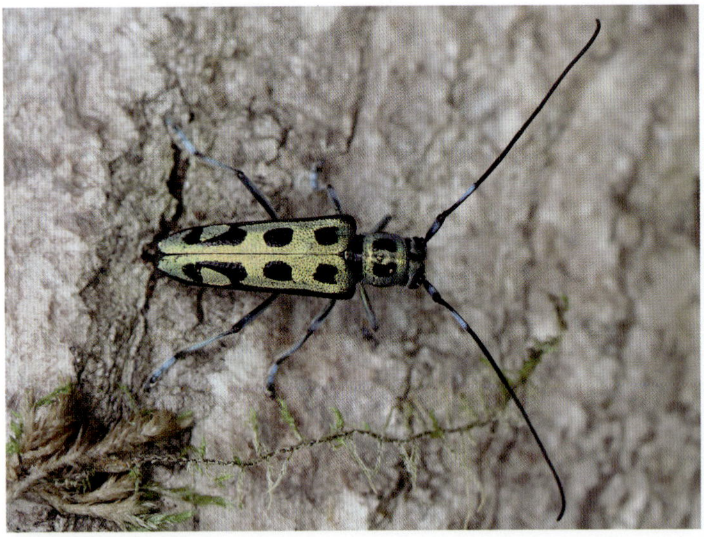

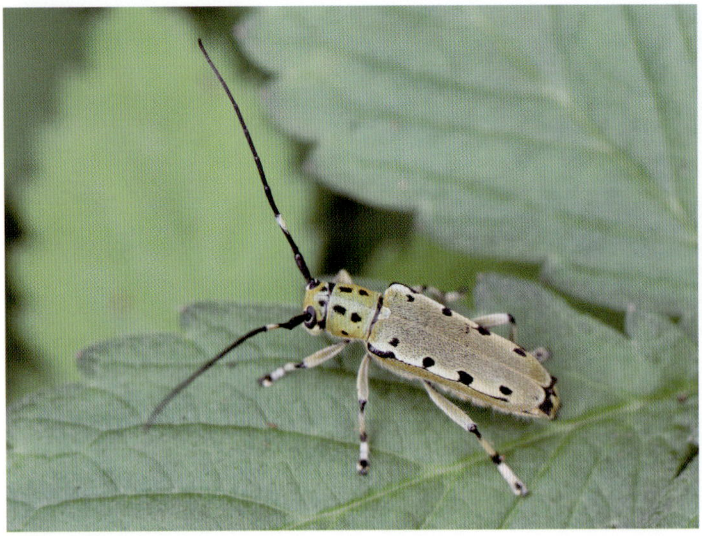

山梨県甲州市(2011.7.24)

1055 ヤツメカミキリ
Eutetrapha ocelota（カミキリムシ科）

- 体長 12-18mm
- 時期 5-8月
- 分布 北海道・本州・四国・九州・沖縄

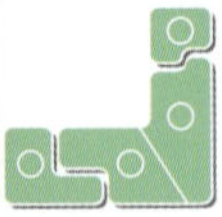

薄黄緑色で、頭部から腹端にかけて黒色の斑紋が規則的に並ぶ。ウメ、サクラ、シナノキなどの老木や枯木に集まる。灯火にも飛来する。

> メモ 派手さはないが、スッキリしたかわいらしい姿。葉の上にとまっているとよく目につく。

東京都八王子市(2008.7.9)

ラミーカミキリ 1056
Paraglenea fortunei（カミキリムシ科）

体長	10-15mm
時期	5-7月
分布	本州・四国・九州・奄美大島

薄青色と黒色に明瞭に塗り分けられる。体表にはビロードのような質感がある。ラミー、カラムシ、ムクゲなどに集まり、よく飛ぶ。中国大陸からの帰化種と考えられる。

大阪府四條畷市（2012.6.24）

シラホシカミキリ 1057
Glenea relicta（カミキリムシ科）

体長	7-13mm
時期	5-8月
分布	北海道・本州・四国・九州

頭部、前胸は黒色、上翅は茶褐色で白い紋がある。リョウブ、ハルニレ、ガマズミ、サルナシなどに集まる。広葉樹の倒木や伐採木でもよく見られる。

神奈川県横浜市（2010.6.30）

キクスイカミキリ 1058
Phytoecia rufiventris（カミキリムシ科）

体長	6-9mm
時期	4-7月
分布	北海道・本州・四国・九州

黒色で、前胸の中央に赤い紋がある。ヨモギなどキク科植物の茎や葉で見られる。幼虫は、これらの植物の茎の中で育つ。

埼玉県所沢市（2012.6.10）

ヨツキボシカミキリ 1059
Epiglenea comes（カミキリムシ科）

体長	8-11mm
時期	5-7月
分布	北海道・本州・四国・九州

黒色で、淡黄色の紋があり美しい。低地でよく見られ、人家周辺にも生息する。寄主植物は、ヌルデ、ヤマウルシなど。

東京・神奈川県境陣馬山（2012.7.4）

山梨県甲州市(2009.7.15)

1060 ホソツツリンゴカミキリ
Oberea nigriventris（カミキリムシ科）

体長 9-18mm
時期 5-8月
分布 本州・四国・九州

頭部、前胸は赤褐色で、前翅は黒褐色。きわめて細長い。色彩には変異があり、全体に黒化することもある。林間を飛び、樹林の花に集まる。寄主植物はイケマ、キジョランなど。

メモ 究極のスレンダー・ボディ。極細ながらも、きちんとカミキリムシの形態の基本形を保っている。

1061 ソボリンゴカミキリ
Oberea sobosana（カミキリムシ科）

山梨県甲州市(2009.7.15)

体長 17.5-21.5mm
時期 6-7月
分布 本州・四国・九州

頭部は黒色で、前胸は橙色。上翅は暗褐色で側縁の黒帯が肩基部まで届く。ツツジなどで見られる。類似種が多い。

1062 ヘリグロリンゴカミキリ
Nupserha marginella（カミキリムシ科）

大阪府四條畷市(2003.6.11)

体長 7.5-13mm
時期 5-8月
分布 北海道・本州・四国・九州

頭部は黒色で、前胸は橙色。上翅は黄褐色で基部を除く側縁に黒帯がある。草地で見られ、キク科植物に集まる。類似種が多い。

1063 スゲハムシ
Plateumaris sericea（ハムシ科）

埼玉県入間市(2012.5.6)

埼玉県入間市(2012.5.6)

埼玉県入間市(2012.5.6)

体長 7-11mm
時期 5-7月
分布 北海道・本州・九州

別名キヌツヤミズクサハムシ。金属光沢があり、銅色、青藍色、銅赤色、紫色など、色彩変異に富む。水辺の草むらなどで見られ、スゲの花などに集まる。幼虫はスゲの根を食べる。

メモ 同じ場所にいろいろな色彩の個体が混ざって見られるので、色違いペアを探すのも楽しい。

クロナガハムシ 1064
Orsodacne arakii（ハムシ科）

- 体長 5.5-7.5mm
- 時期 5-8月
- 分布 本州・四国・九州

上翅に茶褐色の斑紋をもつものや末端が暗褐色のものもいる。

山梨県甲州市（2011.7.24）

アカクビボソハムシ 1065
Lema diversa（ハムシ科）

- 体長 5.5-6.2mm
- 時期 4-7月
- 分布 本州・四国・九州

色彩や斑紋は変異に富み、斑紋を欠くものや、上翅全体が黒化するものもいる。食草はツユクサ。

埼玉県所沢市（2012.6.13）

ホソクビナガハムシ 1066
Lilioceris parvicollis（ハムシ科）

- 体長 6.8-7mm
- 時期 4-8月
- 分布 本州・四国・九州

前胸は黒色で金属光沢を帯びる。食草はサルトリイバラ。

東京・神奈川県境陣馬山（2012.7.4）

キイロクビナガハムシ 1067
Lilioceris rugata（ハムシ科）

- 体長 6.2-8mm
- 時期 4-7月
- 分布 本州・四国・九州

前胸は赤褐色で上翅の点刻が強い。食草はヤマノイモなど。

大阪府四條畷市（2002.4.14）

ルリクビボソハムシ 1068
Lema cirsicola（ハムシ科）

- 体長 5.5-6.2mm
- 時期 5-8月
- 分布 北海道・本州・四国・九州

全身が黒色で青藍色の光沢がある。食草はアザミ。

東京都檜原村（2011.9.14）

ヤマイモハムシ 1069
Lema honorata（ハムシ科）

- 体長 5-6mm
- 時期 5-8月
- 分布 本州・四国・九州

別名ヤマイモクビボソハムシ。食草はヤマノイモ。

栃木県栃木市（2013.6.23）

1070 キベリクビボソハムシ
Lema adamsii（ハムシ科）

- 体長 5.5-6mm
- 時期 5-7月
- 分布 本州・四国・九州

黒色部の大きさには変異がある。食草はヤマノイモ。

東京都町田市（2012.5.16）

埼玉県所沢市（2012.6.13）

1071 ヨツボシナガツツハムシ
Clytra arida（ハムシ科）

- 体長 8-11mm
- 時期 6-8月
- 分布 本州・四国・九州

上翅は黄赤色で黒紋がある。食樹はカンバ類、ヤナギなど。

山梨県八ヶ岳東麓（2012.7.29）

1072 キボシルリハムシ
Smaragdina aurita（ハムシ科）

- 体長 4.5-6.2mm
- 時期 5-8月
- 分布 北海道・本州・四国・九州

別名キボシナガツツハムシ。頭部と前胸中央、上翅は青味のある黒色。前胸の側方は黄褐色。食樹はカンバ類、ヤナギなど。

長野県原村（2008.7.30）

1073 ムナキルリハムシ
Smaragdina semiaurantiaca（ハムシ科）

- 体長 5.2-6mm
- 時期 4-8月
- 分布 本州・四国・九州

別名ムナキナガツツハムシ。頭部と上翅は青味のある黒色で、前胸は黄褐色。食樹はカンバ類、ヤナギなど。

東京都羽村市（2010.5.12）

1074 キアシルリツツハムシ
Cryptocephalus hyacinthinus（ハムシ科）

- 体長 3.5-4.5mm
- 時期 4-7月
- 分布 北海道・本州・四国・九州

藍色を帯びた黒色。紫や緑色を帯びた個体もいる。バラ、コナラ、イタドリなどの葉を食べる。

大阪府四條畷市（2014.5.14）

1075 ヨツモンクロツツハムシ
Cryptocephalus nobilis（ハムシ科）

- 体長 5-6mm
- 時期 4-10月
- 分布 本州・四国・九州

黒色で、4個の黄色紋がある。食樹はコナラ、ウワミズザクラなど。

埼玉県入間市（2008.6.6）

ヤツボシツツハムシ 1076
Cryptocephalus peliopterus（ハムシ科）
- 体長 7-8.2mm
- 時期 4-8月
- 分布 本州・四国・九州

上翅に4対の黒紋がある。食樹はクリ、カシワなど。

東京都羽村市（2010.5.12）

コヤツボシツツハムシ 1077
Cryptocephalus instabilis（ハムシ科）
- 体長 4.5-5mm
- 時期 5-8月
- 分布 本州

色彩や斑紋には変異がある。食樹はハンノキ、ヤナギなど。

東京都羽村市（2010.5.12） 長野県松本市（2014.7.23）

クロボシツツハムシ 1078
Cryptocephalus luridipennis（ハムシ科）
- 体長 4.5-6.2mm
- 時期 4-8月
- 分布 本州・四国・九州

色彩には変異がある。食樹はノイバラ、ハンノキなど。

東京都町田市（2012.5.16） 東京都町田市（2012.5.16）

ムシクソハムシ 1079
Chlamisus spilotus（ハムシ科）
- 体長 2.7-3.5mm
- 時期 4-10月
- 分布 本州・四国・九州

別名ナミムシクソハムシ。イモムシ（チョウ目の幼虫）の糞に似る。食樹はコナラ、クリなど。

奈良県生駒市（2014.4.25）

ムネアカサルハムシ 1080
Basilepta ruficollis（ハムシ科）
- 体長 4.2-5mm
- 時期 5-8月
- 分布 本州・四国・九州

黒色で、前胸は赤色。稀に前胸が黒化する。クリ、クマイチゴなどの葉を食べる。

東京都八王子市（2012.6.20）

イモサルハムシ 1081
Colasposoma dauricum（ハムシ科）
- 体長 5.3-6mm
- 時期 5-8月
- 分布 北海道・本州・四国・九州

銅色、青藍色、金緑色などに輝く。食草はサツマイモなど。

大阪府四條畷市（2004.6.9）

1082 トビサルハムシ
Trichochrysea japana（ハムシ科）

体長	6.2-8.2mm
時期	5-8月
分布	本州

見つけやすさ

体に毛を密生する。食樹は、クリ、クヌギ、コナラなど。

埼玉県入間市(2011.6.8)

1083 コフキサルハムシ
Fidia atra（ハムシ科）

体長	6-7mm
時期	5-8月
分布	北海道・本州・四国・九州

見つけやすさ

別名リンゴコフキハムシ。黒色だが、白粉に被われる。白粉は脱落しやすい。多くの広葉樹の葉を食べる。

山梨県甲州市(2012.6.6)

1084 アカガネサルハムシ
Acrothinium gaschkevitchii（ハムシ科）

体長	5.5-7.5mm
時期	5-8月
分布	北海道・本州・四国・九州・沖縄

見つけやすさ

体の各部が赤銅色や金緑色に輝き美しい。畑や雑木林の周辺で見られる。ブドウ、エビヅル、トサミズキ、ハッカなどの葉を食べる。幼虫は、地中で植物の根を食べる。

メモ 虹色の輝きを見つけた瞬間、トキメキが伝わって、とたんに藪の中に落下してしまうことがあるので、あまり喜び過ぎてはいけない。

東京都青梅市(2012.5.27)

1085 マダラアラゲサルハムシ
Demotina fasciculata（ハムシ科）

体長	3.3-4.2mm
時期	4-10月
分布	本州・四国・九州

見つけやすさ

体表に粗い毛がはえている。肩部に白紋がある。カシ類やチャの葉を食べる。

奈良県生駒市(2013.6.12)

1086 ダイコンハムシ
Phaedon brassicae（ハムシ科）

体長	3.3-4.2mm
時期	3-11月
分布	北海道・本州・四国・九州・沖縄

見つけやすさ

別名ダイコンサルハムシ。黒色〜黒青色で楕円形。食草はアブラナ科植物。

奈良県生駒市(2006.10.22)

コガタルリハムシ 1087
Gastrophysa mannerheimi（ハムシ科）

体長	5.2-5.8mm
時期	3-6月
分布	北海道・本州・四国・九州

やや細長い。草原で見られる。食草はギシギシ、スイバなど。

東京都日野市（2012.3.25）

ヨモギハムシ 1088
Chrysolina aurichalcea（ハムシ科）

体長	7-10mm
時期	4-11月
分布	北海道・本州・四国・九州・沖縄

青藍色と銅色の2つの型がある。ヨモギなどの葉を食べる。

東京都奥多摩町（2011.7.10）

ハッカハムシ 1089
Chrysolina exanthematica（ハムシ科）

体長	7.5-12mm
時期	5-10月
分布	北海道・本州・四国・九州

暗銅色で鈍い光沢がある。青味を帯びる個体もいる。上翅には丸い平滑隆起が並ぶ。ハッカなどの葉を食べる。

埼玉県入間市（2008.6.6）

ドロノキハムシ 1090
Chrysomela populi（ハムシ科）

体長	10-12mm
時期	5-8月
分布	北海道・本州・四国・九州

黒色で、上翅は赤褐色。山地で見られる。食樹はドロノキなど。

山梨県富士吉田市（2010.8.15）

ヤナギハムシ 1091
Chrysomela vigintipunctata（ハムシ科）

体長	6.8-8.5mm
時期	4-7月
分布	北海道・本州・四国・九州

斑紋が消失する個体もいる。ヤナギ類の葉を食べる。

奈良県大和郡山市（2005.4.6）

ルリハムシ 1092
Plagiosterna aenea（ハムシ科）

体長	6.8-8.2mm
時期	4-8月
分布	北海道・本州・四国・九州

金緑色に輝き美しい。赤銅色、藍色、紫色など地理的分化による色彩変異がある。食樹はハンノキなど。

山梨県富士吉田市（2010.8.15）

1093 ズグロキハムシ
Plagiosterna japonica（ハムシ科）

- 体長　5.6-6.2mm
- 時期　4-7月
- 分布　本州・四国・九州

別名ズグロヒラタハムシ。食樹はイヌシデ、トサミズキなど。

東京都武蔵村山市（2012.4.25）

1094 クルミハムシ
Gastrolina depressa（ハムシ科）

- 体長　6.8-8.2mm
- 時期　4-7月
- 分布　北海道・本州・四国・九州

別名クルミヒラタハムシ。食樹はオニグルミなど。

東京都八王子市（2011.5.4）　　卵をもつ♀：山梨県甲州市（2012.6.6）

1095 ヤツボシハムシ
Gonioctena nigroplagiata（ハムシ科）

- 体長　5-6mm
- 時期　4-7月
- 分布　本州

黒紋がない個体や全体が黒化する個体もいる。食樹はエノキ。

神奈川県横浜市（2011.5.25）

1096 フジハムシ
Gonioctena rubripennis（ハムシ科）

- 体長　4.5-6mm
- 時期　4-7月
- 分布　北海道・本州・四国・九州

黒色で、上翅は赤褐色。上翅が黒化する個体もいる。食樹はフジなど。

山梨県甲州市（2012.5.23）

1097 トホシハムシ
Gonioctena japonica（ハムシ科）

- 体長　5.2-7.3mm
- 時期　5-8月
- 分布　北海道・本州・四国・九州

別名ニホントホシハムシ。食樹はハンノキ、クマシデなど。

長野県南牧村（2008.7.28）　山梨県甲州市（2011.7.24）

1098 ブタクサハムシ
Ophraella communa（ハムシ科）

- 体長　3.5-4.5mm
- 時期　5-10月
- 分布　本州・四国・九州

灰褐色で、暗褐色の縦条がある。食草はブタクサ類など。北アメリカ原産の帰化種。

東京都あきる野市（2013.7.21）

サンゴジュハムシ　1099
Pyrrhalta lineatipes（ハムシ科）

- 体長　5.8-6.8mm
- 時期　6-10月
- 分布　北海道・本州・四国・九州・沖縄

淡褐色で、灰白色の微毛におおわれる。食樹はサンゴジュなど。

大阪府大阪市（2004.8.21）

ニレハムシ　1100
Xanthogaleruca maculicollis（ハムシ科）

- 体長　6.5-6.9mm
- 時期　4-10月
- 分布　北海道・本州・四国・九州

濃黄褐色。前胸に黒紋がある。食樹はケヤキ、ニレなど。

東京都八王子市（2011.5.8）

エノキハムシ　1101
Pyrrhalta tibialis（ハムシ科）

- 体長　7.5-8mm
- 時期　5-10月
- 分布　本州・四国・九州

黄褐色で、灰白色の微毛でおおわれる。食樹はエノキ。

東京都練馬区（2009.7.10）

アカタデハムシ　1102
Pyrrhalta semifulva（ハムシ科）

- 体長　3-3.5mm
- 時期　4-9月
- 分布　北海道・本州・四国・九州

体色には変異がある。食樹は、サクラ、トサミズキなど。

埼玉県所沢市（2012.4.4）

アオバホソハムシ　1103
Apophylia viridipennis（ハムシ科）

- 体長　4.2-5mm
- 時期　6-8月
- 分布　本州

頭部や前胸は黒色で、上翅は金緑～銅緑色に輝く。山地の開けた草地などで見られる。

東京・神奈川県境陣馬山（2012.7.4）

ウリハムシ　1104
Aulacophora indica（ハムシ科）

- 体長　5.6-7.3mm
- 時期　4-10月
- 分布　本州・四国・九州・沖縄

橙黄色。人家周辺でもよく見られる。食草はウリ類。

神奈川県横浜市（2011.6.12）

1105 クロウリハムシ
Aulacophora nigripennis（ハムシ科）

- 体長 5.8-6.3mm
- 時期 4-10月
- 分布 本州・四国・九州・沖縄

頭部、前胸は橙黄色で、上翅は黒色。食草はカラスウリなど。

東京都八王子市(2011.7.27)

1106 ヨツボシハムシ
Paridea oculata（ハムシ科）

- 体長 5-5.7mm
- 時期 4-9月
- 分布 本州・四国・九州

4つの黒紋をもつ。食草はアマチャヅル、キヨスミギクなど。

埼玉県入間市(2013.5.1)

1107 アトボシハムシ
Paridea angulicollis（ハムシ科）

- 体長 4.5-5.5mm
- 時期 4-11月
- 分布 北海道・本州・四国・九州

黒紋には変異がある。食草はアマチャヅルなど。

東京都八王子市(2011.5.4)　東京都八王子市(2009.4.22)

1108 クワハムシ
Fleutiauxia armata（ハムシ科）

- 体長 5-7.3mm
- 時期 4-7月
- 分布 北海道・本州・四国・九州

前胸に明瞭な横溝がある。食樹は、クワ、コウゾなど。

埼玉県嵐山町(2013.5.26)

1109 ハンノキハムシ
Agelastica coerulea（ハムシ科）

- 体長 5.7-7.5mm
- 時期 4-8月
- 分布 北海道・本州・四国・九州

後半身が幅広のずんぐり型。食樹はハンノキなど。

山梨県甲州市(2013.7.14)

1110 イチモンジハムシ
Morphosphaera japonica（ハムシ科）

- 体長 6.8-7.8mm
- 時期 4-11月
- 分布 本州・四国・九州

前胸は黄色で4つの小黒紋がある。食樹はイヌビワなど。

神奈川県横須賀市(2011.11.20)

ウリハムシモドキ 1111
Atrachya menetriesi（ハムシ科）
- 体長 4.7-6.9mm
- 時期 6-11月
- 分布 北海道・本州・四国・九州

上翅が黒化した個体もいる。食草はマメ科植物。

奈良県生駒市（2013.6.9）

長野県原村（2008.7.30）

フタスジヒメハムシ 1112
Medythia nigrobilineata（ハムシ科）
- 体長 3-3.4mm
- 時期 5-10月
- 分布 北海道・本州・四国・九州・沖縄

淡黄褐色で1対の黒条がある。食草は、ダイズ、アズキなど。

奈良県生駒市（2006.10.22）

ムナグロツヤハムシ 1113
Arthrotus niger（ハムシ科）
- 体長 4.5-5.8mm
- 時期 4-10月
- 分布 北海道・本州・四国・九州

色彩や斑紋は変化に富む。食樹は、ハンノキ、クワなど。

東京都町田市（2011.5.15）

埼玉県入間市（2013.10.13）

ヨツキボシハムシ 1114
Hamushia eburata（ハムシ科）
- 体長 5-5.5mm
- 時期 3-7月
- 分布 本州

上翅の四隅に黄赤色紋がある。食草はウシハコベなど。

東京都八王子市（2008.4.16）

コウチュウ目

イタドリハムシ 1115
Gallerucida bifasciata（ハムシ科）
- 体長 7.5-9.5mm
- 時期 3-9月
- 分布 北海道・本州・四国・九州

黒色で、上翅に黄橙色の斑紋がある。斑紋は変異に富む。林縁や草原で見られ、イタドリやスイバの葉を食べる。

メモ 本種のように黒色と橙色を組み合わせたデザインのハムシは、体液に毒をもつテントウムシに擬態して身を守っていると思われる。

東京都八王子市（2012.4.29）

長野県諏訪市（2012.8.22）

1116 フタホシオオノミハムシ
Pseudodera xanthospila（ハムシ科）

埼玉県入間市（2012.5.6）

体長 7mm前後
時期 4-7月
分布 本州・四国・九州

上翅の後方に1対の白色紋をもつ。食草はサルトリイバラ。

1117 オオアカマルノミハムシ
Argopus clypeatus（ハムシ科）

埼玉県入間市（2012.5.6）

体長 4.2-5mm
時期 4-9月
分布 本州・四国・九州

明るい赤褐色。後脚腿節が発達し、跳躍できる。食草はボタンヅル、センニンソウ。

1118 ヘリグロテントウノミハムシ
Argopistes coccinelliformis（ハムシ科）

大阪府高槻市（2007.6.10）

体長 3.2-4mm
時期 3-9月
分布 本州・四国・九州・沖縄

体色も体型もテントウムシに似る。後脚腿節が発達し、跳躍できる。食樹はネズミモチなど。

1119 ルリマルノミハムシ
Nonarthra cyanea（ハムシ科）

東京都羽村市（2010.5.12）

体長 3.2-4mm
時期 3-10月
分布 北海道・本州・四国・九州

黒色で、藍色〜緑銅色の光沢がある。後脚腿節が発達し、跳躍できる。花によく集まる。

1120 カタビロトゲハムシ
Dactylispa subquadrata（ハムシ科）

東京都武蔵村山市（2012.10.21）

体長 4.5-5.6mm
時期 4-10月
分布 本州・四国・九州

別名カタビロトゲゲ。黒色で、触角や脚は黄褐色。上翅の側縁が丸く突出している。前胸と上翅には細かいトゲがある。食樹は、クヌギ、カシワなど。

メモ トゲハムシの仲間には、「○○トゲトゲ」というお茶目な別名があり、そちらを使ったほうが、フィールドで見つけた時の楽しさが倍増する。

キベリトゲハムシ 1121
Dactylispa masonii（ハムシ科）

- 体長 5-5.2mm
- 時期 4-10月
- 分布 北海道・本州・四国・九州

別名キベリトゲトゲ。黒褐色で、触角や脚、上翅周縁部は黄褐色。食草はフキなど。

神奈川県横浜市（2012.5.20）

クロルリトゲハムシ 1122
Rhadinosa nigrocyanea（ハムシ科）

- 体長 4.2-4.5mm
- 時期 5-9月
- 分布 本州・四国・九州

別名クロルリトゲトゲ。黒色で尖った突起がある。クロトゲハムシ（未掲載）より突起が長い。山地の草原で見られる。食草はススキ。

長野県諏訪市（2012.7.22）

ジンガサハムシ 1123
Aspidimorpha indica（ハムシ科）

- 体長 7.2-8.2mm
- 時期 4-9月
- 分布 北海道・本州・四国・九州

楕円形で半透明。体の中央部は黒褐色で金色の光沢がある。スキバジンガサハムシに似るがより大きく上翅会合部付近がわずかに隆起する。ヒルガオなどの葉を食べる。

メモ 円くて半透明で金色に輝く、まるでUFOのような不思議昆虫。ヒルガオの葉に穴が開いていたらこの虫に出会える期待が膨らむ。

神奈川県横浜市（2011.5.25）

神奈川県横浜市（2011.5.25）

1124 カメノコハムシ
Cassida nebulosa（ハムシ科）

- 体長 6.3-7.2mm
- 時期 5-8月
- 分布 北海道・本州・四国・九州

別名ナミカメノコハムシ。食草は、アカザ、シロザなど。

長野県原村(2008.7.30)

1125 スキバジンガサハムシ
Aspidimorpha transparipennis（ハムシ科）

- 体長 6.2-7.2mm
- 時期 5-8月
- 分布 北海道・本州・四国・九州

ジンガサハムシ（1123）に似るが小型でやや細長く、上翅は全体に滑らか。食草はヒルガオなど。

東京都八王子市(2008.5.28)

1126 イノコヅチカメノコハムシ
Cassida japana（ハムシ科）

- 体長 5-6mm
- 時期 4-10月
- 分布 北海道・本州・四国・九州・沖縄

やや薄暗い林縁などで見られる。食草はイノコヅチ。

埼玉県所沢市(2012.6.13)

1127 ミドリカメノコハムシ
Cassida erudita（ハムシ科）

- 体長 7-8mm
- 時期 5-10月
- 分布 北海道・本州・九州

背部が三角形に高まる。食草はアキチョウジ、ヒメシロネ。

東京都檜原村(2012.7.11)

1128 イチモンジカメノコハムシ
Thlaspida cribrosa（ハムシ科）

- 体長 7.8-8.5mm
- 時期 4-10月
- 分布 本州・四国・九州・沖縄

楕円形で扁平。体の中央部は褐色で、周縁部は半透明。林縁などで見られ、ムラサキシキブ、ヤブムラサキの葉を食べる。幼虫は脱皮殻や排泄した糞を背負う習性がある。

> **メモ** 成虫はスケスケの円盤型で、幼虫はトゲトゲの小判型。親子で奇抜さを競っている。

東京都八王子市(2012.6.20)　　幼虫：埼玉県所沢市(2012.6.13)

コウチュウ目

コガタカメノコハムシ 1129
Cassida vespertina（ハムシ科）

- 体長 4.7-6.7mm
- 時期 5-9月
- 分布 本州・四国・九州・沖縄
- 見つけやすさ

背部は黒色部が広くシワ状に隆起する。食草はボタンヅル。

東京都八王子市(2011.5.8)

セモンジンガサハムシ 1130
Cassida versicolor（ハムシ科）

- 体長 5.3-6.2mm
- 時期 4-10月
- 分布 北海道・本州・四国・九州・沖縄
- 見つけやすさ

背面中央に金色のX字型紋がある。食樹はサクラ、リンゴなど。

京都府木津川市(2016.5.17)

シロヒゲナガゾウムシ 1131
Platystomos sellatus（ヒゲナガゾウムシ科）

- 体長 7.5-11.5mm
- 時期 5-8月
- 分布 北海道・本州・四国・九州
- 見つけやすさ

茶褐色で、頭部と上翅中央、翅端は白色。雄の触角はきわめて長く、体長と同じかそれ以上。倒木や薪に集まるが、じっとしていると樹皮に同化して見つけにくい。

メモ 小さくて地味な種類が多いヒゲナガゾウムシ科にあって、本種は大型（といっても1cm大）で、しかも雄の触角が立派で見ごたえがある。

♂：大阪府四條畷市(2001.7.1)

♀：東京都町田市(2010.7.14)

エゴヒゲナガゾウムシ 1132
Exechesops leucopis（ヒゲナガゾウムシ科）

- 体長 3.5-5.5mm
- 時期 6-8月
- 分布 本州・四国・九州
- 見つけやすさ

別名ウシヅラヒゲナガゾウムシ。茶褐色で、顔面は白色。雄は頭部側面が突出し、複眼はその先端にある。エゴノキの実に集まり、実の上を活発に動き回る。

メモ エゴの実にあいた小さな穴は産卵跡。まず穴があいた実を見つけ、そのあたりを集中的に探すと効率よく発見できる。

中央♂　右♀：東京都八王子市(2011.7.27)

♂：東京都八王子市(2011.7.27)

コウチュウ目

1133 クロフヒゲナガゾウムシ
Tropideres roelofsi（ヒゲナガゾウムシ科）

体長	4.5-7.1mm
時期	4-7月
分布	本州・四国・九州

見つけやすさ

上翅に不規則な形の黒色紋をもつ。枯れ木や薪に集まる。

奈良県生駒市（2016.5.20）

1134 カオジロヒゲナガゾウムシ
Sphinctotropis laxus（ヒゲナガゾウムシ科）

体長	5.3-8mm
時期	4-9月
分布	北海道・本州・四国・九州

見つけやすさ

頭部前方が黄白色毛におおわれる。枯れ木などに集まる。

東京都町田市（2012.5.16）

1135 チャマダラヒゲナガゾウムシ
Acorynus latirostris（ヒゲナガゾウムシ科）

体長	6-7.5mm
時期	5-7月
分布	北海道・本州・四国・九州

見つけやすさ

淡褐色と黒褐色のまだら模様。倒木、伐採木などに集まる。

奈良県奈良市（2005.5.26）

1136 ドロハマキチョッキリ
Byctiscus congener（オトシブミ科）

体長	5.4-7mm
時期	4-8月
分布	北海道・本州・四国・九州

見つけやすさ

東日本では上翅の赤紋がない。全身が濃青色のものもいる。イタドリなどの葉を巻く。

長野県諏訪市（2010.7.29）

1137 ハイイロチョッキリ
Cyllorhynchites ursulus（オトシブミ科）

体長	7-9.1mm
時期	6-9月
分布	本州・四国・九州

見つけやすさ

黒色だが、頭部と長い口吻以外は黄灰色の毛におおわれている。コナラ、クヌギ、カシ類などの樹上で見られ、雌は実（ドングリ）に穴をあけて産卵し、枝ごと切り落とす。

メモ 雑木林の地表に、ドングリと葉っぱがついた小さな枝がたくさん落ちていたら、頭上で本種の雌たちが身を粉にして働いている証拠。

神奈川県横浜市（2013.9.18）

コウチュウ目

チャイロチョッキリ 1138
Aderorhinus crioceroides（オトシブミ科）

- 体長　5.5-7.1mm
- 時期　5-7月
- 分布　北海道・本州・四国・九州

体は黄赤褐色〜赤褐色で、口吻や脚は黒っぽい。クリ、コナラ、クヌギなどの葉上で見られ、よく飛ぶ。クリの花にも集まる。

メモ　黒色や緑銅色の種類が多いチョッキリ仲間にあって、本種の体色はかなりユニーク。「チャイロ」という名のイメージよりも赤味が強く、遠くからでもよく目立つ。

東京都東村山市（2010.5.26）

ミヤマイクビチョッキリ 1139
Deporaus nidificus（オトシブミ科）

- 体長　3.5-4.5mm
- 時期　4-6月
- 分布　本州・四国・九州

全身が黒色。名前に反し都市周辺でも見られる。クリやコナラの葉を巻く。

埼玉県入間市（2012.5.6）

カシルリオトシブミ 1140
Euops splendidus（オトシブミ科）

- 体長　3.2-4.5mm
- 時期　4-8月
- 分布　本州・四国・九州

金銅色で上翅は青みを帯びる。イタドリなどの葉を巻く。

東京都町田市（2011.4.24）

ウスモンオトシブミ 1141
Leptapoderus balteatus（オトシブミ科）

- 体長　6.5-7mm
- 時期　5-8月
- 分布　北海道・本州・四国・九州

茶褐色で、上翅は暗褐色。上翅中央の紋や脚は黄褐色。キブシ、ゴンズイなどの葉を巻く。

東京都八王子市（2008.5.7）

ルイスアシナガオトシブミ 1142
Henicolabus lewisii（オトシブミ科）

- 体長　4.8-6mm
- 時期　5-7月
- 分布　本州・四国・九州

赤茶色で前脚の腿節が膨らむ。ケヤキ、ハルニレなどの葉を巻く。

埼玉県横瀬町（2010.7.16）

♂：山梨県甲州市(2011.7.13)　♀：長野県南牧村(2011.8.2)

1143 オトシブミ
Apoderus jekelii（オトシブミ科）

体長	8-9.5mm
時期	5-8月
分布	北海道・本州・四国・九州

別名ナミオトシブミ。黒色で、上翅は赤色。色彩変異があり前翅が黒い個体もいる。クリ、コナラ、ミズナラ、ケヤマハンノキなどの樹上で見られ、雌は、これらの植物の葉を巻いて卵の入った揺籃を作る。

メモ 雌は葉を巻く前、まず葉に切れ込みを入れてしおれるのを待つ。待機中の雌を見つけたら、パフォーマンスを観察できるチャンス。

1144 ゴマダラオトシブミ
Agomadaranus pardalis（オトシブミ科）

長野県諏訪市(2010.7.29)

体長	7-8.2mm
時期	5-8月
分布	北海道・本州・四国・九州

黄褐色で、黒い斑紋が並ぶ。斑紋が小さい個体や、全体が黒色の個体もいる。クリ、クヌギなどの葉を巻く。

1145 ヒメコブオトシブミ
Phymatapoderus flavimanus（オトシブミ科）

体長	6-7.2mm
時期	4-8月
分布	北海道・本州・四国・九州

黒色で光沢があり上翅にコブをもつ。コアカソなどの葉を巻く。

東京都八王子市(2011.5.8)

奈良県生駒市(2013.6.12)　山梨県甲州市(2012.6.17)

1146 ヒメクロオトシブミ
Compsapoderus erythrogaster（オトシブミ科）

体長	4.5-5.5mm
時期	4-8月
分布	北海道・本州・四国・九州

色彩変異があり、全身が黒色のもの、脚が黄色いもの、上翅が赤褐色のものがいる。林縁などでよく見られ、コナラ、ノイバラ、キイチゴ類、ツツジ類などさまざまな植物の葉を巻く。

メモ 植物上によくちょこんととまっているが、少しの振動や殺気を感じただけでも落下してしまう繊細さがある。

ウスアカオトシブミ 1147
Leptapoderus rubidus（オトシブミ科）

体長	6.5-7mm
時期	5-7月
分布	北海道・本州・四国・九州

全身が赤褐色。広食性で、さまざまな植物の葉を巻く。

東京・神奈川県境陣馬山(2012.7.4)

エゴツルクビオトシブミ 1148
Cycnotrachelus roelofsi（オトシブミ科）

体長	♂8-9.5mm ♀6-7mm
時期	4-8月
分布	北海道・本州・四国・九州

光沢のある黒色。雄は頭部が長い。エゴノキ、ハクウンボクなどの葉を巻く。

♂：栃木県栃木市(2013.6.23)

ヒゲナガオトシブミ 1149
Paratrachelophorus longicornis（オトシブミ科）

体長	♂8-12mm ♀8-9mm
時期	5-7月
分布	北海道・本州・四国・九州

赤褐色～黄褐色。上翅には条溝がある。雄は頭部が著しく細長く、触角も長い。林縁のコブシ、イタドリなどで見られ、雌はこれらの植物の葉を巻いて卵の入った揺籃を作る。

メモ ヒゲナガの名のとおり、確かに触角も長いのだが、まず目に付くのは雄の頭部の長さ。むしろクビナガオトシブミとよんであげたい。

♂：東京都八王子市(2008.5.21) ♀：東京都八王子市(2012.4.29)

リンゴコフキゾウムシ 1150
Phyllobius armatus（ゾウムシ科）

体長	8-8.5mm
時期	5-7月
分布	本州・四国・九州

別名ケブカトゲアシヒゲボソゾウムシ。食樹はリンゴなど。

山梨県甲州市(2012.5.23)

クロホシクチブトゾウムシ 1151
Lepidepistomodes nigromaculatus（ゾウムシ科）

体長	6-6.3mm
時期	5-10月
分布	本州・四国・九州

淡緑色で、黒色の斑紋がある。シイ、クヌギなどで見られる。

兵庫県小野市(2013.8.12)

1152 トゲアシクチブトゾウムシ
Anosimus decoratus（ゾウムシ科）

体長	3.8-4.5mm
時期	4-8月
分布	本州・四国・九州

別名トゲアシゾウムシ。色や斑紋には変異がある。

東京都八王子市（2011.7.27）

1153 オオクチブトゾウムシ
Phyllolytus variabilis（ゾウムシ科）

体長	6.1-9.3mm
時期	5-10月
分布	本州・四国・九州

赤茶色だが淡黄色の粉でおおわれる。クヌギなどで見つかる。

兵庫県小野市（2013.8.12）

1154 スグリゾウムシ
Pseudocneorhinus bifasciatus（ゾウムシ科）

体長	5-6mm
時期	4-8月
分布	北海道・本州・四国・九州

体は球形。淡褐色で、暗褐色の不明瞭な紋がある。フサスグリ、ミカンなど多くの植物の葉を食べる。

神奈川県横浜市（2011.6.12）

1155 サビヒョウタンゾウムシ
Scepticus insularis（ゾウムシ科）

体長	6.5-8.2mm
時期	4-10月
分布	本州・四国・九州

淡褐色の鱗片でおおわれる。マメ類、ムギ類などの葉を食べる。

埼玉県入間市（2008.6.6）

1156 アルファルファタコゾウムシ
Hypera postica（ゾウムシ科）

体長	4-6.5mm
時期	5-11月
分布	北海道・本州・四国・九州・沖縄

褐色で、不明瞭な縦筋模様がある。レンゲ、ウマゴヤシ、カラスノエンドウなどマメ科各種を食べる。ヨーロッパ原産の帰化種。

メモ 1980年代前半に九州に侵入し、急速に勢力を広げた。中東、南アジア、北アフリカ、北米など、既に全世界を制覇しつつあるグローバル昆虫。

埼玉県入間市（2008.6.6）

シロコブゾウムシ 1157
Episomus turritus（ゾウムシ科）
- 体長 13-17mm
- 時期 4-8月
- 分布 本州・四国・九州

灰褐色で上翅にこぶ状の隆起をもつ。動作は鈍く、少しでも危険を察すると落下して死んだふりをする。クズ、ハギ、ニセアカシア、フジなどマメ科植物の葉を食べる。

奈良県橿原市(2012.6.3)

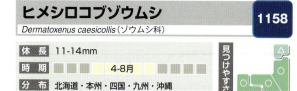

ヒメシロコブゾウムシ 1158
Dermatoxenus caesicollis（ゾウムシ科）
- 体長 11-14mm
- 時期 4-8月
- 分布 北海道・本州・四国・九州・沖縄

灰白色で、背部の中央が黒い。動作は鈍く、少しでも危険を察すると落下して死んだふりをする。ウド、タラ、シシウド、ヤツデなどの葉を食べる。

東京・神奈川県境陣馬山(2012.7.4)

オオアオゾウムシ 1159
Chlorophanus grandis（ゾウムシ科）
- 体長 12-15mm
- 時期 5-8月
- 分布 北海道・本州・九州

黒色だが緑色の鱗片におおわれている。前胸と上翅の側縁は黄色い。上翅の翅端が尖っている。北日本に多く、ヤナギ、ミズナラ、ノバラ、タデなどに集まる。

長野県南牧村(2008.7.28)

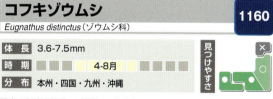

コフキゾウムシ 1160
Eugnathus distinctus（ゾウムシ科）
- 体長 3.6-7.5mm
- 時期 4-8月
- 分布 本州・四国・九州・沖縄

黒色だが淡緑色の鱗片におおわれている。口吻はあまり長くない。都市部の公園などでもよく見られる。クズ、ハギなどマメ科植物の葉を食べる。幼虫は土中で育つ。

東京都八王子市(2008.5.28)

1161 ハスジゾウムシ
Cleonus japonicus(ゾウムシ科)

体長	10.5-13mm
時期	4-8月
分布	北海道・本州・九州

暗褐色で上翅に不明瞭な灰色帯がある。ゴボウなどに集まる。

埼玉県さいたま市(2013.6.30)

1162 ハスジカツオゾウムシ
Lixus acutipennis(ゾウムシ科)

体長	9-14mm
時期	5-8月
分布	本州・四国・九州

上翅に不明瞭な灰褐色帯がある。幼虫はキク科植物を食べる。

埼玉県所沢市(2012.6.13)

山梨県甲州市
(2012.7.18)

1163 カツオゾウムシ
Lixus impressiventris(ゾウムシ科)

体長	10-12mm
時期	6-8月
分布	北海道・本州・四国・九州・沖縄

黒色だが、新鮮な個体は粉におおわれ明るい茶色に見える。活動するうちに粉が取れ、本来の体色が現れる。タデ類に集まる。幼虫はタデ類の茎の内部を食べて育つ。

メモ 激しく驚いた場合は地面に落下し、緩やかに驚いた場合は横歩きしながら葉裏に回り込む。

東京都八王子市
(2012.8.12)

1164 アイノカツオゾウムシ
Lixus maculatus(ゾウムシ科)

体長	6.5-12.5mm
時期	4-8月
分布	北海道・本州・四国・九州

細長く、不明瞭な縦条をもつ。ヨモギなどに集まる。

山梨県北杜市(2013.6.16)

1165 オオカツオゾウムシ
Lixus divaricatus(ゾウムシ科)

体長	15-17mm
時期	5-7月
分布	北海道・本州

黒色で、体表に白色毛がある。上翅の翅端が突出する。

東京都八王子市(2008.5.28)

ツツキクイゾウムシ 1166
Magdalis memnonia（ゾウムシ科）

- 体長 3-4.7mm
- 時期 4-6月
- 分布 本州・四国

黒色で上翅の条溝が明瞭。マツ類の小枝などで見られる。

山梨県甲州市(2012.5.23)

オジロアシナガゾウムシ 1167
Sternuchopsis trifidus（ゾウムシ科）

- 体長 9-10mm
- 時期 4-10月
- 分布 本州・四国・九州

鳥の糞に似る。クズの葉や茎でよく見られる。クズの茎の虫こぶには本種の幼虫がいる。

神奈川県横浜市(2011.6.12)

シロオビアカアシナガゾウムシ 1168
Merus nipponicus（ゾウムシ科）

- 体長 7-7.5mm
- 時期 5-8月
- 分布 本州・四国・九州

赤褐色で上翅後方に白帯がある。ノリウツギなどに集まる。

東京都八王子市(2011.5.8)

ホホジロアシナガゾウムシ 1169
Merus erro（ゾウムシ科）

- 体長 6.2-9.3mm
- 時期 4-9月
- 分布 本州・四国・九州

前胸側面が白い。ヌルデ、ハゼ、クワなどに集まる。

東京都羽村市(2009.9.9)

カシアシナガゾウムシ 1170
Merus piceus（ゾウムシ科）

- 体長 5.6-6.7mm
- 時期 4-10月
- 分布 本州・四国・九州

上翅に白帯がある。シイ、クリなどに集まる。

東京都東村山市(2012.10.31)

クリアナアキゾウムシ 1171
Pimelocerus exsculptus（ゾウムシ科）

- 体長 13-16mm
- 時期 5-8月
- 分布 北海道・本州・四国・九州

黒色で粗大な点刻列をもつ。クリに集まる。

神奈川県横浜市(2013.5.19)

1172 ホソアナアキゾウムシ
Pimelocerus elongatus（ゾウムシ科）

- 体長 5-8mm
- 時期 4-8月
- 分布 本州・四国・九州

鳥の糞に似る。ミズキ、サカキなどに集まる。

東京都青梅市（2012.5.27）

1173 フトアナアキゾウムシ
Pimelocerus gigas（ゾウムシ科）

- 体長 12-16mm
- 時期 5-9月
- 分布 北海道・本州・九州

体が幅広い。広葉樹の伐採木などに集まる。

東京都八王子市（2012.9.12）

1174 アシナガオニゾウムシ
Gasterocercus longipes（ゾウムシ科）

- 体長 8-12mm
- 時期 5-9月
- 分布 本州・四国・九州

鳥の糞に似る。前脚が長い。エノキの枯れ木などに集まる。

大阪府東大阪市（2002.5.5）

1175 クモゾウムシの一種
（ゾウムシ科）

- 体長 5mm前後
- 時期 5-8月

黄褐色〜黒褐色。複眼が卵形で大きい。

山梨県大月市（2009.7.26）

1176 シラホシヒメゾウムシ
Anthinobaris dispilota（ゾウムシ科）

- 体長 4.8-5.6mm
- 時期 5-8月
- 分布 北海道・本州・四国・九州

黒色で、白色〜黄色紋がある。山地に多く、花に集まる。

長野県諏訪市（2012.8.22）

1177 ハラグロノコギリゾウムシ
Ixalma nigriventris（ゾウムシ科）

- 体長 5.5-6mm
- 時期 4-7月
- 分布 本州・四国

後腿節に三角形の突起がある。フサザクラに集まる。

東京都八王子市（2008.6.25）

マダラアシゾウムシ 1178
Ectatorhinus adamsii（ゾウムシ科）

- 体長 14-18mm
- 時期 5-9月
- 分布 本州・四国・九州

穴だらけの体にこぶ状の突起があり、脚には輪状の斑紋がある。雑木林で見られ、クヌギ、コナラなどの新芽を食べる。樹液にもやって来る。

> メモ　木の幹や枝にとまっていると樹皮と同化して目立たないが、じっくり観察すると、その造形や配色の妙に惹きつけられる。

埼玉県入間市(2012.9.16)

エゴシギゾウムシ 1179
Curculio styracis（ゾウムシ科）

- 体長 5.5-7mm
- 時期 4-7月
- 分布 本州・四国・九州

黒色で、上翅に縦横の白帯がある。口吻が細長い。エゴノキの樹上で見られ、花の蜜を吸う。雌はエゴノキの実に口吻で穴を開けて産卵する。

> メモ　大きな複眼、長過ぎる口吻、丸みのある体、背中の帯模様、紡錘型の長い脚…。「カワイイ」の要素をひとり占めにしている。

東京都八王子市(2013.5.22)

コナラシギゾウムシ 1180
Curculio dentipes（ゾウムシ科）

- 体長 5.5-10mm
- 時期 5-10月
- 分布 北海道・本州・四国・九州

濃褐色で淡褐色〜褐色の鱗毛におおわれる。口吻が細長い。雌はコナラ、クヌギなどの実（ドングリ）に産卵する。

> メモ　シギゾウムシの仲間は、本来の棲家である樹上を探してもなかなか発見できないが、秋に自然公園の柵の上を探すと案外簡単に見つかることがある。

東京都東村山市(2013.10.2)

1181 クリシギゾウムシ
Curculio sikkimensis（ゾウムシ科）

体長	6-10mm
時期	7-10月
分布	北海道・本州・四国・九州

濃褐色で淡褐色〜褐色の鱗毛におおわれ、上翅の後方に淡色の横帯がある。口吻が細長い。雌はクリ、コナラ、アベマキ、アカガシなどの実（ドングリ）に産卵する。灯火にも集まる。

メモ クリの実の中から出てくる太った白い虫は、本種の幼虫であることが多い。

東京都武蔵村山市（2012.10.21）

東京都武蔵村山市（2012.10.21）

1182 カシワノミゾウムシ
Orchestes koltzei（ゾウムシ科）

体長	4mm前後
時期	4-6月
分布	北海道・本州・四国・九州

後翅が発達していて跳躍できる。カシワなどに集まる。

東京都東村山市（2013.10.2）

1183 マダラノミゾウムシ
Orchestes nomizo（ゾウムシ科）

体長	2.5-2.8mm
時期	4-6月
分布	北海道・本州

黒色で、白色毛がまばらに生える。ハンノキなどに集まる。

埼玉県所沢市（2012.4.4）

カグヤヒメキクイゾウムシ 1184
Pseudocossonus brevitarsis（ゾウムシ科）

- 体長 5.3-6mm
- 時期 5-7月
- 分布 本州・九州

細長く、黒褐色で光沢がある。メダケなどのタケノコを食べる。

東京都八王子市(2008.7.9)

ミツギリゾウムシ 1185
Baryrhynchus poweri（ミツギリゾウムシ科）

- 体長 10.5-23.5mm
- 時期 4-10月
- 分布 本州・四国・九州・沖縄

♂：奈良県奈良市(2014.7.2)

茶褐色〜黒褐色で光沢がある。上翅には黄橙色の紋が並ぶ。雄の口吻は太く前方が広がっている。雌の口吻は細長い。

♀：奈良県奈良市(2014.7.2)

オオゾウムシ 1186
Sipalinus gigas（オサゾウムシ科）

- 体長 12-29mm
- 時期 5-9月
- 分布 北海道・本州・四国・九州・沖縄

黒色で、灰褐色の粉でおおわれ、上翅にビロード状の小黒斑をもつ。体表には凹凸がある。クヌギ、ヌルデなどの樹液に集まり、灯火にも飛んでくる。

メモ：ほかのゾウムシと同様、危険を察すると落下して死んだフリをするが、脚を広げたまま仰向けに転がる大胆さが本種の特徴。

東京・神奈川県境陣馬山(2012.7.4)

コウチュウ目

トホシオサゾウムシ 1187
Aplotes roelofsi（オサゾウムシ科）

- 体長 6-8mm
- 時期 5-9月
- 分布 本州・四国・九州

濃赤色で上翅に黒斑がある。クリなどの花に集まる。

埼玉県入間市(2008.6.18)

ササコクゾウムシ 1188
Diocalandra sasa（オサゾウムシ科）

- 体長 4-5mm
- 時期 4-7月
- 分布 本州・九州

黒色〜濃褐色で細長い。枯れたスズタケ、メダケなどに集まる。

埼玉県所沢市(2012.6.10)

コラム ＜虫本ガイド❷＞ 図鑑の図鑑

多様な昆虫たちを取り扱う昆虫図鑑の世界もまた、多様化を極めている。
国内に生息する昆虫図鑑の中から、身近な自然での昆虫探検に役立つ
珠玉の12種を「図鑑」形式で紹介する。

01 『ポプラディア　WONDA昆虫』

体長：約290mm
分布：一般書店、大型書店、
　　　ネット書店
監修：寺山　守
発行：ポプラ社
価格：2,000円（税抜）

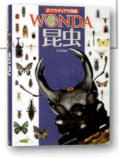

大型。国内の人気種や普通種を中心に1,700種を掲載。安定した内容で、入門～基本図鑑として最適。子供向けだが大人でも十分使える。児童書コーナーでよく見つかる。

02 『日本の昆虫 1400 ①②』

体長：約150mm
分布：一般書店、大型書店、ネット書店
編：槐　真史
監修：伊丹市昆虫館
発行：文一総合出版
価格：各1,000円（税抜）

小型。「活虫」の白バック写真を用いて1,400種を掲載。検索表も充実し、種類の見分けに役立つ。子供から大人まで万人向けのポケット図鑑。実用書コーナーでよく見られ、分布が広い。

03 『イモムシハンドブック』『イモムシハンドブック ②③』

体長：約180mm
分布：一般書店、大型書店、ネット書店
著：安田　守
発行：文一総合出版
価格：各1,400円（税抜）

小型で扁平。色とりどり、形もさまざまのかわいいイモムシ、ケムシたちが登場し、ところ狭しと這い回っている。類似種に『虫の卵ハンドブック』『繭ハンドブック』がある。

04 『フィールドガイド 日本のチョウ＜増補改訂版＞』

体長：約200mm
分布：一般書店、大型書店、
　　　ネット書店
編：日本チョウ類保全協会
発行：誠文堂新光社
価格：1,800円（税抜）

小型でやや細長い。雄と雌の違い、翅の裏と表の違いをすべて生態写真で示しつくす徹底振り。よく似た種類の見分けポイントも明解。実用書コーナーや生物学コーナーで見つかる。

05 『日本産蛾類標準図鑑 I～IV』

体長：約310mm
分布：大型書店（稀）、ネット書店
編：岸田泰則、広渡俊哉、
　　那須義次 他
発行：学研教育出版
価格：各25,000円（税抜）

大型。何千種類ものがたちの美しい標本写真が並ぶ。4冊揃えると家庭争議を引き起こすほどの出費になるが、使用頻度は高い。書店の棚で脱皮殻だけが見つかることも多い。

06 『狩蜂生態図鑑
　　　―ハンティング行動を写真で解く』

体長：約260mm
分布：大型書店、ネット書店
著：田仲義弘
発行：全国農村教育協会
価格：2,500円（税抜）

やや大型。さまざまな小動物を狩る狩蜂の世界を躍動感あふれる生態写真で紹介するビジュアル図鑑。写真集としても楽しめる。大型書店の生物学コーナーで見つかる。

『日本産コガネムシ上科標準図鑑』 07

体長：約310mm
分布：大型書店（稀）、ネット書店
監修：岡島秀治、荒谷邦雄
発行：学研教育出版
価格：12,000円（税抜）

大型。人気のクワガタや糞虫を含むコガネムシ上科の甲虫たちを網羅。標本写真が美しく、解説や検索表も充実している。稀だが、近縁の『蛾類標準図鑑』よりはよく見られる。

『ミニガイド 大阪のテントウムシ＜改訂版＞』 08

体長：約150mm（体幅 約210mm）
分布：大型書店（稀）、大阪市立自然史博物館、同左HP
著：初宿成彦
発行：大阪自然史センター
価格：686円（税抜）

きわめて扁平で体幅が広い。ページ数は少ないが、身近に見られるテントウムシのことは、この一冊でほとんどわかる。博物館が発行しているため、特異な分布をする。

『日本原色カメムシ図鑑』『日本原色カメムシ図鑑 第2巻、第3巻』 09

体長：約210mm
分布：大型書店、ネット書店
編著：安永智秀、高井幹夫、石川　忠 他
発行：全国農村教育協会
価格：9,030〜12,000円（税抜）

中型。陸生カメムシのほとんどを美麗な生態写真とともに解説する脅威の3冊。
財布との折り合いがつかない場合は、正巻→3巻→2巻の順で徐々に取り揃えるとよい。

『バッタ・コオロギ・キリギリス生態図鑑』 10

体長：約190mm
分布：一般書店（稀）、大型書店、ネット書店
著：村井貴史、伊藤ふくお
発行：北海道大学出版会
価格：2,600円（税抜）

やや小型。バッタ目のほぼすべてを大きなサイズの生態写真で紹介している。価格もこなれており、ぜひ手元に置きたい定番図鑑のひとつ。一般書店での分布拡大が望まれる。

『ネイチャーガイド 日本のトンボ』 11

体長：約210mm
分布：一般書店（稀）、大型書店、ネット書店
著：尾園　暁、川島逸郎、二橋　亮
発行：文一総合出版
価格：5,500円（税抜）

中型。白色で美しい。トンボ全種を標本写真と生態写真で紹介し、解説や検索表も充実している。トンボ図鑑の決定版であり、前種同様、一般書店での分布拡大が望まれる。

『アリの巣の生きもの図鑑』 12

体長：約260mm
分布：大型書店、ネット書店
著：丸山宗利、小松　貴、工藤誠也 他
発行：東海大学出版会
価格：4,500円（税抜）

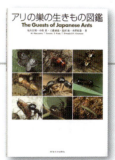

やや大型。アリの巣に依存する生きものたちを鮮明な生態写真とともに解説している。ミクロ世界の決定的瞬間を捉えた写真も多い。大型書店の生物学コーナーで見つかる。

虫本ガイド①「昆虫探検の指南本」→p.167　③「迷宮のその奥へ」→p.354

♀：茨城県土浦市（2007.7.6）（写真 高橋景太）

1189 スズバチネジレバネ
Pseudoxenos iwatai（ネジレバネ目ネジレバネ科）

体長	♂3mm前後　♀5-6mm
時期	3-11月
分布	本州・四国・九州・沖縄

見つけやすさ

雄は黒褐色で、前翅はややねじれた棍棒状。雌は、翅も脚もなく、頭胸部は濃茶褐色で腹部は乳白色～淡黄色。ドロバチやトックリバチの仲間に寄生する。雄は、羽化時に寄主の体から脱出するが、雌は生涯、寄主の体内に留まる。

メモ 写真は、オオフタオビドロバチの腹部から頭胸部を出す雌2頭。ハチを見つけた時には、腹部から何かがのぞいていないかも忘れずに確認したい。

東京都八王子市（2012.9.12）

東京都八王子市（2012.9.12）

幼虫：東京都羽村市（2010.7.25）

1190 ヘビトンボ
Protohermes grandis（ヘビトンボ科）

開張	85-95mm
時期	5-9月
分布	北海道・本州・四国・九州

見つけやすさ

黄褐色で細長く、セミに似た巨大な翅をもつ。翅には黄色い斑紋がある。夜、灯火によく飛来する。幼虫は、河川の水中でほかの水生昆虫などを捕食して育ち、漢方薬の「孫太郎虫」としても知られる。

メモ 気性が荒く、不用意に捕まえると長い首を曲げて大あごで咬みついてくる。まさに「蛇とんぼ」の名に恥じないバイオレンスな昆虫。

東京都武蔵村山市（2012.4.25）

交尾（右が♀）：東京都武蔵村山市（2012.4.25）

1191 センブリの一種
Sialis sp.（センブリ科）

開張	30mm前後
時期	4-6月

黒色で、大きな翅をもつ。体は幅広で、ずんぐりしている。樹林に囲まれた川や池の周囲で見られ、日中に活動する。幼虫は水中で生活し、ほかの水生昆虫などを捕食する。いくつかの類似種がいて外見で見分けるのは難しい。

メモ 春に現れ、気温の高い日にはヒュラヒュラとよく飛ぶ。見た目も、飛び方も、どこか太古の昆虫を思わせる。

ラクダムシ 1192
Inocellia japonica（ラクダムシ目ラクダムシ科）
- 開張 15-20mm
- 時期 4-7月
- 分布 北海道・本州・四国・九州

黒色で細長く、腹部には黄白色の斑紋列がある。翅は透明。雌は長い産卵管をもつ。マツ林、照葉樹林などで見られる。幼虫は、樹皮下などに生息し、小昆虫を食べて育つ。

♀：神奈川県横浜市（2011.6.12）

キカマキリモドキ 1193
Eumantispa harmandi（カマキリモドキ科）
- 開張 32-52mm
- 時期 6-9月
- 分布 本州・四国・九州

黄褐色でカマキリの鎌のような前脚をもつ。顔つきもカマキリに似る。翅は透明。山地の雑木林の林縁などで見られ、小昆虫を捕らえて食べる。灯火に飛来する。

山梨県富士河口湖町（2012.7.13）（写真 野口雄次）

キバネツノトンボ 1194
Libelloides ramburi（ウスバカゲロウ科）
- 開張 50-55mm
- 時期 4-6月
- 分布 本州・九州

触角が長く、前翅は透明で後翅は黒色と黄色のまだら模様。丘陵地〜山地で見られ、河川敷の草はらなどを、日中、活発に飛び回る。幼虫はアリジゴク型で、草の根際や石の下で小昆虫などを捕食して育つ。

メモ アンテナ型の触角、くりくりの複眼、黒と黄に塗り分けられた脚をもち、まるでアニメのキャラクターのように愛らしい。

♂：山梨県韮崎市（2013.5.5）

♂：山梨県韮崎市（2013.5.5）

1195 ツノトンボ
Ascalohybris subjacens（ウスバカゲロウ科）

開張	63-75mm
時期	5-9月
分布	本州・四国・九州

体は細長く、透明の翅をもつ。触角が長く先端が太い。雄は赤褐色で尾端に1対の付属物をもつ。雌は黄色味が強く雄よりも腹部が太い。林縁の草むらなどで見られ、やや不器用に飛ぶ。

メモ チョウの体にトンボの翅がついたような奇妙な姿で、一見、何の仲間か分からず、混乱してしまう。

♀：高知県大月町（2002.8.7）　　♂：大阪府四條畷市（1999.9.19）

1196 ヤマトヒメカゲロウ
Hemerobius japonicus（ヒメカゲロウ科）

前翅長	7.5mm前後
時期	3-10月
分布	北海道・本州・四国・九州

淡褐色で、翅脈にそって小褐色斑が並ぶ。樹上でよく見つかる。

奈良県生駒市（2014.4.11）

1197 プライヤーヒロバカゲロウ
Osmylus pryeri（ヒロバカゲロウ科）

開張	50mm前後
時期	6-10月
分布	北海道・本州・四国・九州

翅は黒ずみ、周縁に白紋が規則的に並ぶ。湿った林内などで見られる。

長野県松本市（2012.7.31）

1198 スカシヒロバカゲロウ
Osmylus hyalinatus（ヒロバカゲロウ科）

開張	45-50mm
時期	4-10月
分布	北海道・本州・四国・九州

翅の斑紋は目立たない。湿った林内などで見られる。

東京都八王子市（2012.6.20）

1199 ツマモンヒロバカゲロウ
Osmylus decoratus（ヒロバカゲロウ科）

開張	50mm前後
時期	5-10月
分布	北海道・本州

翅の中央や翅端に黒紋がある。湿った林内などで見られる。

東京都八王子市（2008.5.21）

アミメカゲロウ目

キマダラヒロバカゲロウ 1200

Spilosmylus flavicornis（ヒロバカゲロウ科）

開張	30-35mm
時期	6-9月
分布	北海道・本州・四国・九州

淡褐色で、翅に黒褐色の紋や線が散在する。

山梨県北杜市（2013.8.28）

コウスバカゲロウ 1201

Myrmeleon formicarius（ウスバカゲロウ科）

開張	55-80mm
時期	6-9月
分布	北海道・本州・四国・九州

体や脚は灰黒色。幼虫は河原や海岸の砂地に巣をつくる。

奈良県山添村（1994.6.22）

ウスバカゲロウ 1202

Baliga micans（ウスバカゲロウ科）

開張	75-85mm
時期	6-10月
分布	北海道・本州・四国・九州・沖縄

体は暗褐色で脚は淡黄色。細長く大きな透明の翅をもつ。林内や林縁の薄暗い場所で見られる。ヒュラヒュラとゆるやかに飛び、すぐ植物にとまる。灯火にも飛来する。

メモ 幼虫（俗称アリジゴク）は、砂地にすり鉢状の巣をつくり、迷い込んだアリなどを捕らえて食べる。異形の幼虫から可憐な成虫へのメタモルフォーゼが見事。

大阪府四條畷市（2005.7.13）

東京都練馬区（2009.7.13）

ホシウスバカゲロウ 1203

Paraglenurus japonicus（ウスバカゲロウ科）

開張	65-80mm
時期	6-10月
分布	北海道・本州・四国・九州・沖縄

翅に小さな褐色紋がある。林内や林縁の薄暗い場所で見られる。

大阪府四條畷市（2004.7.12）

オオクサカゲロウの一種 1204

Nineta sp.（クサカゲロウ科）

開張	40-50mm
時期	5-10月

大型。淡緑色で、背部に黄色帯がある。幼虫はアブラムシ類などを食べる。

東京都あきる野市（2013.8.21）

1205 ヨツボシクサカゲロウ
Chrysopa pallens（クサカゲロウ科）

開張	35-45mm
時期	4-9月
分布	北海道・本州・四国・九州・沖縄

顔面に4個の黒紋がある。アブラムシ類などを食べる。

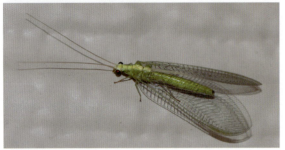
山梨県甲州市(2012.7.18)

1206 クサカゲロウ
Chrysopa intima（クサカゲロウ科）

開張	25-35mm
時期	5-9月
分布	北海道・本州（中部以北）

顔面にX字型紋があり翅脈が黒い。アブラムシ類などを食べる。

山梨県富士吉田市(2010.8.22)

1207 クモンクサカゲロウ
Chrysopa formosa（クサカゲロウ科）

開張	25mm前後
時期	4-10月
分布	北海道・本州・四国・九州

顔面〜頭頂部に9個の黒紋がある。アブラムシ類などを食べる。

大阪府大阪市(2004.5.18)

1208 カオマダラクサカゲロウ
Mallada desjardinsi（クサカゲロウ科）

開張	22-26mm
時期	3-10月
分布	本州・四国・九州・沖縄

顔面の紋は「人」字型。幼虫はアブラムシ類などを食べる。

東京都江東区(2013.10.16)

1209 アミメクサカゲロウ
Apochrysa matsumurae（クサカゲロウ科）

開張	44-52mm
時期	5-10月
分布	本州・四国・九州

大型。幅の広い翅を平らにしてとまる。前翅には1対の黒紋があり、中央部の翅脈は網目状。触角が長い。幼虫はアブラムシ類などを食べる。

メモ 国内最大級のクサカゲロウ。極薄の翅を広げて樹間を飛ぶ姿には、天使の趣が漂う。

東京都江東区(2013.10.16)

アミメカゲロウ目

ニイニイゼミ 1210
Platypleura kaempferi（セミ科）
- 全長 32-39mm
- 時期 6-9月
- 分布 北海道・本州・四国・九州・沖縄

体も翅も褐色のまだら模様。色彩は変異がある。樹皮にとまると見つけにくい。平地から山地まで広く生息するが近年はやや減少傾向。チーーーという連続音で長く鳴く。

東京都東村山市（2009.7.17）

クマゼミ 1211
Cryptotympana facialis（セミ科）
- 全長 63-70mm
- 時期 7-9月
- 分布 本州（関東以西）・四国・九州・沖縄

光沢のある黒色で、前翅基部付近の翅脈は黄緑色。西南日本では公園や街路樹などで普通に見られる。近年、分布を北に広げつつある。シャーシャーシャーと大きな声で鳴く。

大阪府大東市（2011.8.10）　幼虫：大阪府東大阪市（2015.7.15）

コエゾゼミ 1212
Auritibicen bihamatus（セミ科）
- 全長 48-54mm
- 時期 7-8月
- 分布 北海道・本州・四国

黒褐色で、黄色や赤褐色の斑紋がある。前胸の黄帯が両側で途切れることでエゾゼミと見分けられる。ブナ林などに生息し、西南日本では山地性。ジーーーという連続音で鳴く。

群馬県赤城山（2012.7.25）

エゾゼミ 1213
Auritibicen japonicus（セミ科）
- 全長 59-66mm
- 時期 7-9月
- 分布 北海道・本州・四国・九州

黒褐色で、黄色や赤褐色の斑紋がある。アカマツ、スギ、ヒノキなど針葉樹林に多い。西南日本では山地性。ギーーーという低く太い連続音で鳴く。

長野県原村（2008.7.30）　幼虫：長野県原村（2008.7.30）

カメムシ目

1214 アブラゼミ
Graptopsaltria nigrofuscata（セミ科）

全長	55-60mm
時期	7-9月
分布	北海道・本州・四国・九州

見つけやすさ △

黒褐色で、翅は茶色の細かなまだら模様。平地から山地まで広く生息し、市街地の公園などにも多い。ジーーーと油が煮えたぎるような声で鳴く。翅が透明でないセミは世界的に珍しい。

大阪府大東市(2011.8.10)

幼虫：東京都千代田区(2012.8.10)

1215 エゾハルゼミ
Yezoterpnosia nigricosta（セミ科）

全長	37-43mm
時期	5-7月
分布	北海道・本州・四国・九州

見つけやすさ △

頭部・胸部は暗褐色で緑色や褐色の紋があり、腹部は黄褐色。東北日本では平地〜低山地に、西南日本では山地に多い。ミョーキン、ミョーキン、ミョーケケケケ‥と鳴く。

♂：東京都檜原村(2012.7.11)

1216 ヒグラシ
Tanna japonensis（セミ科）

全長	41-50mm
時期	7-9月
分布	北海道・本州・四国・九州・奄美大島

見つけやすさ △

褐色で、黒色と緑色の斑紋があるが、体色には変異がある。薄暗い林に多く、主に夕方と早朝に、カナカナカナカナ‥と風情のある声で鳴く。

♀：東京都八王子市(2009.7.29)

1217 ツクツクボウシ
Meimuna opalifera（セミ科）

全長	41-47mm
時期	7-10月
分布	北海道・本州・四国・九州

見つけやすさ △

緑色味を帯びた褐色で、黒紋がある。体型はスマート。山地から都会の公園まで広く生息し、夏の後半に個体数が増える。オーシンツクツク・オーシンツクツク‥と繰り返し鳴く。

♂：東京都八王子市(2012.8.12)

♀：東京都東村山市(2012.9.2)

幼虫：東京都千代田区(2012.8.18)

カメムシ目

ヒメハルゼミ　1218
Euterpnosia chibensis（セミ科）

- 全長　29-40mm
- 時期　6-8月
- 分布　本州・四国・九州・奄美大島

褐色〜緑褐色で、黒条がある。小型でスマート。平地〜丘陵の照葉樹林などに生息する。小枝にとまって、ウィーン、ウィーン、ウィーンと鳴く。夕方はとくによく鳴き、大合唱する。

奈良県山添村（1994.6）

ミンミンゼミ　1219
Hyalessa maculaticollis（セミ科）

- 全長　55-63mm
- 時期　7-10月
- 分布　北海道・本州・四国・九州

黒褐色で緑色の斑紋がある。関東以北では主に平地に、西南日本では主に低山地〜山地に生息する。ミーン、ミーン、ミンミンミーと、繰り返し大きな声で鳴く。

東京都あきる野市（2013.8.21）

トビイロツノゼミ　1220
Machaerotypus sibiricus（ツノゼミ科）

- 全長　5-6mm
- 時期　4-11月
- 分布　北海道・本州・四国・九州

茶褐色で、前胸背に1対の小さな突起がある。林縁などの樹上に生息する。マメ科植物などにつく。ツノゼミの仲間では最も普通に見られる。

東京都八王子市（2008.5.28）

オビマルツノゼミ　1221
Gargara katoi（ツノゼミ科）

- 全長　5.5-6.5mm
- 時期　5-8月
- 分布　本州・四国・九州

暗褐色で前翅に黒帯がある。雌は翅の黒帯がやや不明瞭で、赤褐色を帯びることが多い。前胸は丸く後方が尖っている。林縁などの樹上に生息する。マメ科植物などにつく。

♀：埼玉県所沢市（2012.6.10）

幼虫：奈良県生駒市（2015.5.18）

カメムシ目

1222 シロオビアワフキ
Aphrophora intermedia（アワフキムシ科）

- 全長 11-12mm
- 時期 5-10月
- 分布 北海道・本州・四国・九州

灰褐色で、前翅に白帯がある。ヤナギ、マサキ、バラ、クワなどの茎で見つかる。幼虫は、泡を分泌して巣をつくり、その中に身を隠す。

メモ 巣の泡を取り除くと赤と黒に塗り分けられた幼虫が出てくる。裸にされた幼虫は、不満そうに腹端をあげて新しい泡を出し始める。

栃木県宇都宮市（2011.10.9）

幼虫：神奈川県横浜市（2011.5.25）

1223 マルアワフキ
Lepyronia coleoptrata（アワフキムシ科）

- 全長 8-9mm
- 時期 6-10月
- 分布 北海道・本州・四国・九州

淡褐色で丸みがある。翅に黒褐色の斑紋をもつ。色彩や斑紋には変異がある。平地～山地に生息し、草地のヨモギ類やイネ科植物で見つかる。

メモ 背部から見ると、翅の黒帯が淫らなキスマークにも見えて、若干の胸騒ぎを覚えてしまう。

東京都日野市（2012.10.7）

東京都羽村市（2009.5.27）

幼虫：山梨県甲州市（2012.6.6）

1224 テングアワフキ
Philagra albinotata（アワフキムシ科）

- 全長 10-12mm
- 時期 6-9月
- 分布 本州・四国・九州

頭頂部が尖った特異な姿。アザミ、ヨモギ類などにつく。

東京都八王子市（2008.6.25）

1225 クロスジアワフキ
Aphrophora vittata（アワフキムシ科）

- 全長 11mm前後
- 時期 7-9月
- 分布 北海道・本州・四国

淡褐色で、前翅に黒褐色の条紋をもつ。個体変異があり、条紋が濃いものや不明瞭なものもいる。

神奈川県横浜市（2010.6.30）

ホシアワフキ 1226
Aphrophora stictica（アワフキムシ科）

- 全長 13-14mm
- 時期 5-11月
- 分布 北海道・本州・四国・九州

前翅に黒褐色の小斑紋列をもつ。斑紋には個体変異がある。

山梨県北杜市（2013.7.10）

モンキアワフキ 1227
Aphrophora major（アワフキムシ科）

- 全長 13-14mm
- 時期 5-9月
- 分布 北海道・本州・四国・九州

濃褐色で、前翅に1対の黄白色の小紋がある。カキ、ヤナギなどにつく。

山梨県大泉村（2012.8.19）

ハマベアワフキ 1228
Aphrophora maritima（アワフキムシ科）

- 全長 10-11mmm
- 時期 5-10月
- 分布 北海道・本州・四国・九州

淡褐色。平地や海岸部の草はらで見られ、イネ科植物につく。

大阪府四條畷市（2002.9.18）

タカイホソアワフキ 1229
Neophilaenus sachalinensis（アワフキムシ科）

- 全長 6mm前後
- 時期 7-8月
- 分布 北海道・本州（中部以北）

茶褐色で前翅に白帯がある。山岳地帯の草はらで見られる。

ペア（右が♂）：山梨県八ヶ岳東麓（2012.7.29）

ムネアカアワフキ 1230
Hindoloides bipunctata（トゲアワフキムシ科）

- 全長 4-5mm
- 時期 4-6月
- 分布 本州・四国・九州・沖縄

雌は胸部全体が赤く、雄は小楯板のみ赤色。サクラ類につく。

♀：東京都青梅市（2013.4.28）　♂：奈良県生駒市（2014.5.3）

コガシラアワフキ 1231
Eoscarta assimilis（コガシラアワフキムシ科）

- 全長 7-8.5mm
- 時期 6-8月
- 分布 北海道・本州・四国・九州・沖縄

赤褐色～黒色。主に草地で見られ、ヨモギなどにつく。

埼玉県所沢市（2012.6.13）

1232 ミミズク
Ledra auditura（ヨコバイ科）

全長	13-19mm
時期	5-11月
分布	本州・四国・九州・沖縄

東京都東村山市(2012.9.2)

暗褐色～黒褐色で、前胸に耳状の突起がある。後脚脛節（けいせつ）が扁平。樹木の幹や枝にとまっていると樹皮と同化して目立たない。クヌギなどにつく。

幼虫：埼玉県入間市(2011.10.23)

メモ 耳の部分に注目が集まりがちだが、愛嬌のあるカバ顔や、居眠りしているように見える複眼も魅力的。

1233 コミミズク
Ledropsis discolor（ヨコバイ科）

全長	9-13mm
時期	4-7月
分布	本州・四国・九州

奈良県生駒市(2016.4.16)

幼虫：奈良県生駒市(2014.10.2)

頭部がへら状。アラカシ、クヌギなどにつく。

1234 ブチミャクヨコバイ
Drabescus nigrifemoratus（ヨコバイ科）

全長	7-8mm
時期	6-9月
分布	北海道・本州・四国・九州

翅脈が黒白の点線状。クヌギなどにつく。

埼玉県さいたま市(2010.6.9)

幼虫(ブチミャクヨコバイの一種)：兵庫県小野市(2013.8.12)

1235 リンゴマダラヨコバイ
Orientus ishidae（ヨコバイ科）

全長	6.5mm前後
時期	5-10月
分布	北海道・本州・四国・九州・沖縄

黒褐色の細かい網目模様がある。リンゴ、バラ類などにつく。

埼玉県蓮田市(2013.6.30)

1236 ホシヒメヨコバイ
Limassolla multipunctata（ヨコバイ科）

全長	3-3.5mm
時期	1年中
分布	本州・四国・九州・沖縄

黄白色で、背部に茶褐色～暗褐色の紋と多くの小黒点がある。

奈良県奈良市(2014.11.8)

ツマグロオオヨコバイ　1237
Bothrogonia ferruginea（ヨコバイ科）

全長	13mm前後
時期	3-11月
分布	本州・四国・九州

黄緑色で、頭部と胸部に黒斑がある。翅の先端は黒い。その見た目から、俗にバナナムシともよばれる。林縁や草はらで広く見られ、都市部の公園などにも多い。いろいろな植物の汁を吸う。灯火にも飛来する。

メモ 成虫が多く見られるあたりの葉裏を根気よく探すと、透明感のある黄緑色の幼虫が見つかる。

東京都八王子市(2011.4.6)

幼虫：東京都羽村市(2012.8.29)

オオヨコバイ　1238
Cicadella viridis（ヨコバイ科）

全長	8-10mm
時期	5-11月
分布	北海道・本州・四国・九州・沖縄

頭部に明瞭な小黒紋をもつ。草はらでよく見られる。

東京都羽村市(2010.10.31)

マエジロオオヨコバイ　1239
Kolla atramentaria（ヨコバイ科）

全長	5.5-6.5mm
時期	4-9月
分布	北海道・本州・四国・九州・沖縄

雌雄差があり雌は頭部が黄色。柑橘類、バラ科植物などにつく。

♂：東京都青梅市(2012.5.27)

キスジカンムリヨコバイ　1240
Evacanthus interruptus（ヨコバイ科）

全長	6-8mm
時期	7-8月
分布	北海道・本州・四国・九州

淡黄色～淡黄緑色で、黒色条がある。黒色条が発達して全体が黒っぽくなる個体もいる。山地で見られ、キク科植物につく。

山梨県甲州市(2011.7.24)

クワキヨコバイの一種　1241
Pagaronia sp.（ヨコバイ科）

全長	8mm前後
時期	5-7月

クワなどにつく。色彩変異があり、類似種も非常に多い。

神奈川県横浜市(2011.5.25)

東京・神奈川県境陣馬山(2012.7.4)

カメムシ目

1242 クロスジホソサジヨコバイ
Sophonia orientalis（ヨコバイ科）

全長	5-6mm
時期	1年中
分布	本州・四国・九州・沖縄

淡黄色で、背部に明瞭な黒条がある。ヤツデなどにつく。

神奈川県横須賀市(2012.11.4)　幼虫：神奈川県横須賀市(2012.11.4)

1243 クロヒラタヨコバイ
Penthimia nitida（ヨコバイ科）

全長	4.5-6mm
時期	4-8月
分布	本州・四国・九州

黒色〜茶褐色で光沢がある。翅端に網目状の白紋をもつ。広葉樹の葉上で見つかる。

東京都青梅市(2013.4.28)

1244 アカハネナガウンカ
Diostrombus politus（ハネナガウンカ科）

体長	4mm前後（翅端まで 9-10mm）
時期	7-10月
分布	北海道・本州・四国・九州・沖縄

赤色で、透明の長い翅をもつ。ススキなどにつく。

東京都羽村市(2009.9.9)

1245 シリアカハネナガウンカ
Zoraida horishana（ハネナガウンカ科）

体長	5-6mm（翅端まで 14-16mm）
時期	6-9月
分布	本州・九州

前縁が暗褐色の長い翅をもつ。腹端が赤い。

東京都八王子市(2013.9.11)

1246 アヤヘリハネナガウンカ
Losbanosia hibarensis（ハネナガウンカ科）

体長	5mm前後（翅端まで16mm前後）
時期	7-10月
分布	本州・四国・九州・奄美大島

体は橙褐色で、体長の倍以上もある長い透明の前翅をもつ。前翅の前縁〜外縁は暗赤褐色で、前縁内側に2対の紋がある。後縁は波状。おもな翅脈は紅色。雑木林の樹上や下草の葉裏で見つかる。

奈良県奈良市(2014.9.29)

1247 キスジハネビロウンカ
Rhotana satsumana（ハネナガウンカ科）

体長	3-3.5mm（翅端まで7mm前後）
時期	7-9月
分布	本州・四国・九州

幅広く大きな翅に黄褐色の帯がある。樹上で見られる。

茨城県牛久市(2013.8.4)

カメムシ目

アミガサハゴロモ　1248
Pochazia albomaculata（ハゴロモ科）

全長	10-13mm
時期	7-10月
分布	本州・四国・九州・沖縄

暗褐色〜黒褐色で、前翅前縁の中央に明瞭な白紋をもつ。新鮮な個体は緑色の粉でおおわれているが活動するうちに脱落する。林縁の下草やカシ類の葉上で見られる。

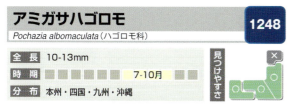
東京都八王子市（2011.7.27）

幼虫：東京都東村山市（2009.7.17）

ベッコウハゴロモ　1249
Orosanga japonicus（ハゴロモ科）

全長	9-11mm
時期	7-10月
分布	本州・四国・九州・沖縄

前翅は褐色で2本の白帯がある。色彩変異があり、全体が淡色のものや暗化するものもいる。クズの葉上によくとまっている。クズ、ヤマノイモ、ウツギ、ミカンなどの茎から汁を吸う。

東京都あきる野市（2013.7.21）

幼虫：東京都八王子市（2009.7.29）

スケバハゴロモ　1250
Euricania facialis（ハゴロモ科）

全長	9-10mm
時期	7-9月
分布	本州・四国・九州

黒褐色帯で縁どられた透明の翅をもつ。雑木林の周辺で見られ、ウツギ、キイチゴ、クワ、ブドウなどの汁を吸う。灯火にもやって来る。

東京都八王子市（2012.8.12）

アオバハゴロモ　1251
Geisha distinctissima（アオバハゴロモ科）

全長	9-11mm
時期	7-11月
分布	本州・四国・九州・沖縄

きれいな淡緑色で、翅の縁が淡紅色。低山地の照葉樹林などでよく見られる。ミカン類、クワ、イチジクなどの汁を吸う。時に、多くの個体が枝に並んでとまっているのが見つかる。

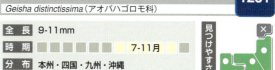
茨城県牛久市（2013.8.4）

幼虫：東京都八王子市（2011.7.27）　幼虫：東京都八王子市（2009.7.29）

カメムシ目

1252 テングスケバ
Dictyophara patruelis（テングスケバ科）

- 全長 12-15mm
- 時期 9-10月
- 分布 本州・四国・九州

淡緑色で橙色の筋模様がある。頭部先端が著しく突出する。

東京都練馬区（2012.9.21）

1253 クロテングスケバ
Saigona ussuriensis（テングスケバ科）

- 全長 14-15mm
- 時期 6-8月
- 分布 北海道・本州

黒褐色で、頭部先端が著しく突出する。本州では高標高地で見られる。

山梨県八ヶ岳東麓（2012.7.29）

1254 ツマグロスケバ
Orthopagus lunulifer（テングスケバ科）

- 全長 11-15mm
- 時期 7-10月
- 分布 本州・四国・九州・沖縄

翅は透明で黒紋がある。林縁の葉上や下草で見られる。

東京都調布市（2007.9.2）

幼虫：兵庫県小野市（2013.8.12）

1255 オビカワウンカ
Andes harimaensis（ヒシウンカ科）

- 全長 8-10mm
- 時期 6-7月
- 分布 本州・四国・九州・沖縄

黄褐色で、前翅にまだら模様があり美しい。色彩変異に富む。

埼玉県横瀬町（2008.7.16）

東京都八王子市（2008.6.25）

交尾：東京都羽村市（2009.5.27）

東京都八王子市（2008.7.9）

1256 マルウンカ
Gergithus variabilis（マルウンカ科）

- 全長 5.5-6mm
- 時期 4-9月
- 分布 本州・四国・九州

円形で、褐色地に白紋があり、まるでテントウムシのように見える。色彩や斑紋の変異が大きく、全身が黒褐色のものもいる。薄暗い場所に多く、広葉樹の葉上や、林縁の下草で見られる。

> **メモ** 自分にないものにかえって惹かれるのか、デザインの異なるもの同士が仲睦まじくしているのもよく見かける。

東京都羽村市（2010.6.6）

幼虫：東京都八王子市（2009.4.22）

カメムシ目

エゾナガウンカ 1257
Stenocranus matsumurai（ウンカ科）

- 全長　5mm前後
- 時期　4-11月
- 分布　北海道・本州・四国・九州

翅に黒色部をもつものもいる。水辺で見られ、ヨシにつく。

東京都羽村市(2008.4.23)　東京都羽村市(2008.4.23)

ミドリグンバイウンカ 1258
Kallitaxila sinica（グンバイウンカ科）

- 全長　6-7mm
- 時期　7-10月
- 分布　本州・四国・九州・沖縄

黄緑色で、翅はやや緑色を帯びた透明。クワなどにつく。

東京都日野市(2012.9.12)

ナワコガシラウンカ 1259
Errada nawae（コガシラウンカ科）

- 全長　10mm前後
- 時期　3-11月
- 分布　北海道・本州・四国・九州・沖縄

翅の斑紋は個体変異に富む。山地に多い。

東京都八王子市(2008.4.9)

スジコガシラウンカ 1260
Rhotala vittata（コガシラウンカ科）

- 全長　8-9mm
- 時期　3-11月
- 分布　本州・四国・九州

翅に茶褐色条がある。山地の樹上で見られる。

埼玉県横瀬町(2008.7.16)

ウチワコガシラウンカ 1261
Catanidia sobrina（コガシラウンカ科）

- 全長　10mm前後
- 時期　8-10月
- 分布　本州・四国・九州

不明瞭な細かい褐色斑がある。山地の林縁で見られる。

神奈川県横浜市(2013.9.18)

キョウチクトウアブラムシ 1262
Aphis nerii（アブラムシ科）

- 体長　2-3mm
- 時期　3-11月
- 分布　北海道・本州・四国・九州・沖縄

黄橙色で、角状管や尾片は黒色。キョウチクトウ、ガガイモなどにつく。

大阪府大阪市(2004.5.18)

1263 ガマノハアブラムシ
Schizaphis scirpi（アブラムシ科）

体長 2-3mm
時期 5-11月
分布 本州・四国

大阪府四條畷市 (2012.6.24)

黒色～黒褐色で光沢がある。ガマ類につく。

1264 モモコフキアブラムシ
Hyalopterus pruni（アブラムシ科）

体長 2-3mm
時期 5-11月
分布 北海道・本州・四国・九州・沖縄

黄緑色でロウ質の白粉でおおわれる。ヨシ、モモにつく。

神奈川県横浜市 (2011.5.25)

1265 キスゲフクレアブラムシ
Indomegoura indica（アブラムシ科）

体長 3-4mm
時期 4-12月
分布 北海道・本州・四国・九州・沖縄

東京都あきる野市 (2013.7.21)

別名ゴンズイフクレアブラムシ。橙黄色で、ロウ質の白い粉で覆われる。ノカンゾウなどにつく。

1266 セイタカアワダチソウヒゲナガアブラムシ
Uroleucon nigrotuberculatum（アブラムシ科）

体長 4mm前後
時期 3-12月
分布 本州・四国・九州

埼玉県さいたま市 (2010.6.9)

赤色で、脚は基部を除き黒色。セイタカアワダチソウなどにつく。北アメリカ原産の帰化種。

1267 クリオオアブラムシ
Lachnus tropicalis（アブラムシ科）

体長 4-5mm
時期 4-11月
分布 北海道・本州・四国・九州

黒色で鈍い光沢がある。クリ、クヌギなどにつく。

神奈川県横浜市 (2011.5.25)

1268 ササコナフキツノアブラムシ
Ceratovacuna japonica（アブラムシ科）

体長 2mm前後
時期 6-11月
分布 北海道・本州・九州

暗褐色でロウ質の綿状物質でおおわれる。アズマネザサにつく。

山梨県甲州市 (2012.6.17)

クワキジラミ 1269
Anomoneura mori(キジラミ科)

- 全長 4.5-5mm
- 時期 3-6月
- 分布 北海道・本州・四国・九州

初夏の新成虫は淡緑色だが、越冬後は茶褐色。クワにつく。

東京都八王子市(2011.6.24)

ヤツデキジラミ 1270
Cacopsylla fatsiae(キジラミ科)

- 全長 3-4mm
- 時期 3-11月
- 分布 北海道・本州・四国・九州

淡褐色と暗褐色のまだら模様。ヤツデにつく。

埼玉県所沢市(2012.11.7)

オオワラジカイガラムシ 1271
Drosicha corpulenta(ワタフキカイガラムシ科)

- 体長 ♀8-12mm ♂5mm前後
- 時期 5-6月
- 分布 北海道・本州・四国・九州

雌雄で形態が大きく異なる。雌はワラジ型で、暗褐色だが白粉でおおわれる。雄は黒い翅をもち、赤味を帯びた暗褐色。カシ類、シイ類、ケヤキなどにつく。

メモ　アリに囲まれた雌をじっと観察していると、時おり、小さな透明の甘露を分泌してアリに与える様子が楽しめる。

♀:神奈川県横浜市(2012.5.20)　♂:埼玉県入間市(2013.5.1)

イセリアカイガラムシ 1272
Icerya purchasi(ワタフキカイガラムシ科)

- 体長 ♀4-6mm(卵のう除く) ♂3mm前後
- 時期 4-12月
- 分布 本州・四国・九州・沖縄

別名ワタフキカイガラムシ。柑橘類など多くの植物につく。

♀:奈良県天理市(2004.12.19)

カシニセタマカイガラムシ 1273
Psoraleococcus quercus(ニセタマカイガラムシ科)

- 体長 ♀4-4.5mm
- 時期 5-6月
- 分布 本州・四国・九州

淡黄褐色の半球状で、小さな褐色斑が並ぶ。カシ、シイなどの枝で見られ、しばしば大発生して樹木に被害をもたらすことがある。

奈良県奈良市(2015.6.1)

1274 ルビーロウムシ
Ceroplastes rubens（カタカイガラムシ科）

- 体長 ♀3-4mm
- 時期 1年中
- 分布 本州・四国・九州・沖縄

アズキ色のロウ物質でおおわれる。柑橘類などにつく。

♀：大阪府大阪市（2007.4.30）

1275 ツノロウムシ
Ceroplastes ceriferus（カタカイガラムシ科）

- 体長 ♀6-9mm
- 時期 1年中
- 分布 本州・四国・九州・沖縄

白色の糊状ロウ物質でおおわれる。柑橘類などにつく。

♀：奈良県生駒市（2013.1.6）

1276 ヒモワタカイガラムシ
Takahashia japonica（カタカイガラムシ科）

- 体長 ♀3-7mm（卵のう除く）
- 時期 4-6月
- 分布 本州・四国・九州

淡黄色で楕円形。成熟すると非常に長い白色の卵のうを形成する。カエデ類などにつく。

♀：山梨県甲州市（2012.6.6）

1277 タマカタカイガラムシ
Eulecanium kunoense（カタカイガラムシ科）

- 体長 ♀4-5mm
- 時期 4-6月
- 分布 北海道・本州・四国・九州

光沢のある褐色～濃褐色で、球形。ウメ、サクラなどにつく。

♀：奈良県生駒市（2014.4.24）

1278 ミズカマキリ
Ranatra chinensis（タイコウチ科）

- 体長 40-45mm
- 時期 3-11月
- 分布 北海道・本州・四国・九州・沖縄

黄褐色で棒のように細長い。前脚が鎌状になっている。呼吸管は体長に等しいかやや長い（よく似たヒメミズカマキリの産卵管は体長より短い）。池や川で見られ、小動物を捕らえて体液を吸う。

> **メモ** 体型も、鎌状の脚も、細い中脚や後脚も、それぞれカマキリによく似ているが、顔までもが三角形でカマキリと瓜ふたつ。

カメムシ目

山梨県北杜市（2013.8.28）

タイコウチ　1279
Laccotrephes japonensis（タイコウチ科）

体長	30-38mm
時期	3-11月
分布	本州・四国・九州・沖縄

茶褐色〜暗褐色で、やや細長い。前脚は鎌状。腹端に長い呼吸管をもつ。池や川の緩流部で見られる。小動物を捕らえて体液を吸う。

京都府笠置町（1997.8.）

幼虫：山梨県北杜市（2013.7.10）

タガメ　1280
Kirkaldyia deyrolli（コオイムシ科）

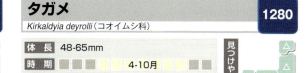

体長	48-65mm
時期	4-10月
分布	北海道・本州・四国・九州・沖縄

黄褐色で大型。鎌状になった前脚をもつ。池や沼で見られ、小魚、オタマジャクシなどを捕らえて体液を吸う。近年は激減している。

（写真　高井幹夫）

1281　コミズムシの一種
Sigara sp.（ミズムシ科）

| 体長 | 6mm前後 |
| 時期 | 5-10月 |

淡青黄色で、細長い楕円形。翅に黒色の細かな斑紋があり、前胸には細い横縞がある。後脚が扁平で泳ぎ回るのに適する。池や水たまりで見られる。俗に「風船虫」とも呼ばれる。類似種が多い。

山梨県北杜市（2013.8.29）

コオイムシ　1282
Appasus japonicus（コオイムシ科）

体長	17-20mm
時期	3-11月
分布	北海道・本州・四国・九州

茶褐色で小判型。オオコオイムシに似るが体色は淡く、前胸前縁の湾入が弱い。池や沼で見られ、小動物を捕食する。雌が雄の背中に卵を産みつけ、雄は卵を背負ったまま保護する。

山梨県北杜市（2013.8.28）

幼虫（コオイムシの一種）：栃木県宇都宮市（2013.7.3）

1283 マツモムシ
Notonecta triguttata（マツモムシ科）

体長	11-14mm
時期	4-10月
分布	北海道・本州・四国・九州

水面で仰向けに浮かび、長い後脚をオールのように使って泳ぐ。池や沼に多く、水たまりにいることもある。水面に落ちた小動物などの体液を吸う。手づかみにすると口吻で刺されるので要注意。

メモ 捕まえてケースに入れると、水面に浮かんでくるりと反転、翅をひろげてさっさと飛び去ってしまう。

大阪府四條畷市（2004.7.6）　　山梨県北杜市（2013.8.28）

1284 メミズムシ
Ochterus marginatus（メミズムシ科）

体長	4-6mm
時期	3-10月
分布	北海道・本州・四国・九州

灰白色の小斑紋がある。湿った地表をせわしなく動き回る。

山梨県韮崎市（2013.5.5）

1285 シマアメンボ
Metrocoris histrio（アメンボ科）

体長	5-7mm
時期	4-11月
分布	北海道・本州・四国・九州・奄美大島

アメンボにしては体が短い。清流の水面を活発に泳ぎまわる。

埼玉県所沢市（2012.10.14）

1286 ヒメアメンボ
Gerris latiabdominis（アメンボ科）

体長	8.5-11mm
時期	3-11月
分布	北海道・本州・四国・九州

暗褐色で小型。池、水田、水たまりなどで普通に見られる。

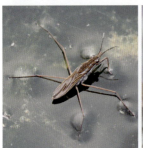

東京都羽村市（2010.6.6）　　幼虫：栃木県宇都宮市（2013.7.3）

1287 コセアカアメンボ
Gerris gracilicornis（アメンボ科）

体長	10.5-14.5mm
時期	3-10月
分布	北海道・本州・四国・九州・沖縄

赤褐色〜暗褐色。平地〜低山地の池や川の緩流部で見られる。

ペア（上が♂）：東京都武蔵村山市（2012.4.25）

アメンボ 1288
Aquarius paludum（アメンボ科）

- 体長 11-16mm
- 時期 3-11月
- 分布 北海道・本州・四国・九州・沖縄

暗褐色。池や水田で普通に見られ、都市部にも多い。水面に落下したほかの昆虫などの体液を吸う。長距離を飛んで移動することもある。

メモ 水面の波動は、彼らにとって重要な情報源。器用な脚捌きで波を起こし、仲間同士でコミュニケーションする。

東京都西東京市(2008.10.1)

短翅型ペア（上が♂）：神奈川県横浜市(2010.6.30)

幼虫：東京都西東京市(2008.10.1)

オオアメンボ 1289
Aquarius elongatus（アメンボ科）

- 体長 19-27mm
- 時期 4-11月
- 分布 本州・四国・九州

暗褐色で大型。脚が長く、とくに中脚の長さが際立つ。

埼玉県横瀬町(2008.7.16)

エグリグンバイ 1290
Cochlochila conchata（グンバイムシ科）

- 体長 3.7-4.3mm
- 時期 4-10月
- 分布 北海道・本州・四国・九州

前胸が黒褐色で大きく膨らむ。フキ、ツワブキなどにつく。

埼玉県入間市(2013.5.1)

プラタナスグンバイ 1291
Corythucha ciliata（グンバイムシ科）

- 体長 3.5mm前後
- 時期 5-10月
- 分布 本州・四国・九州

街路樹のプラタナスなどにつく。北米原産の帰化種。

埼玉県さいたま市(2013.7.17)

アワダチソウグンバイ 1292
Corythucha marmorata（グンバイムシ科）

- 体長 3mm前後
- 時期 4-11月
- 分布 本州・四国・九州

セイタカアワダチソウ、キクなどにつく。北米原産の帰化種。

栃木県宇都宮市(2013.6.5)

1293 ナシグンバイ
Stephanitis nashi（グンバイムシ科）

- 体長 3.2mm前後
- 時期 4-11月
- 分布 本州・四国・九州

明瞭なX字型の黒褐色紋がある。ナシ、サクラなどにつく。

埼玉県入間市（2013.5.1）

1294 ツツジグンバイ
Stephanitis pyrioides（グンバイムシ科）

- 体長 3.5-4mm
- 時期 4-11月
- 分布 北海道・本州・四国・九州・沖縄

滲んだようなX字型の紋がある。ツツジ科植物につく。

奈良県生駒市（2003.6.22）

1295 トサカグンバイ
Stephanitis takeyai（グンバイムシ科）

- 体長 3-4mm
- 時期 4-11月
- 分布 本州・四国・九州・奄美大島

前胸が黒褐色で丸く盛りあがる。多くの植物につく。

神奈川県横浜市（2011.5.25）

1296 ケブカキベリナガカスミカメ
Dryophilocoris miyamotoi（カスミカメムシ科）

- 体長 6-7mm
- 時期 5-7月
- 分布 北海道・本州・四国・九州

黒色で細長く黄白色の紋がある。ミズナラ、カシワなどにつく。

東京都青梅市（2013.4.28）

1297 カイガラツヤカスミカメ
Cimidaeorus hasegawai（カスミカメムシ科）

- 体長 6.5-8.2mm
- 時期 4-5月
- 分布 本州・四国・九州

体の周縁が赤い。幼虫はオオワラジカイガラムシを捕食する。

東京都八王子市（2013.5.22） 幼虫：大阪府東大阪市（2015.4.24）

1298 モンキクロカスミカメ
Deraeocoris ater（カスミカメムシ科）

- 体長 9mm前後
- 時期 6-8月
- 分布 本州

山梨県甲州市（2011.7.24）

1対の赤紋をもつが消失する個体もいる。アブラムシ類を食べる。

オオモンキカスミカメ 1299
Deraeocoris olivaceus（カスミカメムシ科）

体長	9-12mm
時期	6-8月
分布	本州

茶褐色〜赤褐色。樹上でヤナギハムシの幼虫などを捕食する。

東京都奥多摩町(2011.7.10)

長野県松本市(2014.7.23)

アカアシカスミカメ 1300
Onomaus lautus（カスミカメムシ科）

体長	8mm前後
時期	6-10月
分布	北海道・本州・四国・九州

緑色で黒と赤の斑紋がある。山地の薄暗い場所で見られる。

東京都檜原村(2011.9.14)

ブチヒゲクロカスミカメ 1301
Adelphocoris triannulatus（カスミカメムシ科）

体長	7-9mm
時期	4-10月
分布	北海道・本州・四国・九州

黒色〜黄褐色。キク科、イネ科、マメ科などにつく。

埼玉県入間市(2011.10.23)

フタモンカスミカメ 1302
Adelphocoris variabilis（カスミカメムシ科）

体長	8mm前後
時期	7-10月
分布	北海道・本州・四国・九州

背部にM字状の帯がある。色彩変異に富む。ヨモギなどにつく。

長野県諏訪市(2012.8.22)

メンガタカスミカメ 1303
Eurystylus coelestialium（カスミカメムシ科）

体長	7-8mm
時期	5-10月
分布	北海道・本州・四国・九州

前胸に1対の目玉状紋がある。ハシドイなどの花で見られる。

東京都羽村市(2009.5.27)

クルミミドリカスミカメ 1304
Neolygus juglandis（カスミカメムシ科）

体長	5.7-6mm
時期	5-8月
分布	北海道・本州・四国

別名フタホシミドリカスミカメ。淡緑色で、黒褐色の帯がある。帯が消失する個体もいる。オニグルミにつく。

山梨県北杜市(2013.7.10)

1305 オオチャイロカスミカメ
Orientomiris tricolor（カスミカメムシ科）

体長	8-10mm
時期	6-8月
分布	北海道・本州・四国・九州

暗褐色で、脚は赤褐色。色彩変異がある。樹上に生息する。

山梨県甲州市（2011.7.13）

1306 アカマキバサシガメ
Gorpis brevilineatus（マキバサシガメ科）

体長	10mm前後
時期	4-11月
分布	本州・四国・九州

前脚が発達している。低木の葉上などで見られる。

東京都八王子市（2012.4.29）

1307 ヒゲナガサシガメ
Serendiba staliana（サシガメ科）

奈良県生駒市（2014.8.25）

体長	15mm前後
時期	6-9月
分布	本州・四国・九州

暗褐色〜茶褐色で、脚は黄色。触角は黄橙色で細長い。樹上の葉裏でよく見られる。幼虫は、擬木柵などでもしばしば見つかる。

幼虫：奈良県奈良市（2015.12.14）

1308 アカシマサシガメ
Haematoloecha nigrorufa（サシガメ科）

体長	12mm前後
時期	4-10月
分布	本州・四国・九州

黒色で、鮮やかな赤色の斑紋がある。地表や植物上で見つかる。

埼玉県入間市（2012.5.6）

1309 ビロウドサシガメ
Ectrychotes andreae（サシガメ科）

体長	11-14mm
時期	4-10月
分布	本州・四国・九州・沖縄

前翅は黒色でビロウド風の質感。植物の根際などで見つかる。

大阪府四條畷市（2002.10.2）

幼虫：大阪府高槻市（2014.9.3）

1310 クロモンサシガメ
Peirates turpis（サシガメ科）

体長	12-15mm
時期	4-12月
分布	北海道・本州・四国・九州・沖縄

光沢のある黒色。長翅型は翅に黒紋をもつ。地表で見られる。

短翅型：大阪府四條畷市（2012.6.24）

オオトビサシガメ 1311
Isyndus obscurus（サシガメ科）

- 体長 20-27mm
- 時期 4-11月
- 分布 本州・四国・九州

全身が茶褐色。山地の日当たりのよい樹上や草上に生息し、小昆虫を捕らえて体液を吸う。成虫は、樹皮の下や樹洞で集団越冬する。口吻が鋭く、不用意に捕まえると刺されることがある。

千葉県鴨川市(2011.9.4)

幼虫：東京都東村山市(2009.7.17)　幼虫：大阪府東大阪市(2012.8.6)

ヨコヅナサシガメ 1312
Agriosphodrus dohrni（サシガメ科）

- 体長 16-24mm
- 時期 4-7月
- 分布 本州・四国・九州

光沢のある黒色で、腹部は葉状に広がり黒白の縞模様。サクラなどの樹皮や樹洞で見られる。肉食性でほかの昆虫を捕らえ口吻を突き刺して体液を吸う。大陸からの帰化種と考えられる。

奈良県生駒市(2005.6.3)

幼虫：埼玉県入間市(2012.5.6)　脱皮直後の幼虫：東京都西東京市(2008.10.1)

ヤニサシガメ 1313
Velinus nodipes（サシガメ科）

- 体長 12-16mm
- 時期 5-10月
- 分布 本州・四国・九州

黒色で、体が粘着物質でおおわれている。マツの樹上に生息し、ほかの小昆虫を捕らえて食べる。マツの周辺の植物上でも見られる。幼虫は樹皮の下などで群れになって越冬する。

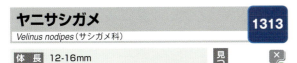

神奈川県横浜市(2012.5.20)　幼虫：埼玉県所沢市(2012.4.25)

シマサシガメ 1314
Sphedanolestes impressicollis（サシガメ科）

- 体長 13-16mm
- 時期 4-9月
- 分布 本州・四国・九州

光沢のある黒色で、白色の斑紋がある。林縁の植物上でよく見られる。チョウやガの幼虫などほかの昆虫を捕らえ、口吻を突き刺して体液を吸う。

大阪府四條畷市(2012.6.24)　幼虫：東京都羽村市(2010.5.12)

カメムシ目

1315 クビアカサシガメ
Reduvius humeralis（サシガメ科）

- 体長 13-16mm
- 時期 5-8月
- 分布 本州・四国・九州・奄美大島

前胸後半が暗赤色に縁取られる。樹上で見られ、活発に飛ぶ。

東京都八王子市(2008.7.9)

1316 モモブトトビイロサシガメ
Oncocephalus femoratus（サシガメ科）

- 体長 12.5-16.5mm
- 時期 4-11月
- 分布 本州・四国・九州・沖縄

前脚の腿節が幅広い。海岸の草地や石の下などで見つかる。

神奈川県横須賀市(2012.11.4)

1317 アカサシガメ
Cydnocoris russatus（サシガメ科）

- 体長 14-17mm
- 時期 4-10月
- 分布 本州・四国・九州

朱赤色～暗赤色。林縁の草むらや低木上で見られる。

山梨県甲州市(2012.6.17)　幼虫：神奈川県横浜市(2013.9.18)

1318 アカヘリサシガメ
Rhynocoris rubromarginatus（サシガメ科）

- 体長 12-15mm
- 時期 5-8月
- 分布 本州・四国・九州

前胸と腹部が赤く縁取られる。山地の植物上で見られる。

長野県諏訪市(2012.7.22)

1319 ヒメヒラタカメムシ
Aneurus macrotylus（ヒラタカメムシ科）

- 体長 5-6mm
- 時期 1年中
- 分布 北海道・本州・四国・九州

褐色～黒褐色。倒木の表面や樹皮下で見つかる。

東京都檜原村(2012.7.11)

1320 ノコギリヒラタカメムシ
Aradus orientalis（ヒラタカメムシ科）

- 体長 6.5-9mm
- 時期 4-11月
- 分布 北海道・本州・四国・九州

暗褐色で、腹部の周縁が鋸歯状。カワラタケなどキノコ類につく。

東京都羽村市(2008.4.23)　幼虫：京都府京都市(2014.7.15)

クロナガヒラタカメムシ 1321
Neuroctenus ater（ヒラタカメムシ科）

- 体長　9mm前後
- 時期　4-10月
- 分布　本州・四国・九州

黒褐色で、体側は直線状。倒木の表面や樹皮下で見つかる。

大阪府四條畷市（2012.6.24）

トビイロオオヒラタカメムシ 1322
Neuroctenus castaneus（ヒラタカメムシ科）

- 体長　6.5-8mm
- 時期　5-10月
- 分布　本州・四国・九州

黒褐色で卵型。広葉樹の新しい倒木などに集まる。

山梨県北杜市（2013.6.16）

ヒゲナガカメムシ 1323
Pachygrontha antennata（ヒゲナガカメムシ科）

- 体長　8mm前後
- 時期　4-10月
- 分布　北海道・本州・四国・九州

茶褐色〜黒褐色で、太い前脚をもつ。イネ科植物などにつく。

埼玉県所沢市（2012.6.13）

クロスジヒゲナガカメムシ 1324
Pachygrontha similis（ヒゲナガカメムシ科）

- 体長　7.5mm前後
- 時期　4-10月
- 分布　本州・四国・九州・沖縄

ヒゲナガカメムシに似るが、全体に黒っぽく背に黒条をもつ。

東京都八王子市（2012.4.29）

コバネヒョウタンナガカメムシ 1325
Togo hemipterus（ヒョウタンナガカメムシ科）

- 体長　6-7mm
- 時期　3-11月
- 分布　北海道・本州・四国・九州

翅は灰褐色で短く腹端に届かない。イネ科植物の花穂につく。

神奈川県横浜市（2010.7.11）

ヒョウタンナガカメムシ 1326
Caridops albomarginatus（ヒョウタンナガカメムシ科）

- 体長　8mm前後
- 時期　5-10月
- 分布　本州・四国・九州・奄美大島

翅に白紋があり前胸には細い毛が多い。キイチゴなどにつく。

東京都八王子市（2013.5.22）

1327 オオモンシロナガカメムシ
Metochus abbreviatus（ヒョウタンナガカメムシ科）

体長 10-13mm
時期 4-11月
分布 本州・四国・九州・沖縄

翅に白紋がある。林床で見られ、落下した木の実の汁を吸う。

東京都東村山市(2009.9.6) ／ 幼虫：奈良県奈良市(2014.7.18)

1328 オオメナガカメムシ
Geocoris varius（オオメナガカメムシ科）

体長 5mm前後
時期 3-11月
分布 本州・四国・九州

別名オオメカメムシ。頭部が黄橙色。小昆虫を捕らえて食べる。

埼玉県入間市(2012.5.6) ／ 幼虫：奈良県奈良市(2015.7.28)

1329 コバネナガカメムシ
Dimorphopterus pallipes（コバネナガカメムシ科）

体長 4-6mm
時期 5-11月
分布 北海道・本州・四国・九州

黒褐色で、長楕円形。短翅型と長翅型がいる。湿地のヨシ、マコモなどで見られる。

短翅型：東京都八王子市(2008.5.28)

1330 セスジナガカメムシ
Arocatus melanostoma（マダラナガカメムシ科）

体長 8mm前後
時期 4-10月
分布 本州・四国・九州

背部の朱色帯は「人」字型。ボタンヅルなどにつく。

神奈川県横浜市(2011.6.12)

1331 ヒメジュウジナガカメムシ
Tropidothorax sinensis（マダラナガカメムシ科）

体長 8mm前後
時期 3-11月
分布 本州・四国・九州・沖縄

次種に似るが革質部や前胸の黒紋がやや短い。ガガイモ科植物につく。

奈良県生駒市(2005.10.12) ／ 幼虫：奈良県奈良市(2015.7.3)

1332 ジュウジナガカメムシ
Tropidothorax cruciger（マダラナガカメムシ科）

体長 8-11mm
時期 4-10月
分布 北海道・本州

黒色と赤色に見事に塗り分けられている。ガガイモ科植物につく。

交尾：長野県諏訪市(2010.7.29) ／ 幼虫：山梨県甲州市(2011.7.24)

メダカナガカメムシ 1333
Chauliops fallax（メダカナガカメムシ科）

- 体長 2-3mm
- 時期 4-11月
- 分布 本州・四国・九州・沖縄

暗褐色〜茶褐色。複眼が突出する。マメ科植物につく。

成虫（中央下）、幼虫：東京都羽村市（2010.7.25）

イトカメムシ 1334
Yemma exilis（イトカメムシ科）

- 体長 6-7mm
- 時期 4-11月
- 分布 本州・四国・九州

体も脚もきわめて細長い。ツツジ類、クズなどにつく。

奈良県生駒市（2013.10.9）　幼虫：奈良県生駒市（2013.10.9）

ヒメホシカメムシ 1335
Physopelta parviceps（オオホシカメムシ科）

- 体長 12mm前後
- 時期 4-11月
- 分布 本州・四国・九州・沖縄

赤褐色で、翅に黒色紋がある。樹木の実などに集まる。

大阪府東大阪市（2011.5.18）　幼虫：東京都練馬区（2012.9.15）

オオホシカメムシ 1336
Physopelta gutta（オオホシカメムシ科）

- 体長 15-19mm
- 時期 4-11月
- 分布 本州・四国・九州・沖縄

ヒメホシカメムシに似るが大型で体が長い。アカメガシワに好んで集まる。

埼玉県所沢市（2012.6.13）

フタモンホシカメムシ 1337
Pyrrhocoris sibiricus（ホシカメムシ科）

- 体長 9mm前後
- 時期 5-11月
- 分布 北海道・本州・四国・九州

灰褐色で、前胸に1対の黒紋がある。イネなどにつく。

東京都羽村市（2012.8.29）　幼虫：東京都羽村市（2012.8.29）

クロホシカメムシ 1338
Pyrrhocoris sinuaticollis（ホシカメムシ科）

- 体長 9mm前後
- 時期 3-11月
- 分布 本州・九州

黒褐色〜赤褐色。植物の根際や石の下などで見られる。

埼玉県蓮田市（2013.6.30）

1339 クモヘリカメムシ
Leptocorisa chinensis（ホソヘリカメムシ科）

体長	15-17mm
時期	4-11月
分布	本州・四国・九州・沖縄

緑色で細長い。翅は茶褐色。平地～山地の草はらなどで見られ、イネ科植物につく。水田でもよく見られ、イネの穂を加害するため重要な害虫とされる。

埼玉県入間市(2011.10.23)　幼虫：東京都あきる野市(2007.10.10)

1340 ホソヘリカメムシ
Riptortus pedestris（ホソヘリカメムシ科）

体長	14-17mm
時期	4-11月
分布	北海道・本州・四国・九州・沖縄

茶褐色で、後脚が長く腿節にトゲがある。林縁や畑でよく見られ、エンドウ、インゲン、ダイズなどを食害する。活発に飛び回り、飛翔する姿はアシナガバチに似る。幼虫はアリに似る。

東京都町田市(2012.5.16)

幼虫：大阪府東大阪市(2014.9.22)　幼虫：東京都羽村市(2008.9.10)

1341 オオヘリカメムシ
Molipteryx fuliginosa（ヘリカメムシ科）

体長	20-25mm
時期	5-10月
分布	北海道・本州・四国・九州

褐色で、前胸の両側が前方に張り出している。平地～山地の林縁や草はらで見られる。アザミ、モミジイチゴ、キジムシロ、ハフキなどの汁を吸う。

山梨県甲州市(2012.5.23)

幼虫：大阪府四條畷市(2003.7.16)

1342 ハラビロヘリカメムシ
Homoeocerus dilatatus（ヘリカメムシ科）

体長	11-15mm
時期	4-11月
分布	北海道・本州・四国・九州

淡褐色で、翅に1対の不明瞭な黒紋がある。ホシハラビロヘリカメムシに似るが、腹部が幅広で翅の黒紋は目立たない。ハギ類、クズなどマメ科植物につく。

交尾：山梨県甲州市(2012.6.17)

幼虫：奈良県生駒市(2015.7.18)

ケブカヒメヘリカメムシ 1343
Rhopalus sapporensis（ヒメヘリカメムシ科）
- 体長 6-8mm
- 時期 4-10月
- 分布 北海道・本州・四国・九州・奄美大島

黄褐色で細毛におおわれている。草はらで見られる。

神奈川県横浜市（2012.5.20）

アカヒメヘリカメムシ 1344
Rhopalus maculatus（ヒメヘリカメムシ科）
- 体長 6.5-8.5mm
- 時期 4-11月
- 分布 北海道・本州・四国・九州・沖縄

橙褐色で細毛におおわれている。草はらで見られる。

東京・神奈川県境陣馬山（2012.7.4）

ブチヒメヘリカメムシ 1345
Stictopleurus punctatonervosus（ヒメヘリカメムシ科）
- 体長 7-8.5mm
- 時期 4-10月
- 分布 北海道・本州・四国・九州・沖縄

淡褐色で、上翅は透明。草はらや水田で見られる。

奈良県奈良市（2015.4.25）

ニセヒメクモヘリカメムシ 1346
Paraplesius vulgaris（ホソヘリカメムシ科）
- 体長 12-15mm
- 時期 6-11月
- 分布 本州・四国・九州・沖縄

淡褐色。ヒメクモヘリカメムシ（未掲載）に似るが、頭部先端両側がやや突出する。タケやササにつく。

東京都東村山市（2011.8.31）

ホシハラビロヘリカメムシ 1347
Homoeocerus unipunctatus（ヘリカメムシ科）
- 体長 13-16mm
- 時期 4-11月
- 分布 本州・四国・九州

褐色で翅に小黒紋がある。マメ科植物につきとくにクズを好む。

埼玉県所沢市（2013.9.15）

オオツマキヘリカメムシ 1348
Hygia lativentris（ヘリカメムシ科）
- 体長 9-12mm
- 時期 4-10月
- 分布 北海道・本州・四国・九州・奄美大島

ツマキヘリカメムシに似るが、雄の腹端に2つの突起がある。

交尾（右が♂）：東京・神奈川県境陣馬山（2012.7.4）

1349 オオクモヘリカメムシ
Homoeocerus striicornis（ヘリカメムシ科）

体長	17-22mm
時期	4-11月
分布	本州・四国・九州

東京都青梅市(2012.5.27)

体は緑色、翅は褐色で美しい。ネムノキにつく。

幼虫：奈良県生駒市(2015.7.8)

1350 ホオズキカメムシ
Acanthocoris sordidus（ヘリカメムシ科）

体長	10-14mm
時期	4-11月
分布	本州・四国・九州・沖縄

体表や脚に細かいトゲがある。ホオズキ、ヒルガオなどにつく。

埼玉県入間市(2012.10.13)　　幼虫：大阪府四條畷市(2015.8.18)

1351 ミナミトゲヘリカメムシ
Paradasynus spinosus（ヘリカメムシ科）

体長	14-21mm
時期	4-11月
分布	本州・四国・九州・沖縄

沖縄県名護市喜瀬(2001.10.2)

南方系で、暖地に多い。クスノキ、シロモジなどにつく。

幼虫：東京都東村山市(2013.10.2)

1352 キバラヘリカメムシ
Plinachtus bicoloripes（ヘリカメムシ科）

体長	11-17mm
時期	4-11月
分布	北海道・本州・四国・九州・沖縄

茶褐色で、腹面は黄色。ニシキギ、マユミなどにつく。

埼玉県入間市(2012.5.6)　　東京都練馬区(2013.8.25)

1353 ホソハリカメムシ
Cletus punctiger（ヘリカメムシ科）

体長	9-11mm
時期	4-11月
分布	本州・四国・九州・沖縄

奈良県生駒市(2004.5.26)

前胸の両側が真横に鋭く尖る。イネ科植物でよく見られる。

1354 ハリカメムシ
Cletus schmidti（ヘリカメムシ科）

体長	10-12mm
時期	4-11月
分布	北海道・本州・四国・九州・奄美大島

前胸の両側が鋭く尖る。イネ科、タデ科植物につく。

東京・神奈川県境陣馬山(2012.7.4)　　幼虫：東京都東村山市(2009.9.6)

カメムシ目

ナシカメムシ 1355
Urochela luteovaria（クヌギカメムシ科）

- 体長 10-13mm
- 時期 6-11月
- 分布 北海道・本州・四国・九州

紫がかった褐色で腹部の縞が目立つ。サクラ類でよく見られる。

東京・神奈川県境陣馬山(2012.7.4)

クヌギカメムシ 1356
Urostylis westwoodii（クヌギカメムシ科）

- 体長 12-14mm
- 時期 6-12月
- 分布 本州・四国・九州

腹部の気門が黒い。クヌギ、コナラ、カシワなどにつく。

東京都練馬区(2012.12.5)　　幼虫：東京都町田市(2012.5.16)

ヘラクヌギカメムシ 1357
Urostylis annulicornis（クヌギカメムシ科）

- 体長 11-13mm
- 時期 5-12月
- 分布 北海道・本州・四国・九州

腹部の気門は黒くない。雄の腹端はヘラ状。クヌギなどにつく。

東京都八王子市(2013.5.22)

幼虫：東京都青梅市(2012.5.27)

タデマルカメムシ 1358
Coptosoma parvipictum（マルカメムシ科）

- 体長 3-4mm
- 時期 4-10月
- 分布 本州・四国・九州

黒色で丸みがある。1対の小黄色紋をもつ。タデ科植物につく。

埼玉県入間市(2011.6.8)

ヒメマルカメムシ 1359
Coptosoma biguttulum（マルカメムシ科）

- 体長 3-4mm
- 時期 6-9月
- 分布 北海道・本州・四国・九州

タデマルカメムシに似るが紋がやや大きい。マメ科植物につく。

東京都八王子市(2012.8.29)

幼虫(左)：東京都八王子市(2012.8.29)

マルカメムシ 1360
Megacopta punctatissima（マルカメムシ科）

- 体長 5mm前後
- 時期 4-11月
- 分布 本州・四国・九州

黄褐色と黒褐色の細かな斑模様。体には丸みがある。人家周辺にも多い。クズなどマメ科植物につき、しばしば群棲する。

山梨県甲州市(2012.6.6)

幼虫(右)：東京都八王子市(2012.8.12)

1361 ミツボシツチカメムシ
Adomerus triguttulus（ツチカメムシ科）

体長	4-6mm
時期	4-7月
分布	北海道・本州・四国・九州

見つけやすさ

黒色で3個の白紋をもつ。ヒメオドリコソウなどにつく。

神奈川県横浜市(2010.7.11)

1362 ツチカメムシ
Macroscytus japonensis（ツチカメムシ科）

大阪府東大阪市(2014.7.4)

体長	7-10mm
時期	4-10月
分布	北海道・本州・四国・九州・沖縄

見つけやすさ

黒色〜褐色。地表で見られ、樹木から落ちた実の汁を吸う。

幼虫：大阪府東大阪市(2014.7.16)

千葉県鴨川市(2011.9.4)

幼虫：千葉県鴨川市(2011.9.4)

幼虫：千葉県鴨川市(2011.9.4)

1363 オオキンカメムシ
Eucorysses grandis（キンカメムシ科）

体長	19-26mm
時期	5-10月
分布	本州・四国・九州・沖縄

見つけやすさ

橙赤色地に、紫黒色の大きな紋をもつ。南方系の種類で、関東以南の照葉樹林やその周辺で見られる。成虫は、ツバキ、ミカン類などの葉裏で集団になって越冬する。

> メモ 大胆な配色に加え、腹部には怪しい紫の輝きがある。金緑色の幼虫とともに、強い陽射しのもとで観察すると美しさが映える。

山梨県甲州市(2012.6.17)

幼虫：神奈川県横須賀市(2012.11.4)

幼虫：東京都八王子市(2011.5.8)

幼虫：神奈川県横須賀市(2011.11.23)

1364 アカスジキンカメムシ
Poecilocoris lewisi（キンカメムシ科）

体長	16-20mm
時期	5-11月
分布	本州・四国・九州

見つけやすさ

緑地に赤色の帯模様があり美しい。多くの広葉樹につくが、針葉樹でも見つかる。林縁の幹や植物上にじっととまっていることが多い。死ぬと緑色の部分の鮮やかさが失われてしまう。

> メモ 幼虫の背中では、おかっぱ頭の子供が大きな口を開けて笑っているので、野山で出会うと妙に励まされる。

エビイロカメムシ　1365
Gonopsis affinis（カメムシ科）

- 体長　14-19mm
- 時期　5-10月
- 分布　北海道・本州・四国・九州・沖縄

淡黄褐色。頭部は三角形で先端が尖る。前胸の輪郭も直線的。草はらで見られ、ススキ、サトウキビなどイネ科植物につく。

メモ　幼虫は、小判型で赤色の斑紋が散布される。顔つきもおだやかで、ゆるキャラのモデルに推薦したくなる。

山梨県甲州市（2012.6.17）

幼虫：東京都八王子市（2012.8.12）

オオクロカメムシ　1366
Scotinophara horvathi（カメムシ科）

- 体長　8-10mm
- 時期　4-10月
- 分布　本州・四国・九州

イネクロカメムシに似るが、頭部先端の中央が凹む。

埼玉県入間市（2009.4.5）

イネクロカメムシ　1367
Scotinophara lurida（カメムシ科）

- 体長　8-10mm
- 時期　4-11月
- 分布　本州・四国・九州・沖縄

別名クロカメムシ。光沢のない黒色。イネ科植物につく。

奈良県生駒市（2006.10.22）

幼虫：京都府精華町（2016.8.24）

ハナダカカメムシ　1368
Dybowskyia reticulata（カメムシ科）

- 体長　5-5.5mm
- 時期　5-10月
- 分布　本州・四国・九州

暗黄褐色で小楯板（しょうじゅんばん）がきわめて大きい。セリ科植物につく。

埼玉県嵐山町（2013.5.26）

アカスジカメムシ　1369
Graphosoma rubrolineatum（カメムシ科）

- 体長　9-12mm
- 時期　5-10月
- 分布　北海道・本州・四国・九州・沖縄

黒と赤の明瞭な縦縞模様。セリ科植物の花でよく見つかる。

長野県諏訪市（2009.8.5）

幼虫：兵庫県宝塚市（2015.8.4）

1370 シロヘリカメムシ
Aenaria lewisi（カメムシ科）

- 体長 12-15mm
- 時期 4-10月
- 分布 北海道・本州・四国・九州

緑色を帯びた褐色で、体側は白い。雑木林の林縁などで見られ、ネザサ、チヂミザサなど、ササ類の葉上で見つかる。

茨城県牛久市（2013.8.4）

幼虫：大阪府四條畷市（2002.7.3）

1371 クサギカメムシ
Halyomorpha halys（カメムシ科）

- 体長 13-18mm
- 時期 4-11月
- 分布 北海道・本州・四国・九州・沖縄

暗褐色、淡褐色、赤褐色など色彩変異に富む。林縁や草はらなどの植物上でよく見つかる。クワ、クサギなどにつき、モモ、ウメなどの果実も食害する。成虫で越冬する。

成虫（上）、幼虫：東京都八王子市（2011.7.27） 幼虫：東京都練馬区（2008.6.24）

1372 エゾアオカメムシ
Palomena angulosa（カメムシ科）

- 体長 12-16mm
- 時期 5-11月
- 分布 北海道・本州・四国・九州

光沢のある濃緑色〜黄緑色で、細かい点刻におおわれる。翅の膜質部は褐色。山地の草むらで見られ、マメ科、キク科などの植物につく。

長野県諏訪市（2012.8.22）

幼虫：山梨県富士吉田市（2010.8.18）

1373 ブチヒゲカメムシ
Dolycoris baccarum（カメムシ科）

- 体長 10-14mm
- 時期 4-11月
- 分布 北海道・本州・四国・九州

赤みを帯びた茶褐色で、小楯板（しょうじゅんばん）の先端は白色〜黄白色。触角や腹部は黒白の縞模様。マメ科、キク科など多くの植物につく。イネの穂も食害する。

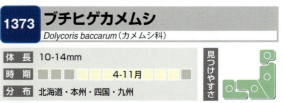

東京都羽村市（2010.9.29）

幼虫：東京都羽村市（2010.9.29）

ウズラカメムシ 1374
Aelia fieberi（カメムシ科）
- 体長 8-10mm
- 時期 4-10月
- 分布 北海道・本州・四国・九州

暗褐色と淡褐色の縞模様で、頭部が尖る。イネ科植物に集まる。

埼玉県さいたま市(2010.6.9)　　幼虫：大阪府四條畷市(2005.7.6)

オオトゲシラホシカメムシ 1375
Eysarcoris lewisi（カメムシ科）
- 体長 5-7mm
- 時期 5-10月
- 分布 北海道・本州

トゲシラホシカメムシに似るが腹部下面は黒色。山地に多い。

山梨県八ヶ岳東麓(2012.7.29)

トゲシラホシカメムシ 1376
Eysarcoris aeneus（カメムシ科）
- 体長 4.5-7mm
- 時期 4-11月
- 分布 本州・四国・九州

1対の白紋をもち前胸の両側が尖る。イネ科植物につく。

奈良県生駒市(2006.10.22)

マルシラホシカメムシ 1377
Eysarcoris guttigerus（カメムシ科）
- 体長 4.5-6mm
- 時期 4-11月
- 分布 本州・四国・九州・沖縄

前胸の両側は尖らない。イネ科、マメ科などの植物につく。

大阪府四條畷市(2005.7.13)　　幼虫：京都府木津川市(2016.10.18)

ムラサキシラホシカメムシ 1378
Eysarcoris annamita（カメムシ科）
- 体長 5mm前後
- 時期 4-11月
- 分布 本州・四国・九州

別名ツヤマルシラホシカメムシ。光沢が強く、白紋が大きい。キク科、マメ科、イネ科などの植物につく。

奈良県生駒市(2013.6.12)

トゲカメムシ 1379
Carbula abbreviata（カメムシ科）
- 体長 7-12mm
- 時期 6-9月
- 分布 北海道・本州・四国・九州

褐色で、前胸の両側が鋭く尖る。山地で見られる。

東京・神奈川県境陣馬山(2012.7.4)

1380 ナガメ
Eurydema rugosa（カメムシ科）

- 体長 7-10mm
- 時期 4-10月
- 分布 北海道・本州・四国・九州

黒色地に橙色〜朱色の帯模様がある。平地〜山地の草地や畑で広く見られ、イヌガラシ、ダイコン、カブなどのアブラナ科植物につく。

山梨県甲州市（2012.6.17）

幼虫：大阪府東大阪市（2014.6.21）

1381 ヒメナガメ
Eurydema dominulus（カメムシ科）

- 体長 6-9mm
- 時期 5-9月
- 分布 本州・四国・九州・沖縄

黒色地に橙色〜朱色の帯模様がある。ナガメに似るが、背部の模様はより複雑。草地や畑で見られ、ダイコン、イヌガラシなどのアブラナ科植物につく。

東京都青梅市（2012.5.27）

幼虫：東京都東村山市（2009.6.14）

1382 チャバネアオカメムシ
Plautia stali（カメムシ科）

- 体長 10-12mm
- 時期 4-11月
- 分布 北海道・本州・四国・九州・沖縄

光沢のある明るい緑色で、翅は茶色。サクラ、クワ、ミズキなど多くの樹木につき、時に大発生する。カキ、ナシなど果樹園の果実をしばしば食害する。夜、灯火にもよく飛来する。

東京都羽村市（2010.6.6）

幼虫：大阪府四條畷市（2002.9.18）

1383 ヨツボシカメムシ
Homalogonia obtusa（カメムシ科）

- 体長 12-14mm
- 時期 6-9月
- 分布 北海道・本州・四国・九州

緑色を帯びた褐色で、前胸の両側が張り出す。前胸の前縁に4個の小白紋があるが目立たない。山地で見られ、フジ、クズ、ダイズ、クララなどのマメ科植物につく。

交尾：山梨県甲州市（2012.5.23）

幼虫：山梨県富士吉田市（2010.8.15）

キマダラカメムシ　1384
Erthesina fullo（カメムシ科）

- 体長　20-23mm
- 時期　4-11月
- 分布　本州・四国・九州・沖縄？

黒褐色で、黄色の小斑紋が散布される。頭部から小楯板（しょうじゅんばん）にかけて黄色の縦条がある。サクラ、カキなど多くの樹木につく。台湾〜東南アジア原産の帰化種だが、近年、急速に分布を広げている。

> メモ　幼虫は、白い短毛におおわれ、赤い小斑紋をたくさんもち、宇宙からやってきたようなよそよそしさを感じさせる。

奈良県生駒市（2013.8.15）

幼虫：奈良県生駒市（2013.8.15）

ウシカメムシ　1385
Alcimocoris japonensis（カメムシ科）

- 体長　8-9mm
- 時期　4-11月
- 分布　本州・四国・九州・沖縄

黒褐色〜黄褐色で、前胸の両側が強く突出している。突出部が牛の角のように見えることが名前の由来。アセビ、シキミ、サクラ、ヒノキなどで見られる。

> メモ　4齢幼虫のときは背中にかわいい男の子の顔が浮かんでいるが、終齢幼虫（右下の写真）になると、精悍なバットマンの顔に変わる。

神奈川県横須賀市（2012.11.4）

神奈川県横須賀市（2012.11.4）

幼虫：神奈川県横須賀市（2012.11.4）

アオクサカメムシ　1386
Nezara antennata（カメムシ科）

- 体長　12-16mm
- 時期　4-11月
- 分布　北海道・本州・四国・九州・沖縄

緑色で光沢がない。マメ科、イネ科など多くの植物につく。

東京都羽村市（2010.10.31）

幼虫：東京都小金井市（2007.11.7）

ツヤアオカメムシ　1387
Glaucias subpunctatus（カメムシ科）

- 体長　14-17mm
- 時期　4-11月
- 分布　本州・四国・九州・沖縄

緑色で光沢が強い。暖地に多く、キリ、クワなどにつく。

東京都東村山市（2013.10.2）

幼虫：東京都東村山市（2013.10.2）

1388 スコットカメムシ
Menida disjecta（カメムシ科）

体長	9-11mm
時期	4-10月
分布	北海道・本州

光沢のある銅褐色。翅端は腹端を越える。山地で見られる。

東京都檜原村(2010.5.9)

1389 ナカボシカメムシ
Menida musiva（カメムシ科）

体長	8-9mm
時期	4-10月
分布	北海道・本州・四国・九州

茶褐色～暗褐色。色彩変異に富む。山地で見られる。

東京都八王子市(2013.5.8)

1390 ツノアオカメムシ
Pentatoma japonica（カメムシ科）

体長	17-24mm
時期	7-10月
分布	北海道・本州・四国・九州

美しい緑色で、前胸の両側が突出する。山地の樹上に生息する。

長野県松本市(2012.8.1)

1391 アシアカカメムシ
Pentatoma rufipes（カメムシ科）

体長	12-18mm
時期	7-9月
分布	北海道・本州・四国・九州

銅色で、前胸の両側が独特の形状。山地の樹上に生息している。

長野県原村(2008.7.30)

1392 トホシカメムシ
Lelia decempunctata（カメムシ科）

体長	16-23mm
時期	5-11月
分布	北海道・本州・四国・九州

黄褐色で前胸の両側が前方に強く突出する。山地の樹上に生息する。

京都府京都市(2014.7.11)

幼虫：京都府京都市(2014.9.9)

1393 シロヘリクチブトカメムシ
Andrallus spinidens（カメムシ科）

体長	12-16mm
時期	7-11月
分布	本州・四国・九州・沖縄

茶褐色で側縁（前翅前縁）が黄白色。ガの幼虫などを捕食する。

大阪府高槻市(2014.9.10)

幼虫：東京都羽村市(2010.10.31)

ツマジロカメムシ 1394
Menida violacea（カメムシ科）
- 体長 8-10mm
- 時期 4-10月
- 分布 北海道・本州・四国・九州

暗い紫色で光沢がある。小楯板（しょうじゅんばん）の先端が白く、前胸には黄白色の太い横帯がある。キイチゴ、クヌギ、コナラ、フジなどにつく。

交尾：東京・神奈川県境 陣馬山（2012.7.4）

幼虫：山梨県富士吉田市（2010.8.22）

イチモンジカメムシ 1395
Piezodorus hybneri（カメムシ科）
- 体長 9-11mm
- 時期 5-10月
- 分布 本州・四国・九州・沖縄

淡黄褐色で、前胸に淡色の横帯がある。ミナミアオカメムシの白帯のあるタイプと似る。マメ科植物につき、ダイズ、アズキなどを食害することがある。

東京都羽村市（2010.9.29）

幼虫：東京都羽村市（2010.9.29）

クチブトカメムシ 1396
Picromerus lewisi（カメムシ科）
- 体長 12-16mm
- 時期 5-10月
- 分布 北海道・本州・四国・九州

褐色で、翅の膜質部は暗褐色。前胸の両側が鋭く突出する。口吻が太い。山地の林縁などの植物上で見られ、ガやチョウの幼虫などを捕らえて体液を吸う。

山梨県北杜市（2008.7.31）

幼虫：長野県諏訪市（2012.7.22）

アオクチブトカメムシ 1397
Dinorhynchus dybowskyi（カメムシ科）
- 体長 18-23mm
- 時期 5-10月
- 分布 北海道・本州・四国・九州

金緑色に輝き美しい。赤色〜褐色を帯びる個体もいる。前胸の両側が鋭く尖っている。口吻が太い。山地の樹上に生息し、ガやチョウの幼虫などを捕らえて体液を吸う。

大阪府東大阪市（2004.6.4）

東京都武蔵村山市（2012.10.21）

幼虫：大阪府東大阪市（2014.5.27）

1398 クロヒメツノカメムシ
Elasmucha amurensis（ツノカメムシ科）
- 体長 7.5-8.5mm
- 時期 6-9月
- 分布 北海道・本州・四国

ヒメツノカメムシに似るが、腹部下面に黒点がある。山地性。

♀：長野県松本市(2014.7.23)

1399 セグロヒメツノカメムシ
Elasmucha signoreti（ツノカメムシ科）
- 体長 8mm前後
- 時期 5-9月
- 分布 北海道・本州・四国・九州

黄褐色～茶褐色で小楯板（しょうじゅんばん）に黒斑がある。

京都府京都市(2015.5.22)

1400 ベニモンツノカメムシ
Elasmostethus humeralis（ツノカメムシ科）
- 体長 10-12mm
- 時期 4-10月
- 分布 北海道・本州・四国・九州

背面の大部分が赤く、前胸両側は黒い。セリ科植物などにつく。

長野県諏訪市(2012.8.22)

1401 エゾツノカメムシ
Acanthosoma expansum（ツノカメムシ科）
- 体長 12-15mm
- 時期 5-10月
- 分布 北海道・本州・四国・九州

前胸の両側が強く突出する。エビガライチゴなどにつく。

埼玉県横瀬町(2010.7.16)

1402 アオモンツノカメムシ
Elasmostethus nubilus（ツノカメムシ科）
- 体長 7-9mm
- 時期 4-10月
- 分布 本州・四国・九州・沖縄

兵庫県新温泉町(2000.8.)

黄緑色で、背部に大きなX字型の茶褐色紋がある。タラノキ、ウド、ヤツデなどにつく。

1403 モンキツノカメムシ
Sastragala scutellata（ツノカメムシ科）
- 体長 11-14mm
- 時期 5-10月
- 分布 本州・四国・九州・奄美大島

大阪府四條畷市(2015.2.25)

別名 マルモンツノカメムシ。小楯板（しょうじゅんばん）に逆三角形の黄色紋がある。

ヒメツノカメムシ　1404
Elasmucha putoni（ツノカメムシ科）
- 体長　7.5-9.5mm
- 時期　4-10月
- 分布　北海道・本州・四国・九州

雄は緑褐色で、雌は赤褐色～黄褐色。クロヒメツノカメムシに似るが腹部腹面に黒点がない。丘陵～山地で見られ、ノリウツギ、ヒノキ、ヤシャブシ、ヤマグワなどにつく。

♀：神奈川県横浜市（2010.6.16）　　幼虫：神奈川県横浜市（2010.6.30）

セアカツノカメムシ　1405
Acanthosoma denticaudum（ツノカメムシ科）
- 体長　14-19mm
- 時期　4-10月
- 分布　北海道・本州・四国・九州

青みがかった緑色で、翅の膜質部や小楯板（しょうじゅんばん）が赤い。雄は生殖節に小さな赤色の突起をもつ。平地～山地に生息し、樹木の幹や葉上で見られる。ミズキ、アセビ、スギなどにつく。

交尾(右が♀)：東京都八王子市（2012.6.20）

♂：大阪府四條畷市（2004.6.23）

エサキモンキツノカメムシ　1406
Sastragala esakii（ツノカメムシ科）
- 体長　11-13mm
- 時期　4-11月
- 分布　北海道・本州・四国・九州・奄美大島

体の周縁が緑色で中央部が褐色。前胸の両側が尖る。小楯板（しょうじゅんばん）にハート型の黄色紋がある。ミズキ、フサザクラ、サンショウ、ヤマウルシなどにつく。

交尾(右が♀)：東京都東村山市（2009.6.3）

幼虫：大阪府東大阪市（2014.9.22）

ハサミツノカメムシ　1407
Acanthosoma labiduroides（ツノカメムシ科）
- 体長　18mm前後
- 時期　4-10月
- 分布　北海道・本州・四国・九州

緑色で、翅の膜質部は褐色。前胸の両側が赤い。雄の生殖節にあるハサミ状突起は赤色で長く、平行に伸びる。ミズキ、ヤマウルシ、サンショウなどにつく。

♂：京都府京都市（2014.9.9）

♀：長野県原村（2008.7.30）

1408	ネギアザミウマ
	Thrips tabaci（アザミウマ目アザミウマ科）

体 長	♀1.3mm前後
時 期	3-12月
分 布	北海道・本州・四国・九州・沖縄

見つけやすさ

淡灰黄色〜黄褐色。ネギ、キク、バラなど多くの植物につく。

高知県南国市(2011.2.23)（写真　全国農村教育協会）

1409	カキクダアザミウマ
	Ponticulothrips diospyrosi（アザミウマ目クダアザミウマ科）

体 長	2-3mm
時 期	4-9月
分 布	本州・四国・九州

見つけやすさ

黒褐色。腹部末節（尾管）は細長い。カキやアカマツにつく。

高知県本山町(2007.6.11)（写真　全国農村教育協会）

1410	ヒトジラミ
	Pediculus humanus（ヒトジラミ科）

体 長	3-4.5mm
時 期	1年中
分 布	北海道・本州・四国・九州・沖縄

見つけやすさ

頭髪につくアタマジラミと衣服につくコロモジラミがいる。

（写真　全国農村教育協会）

1411	ハグルマチャタテ
	Matsumuraiella radiopicta（ハグルマチャタテ科）

前翅長	3-4.5mm
時 期	5-11月
分 布	北海道・本州・四国・九州

見つけやすさ

前翅に放射状の黒色紋がある。スギ、アオキなどにつく。

東京都東村山市(2009.11.4)

埼玉県所沢市(2012.11.7)　　　　幼虫：奈良県生駒市(2014.10.3)

1412	ウスベニチャタテ
	Amphipsocus japonicus（ケブカチャタテ科）

前翅長	5mm前後
時 期	1年中
分 布	北海道・本州・四国・九州・沖縄

見つけやすさ

淡紅色で、胸部は黒い。翅を平らにしてとまる。美しいが、死ぬと退色してしまう。アオキ、ヤツデ、イヌガヤ、アスナロなどの葉裏で見つかる。

メモ　虫の姿が消えた寒い季節でも、ヤツデの葉をこまめに裏返すと静かにとまっていることがあり、小さなお宝を見つけた気分が味わえる。

オオチャタテ　1413
Longivalvus nubilus（チャタテ科）

- 前翅長　6-9mm
- 時　期　5-9月
- 分　布　北海道・本州・四国・九州

体は黒褐色で、頭部は黄褐色。前翅に黒斑、黒条があるが、個体によって変異が大きい。林内や林縁の薄暗い場所の樹幹などで見られる。

メモ　初夏の雑木林では、樹幹で円形の大集団をつくる幼虫たちを見かけるが、写真を撮ろうと近寄ると、ザワザワと蠢いて散り散りになってしまう。

大阪府四條畷市（2006.6.14）　　幼虫：東京都町田市（2012.5.16）

スジチャタテ　1414
Psococerastis tokyoensis（チャタテ科）

- 前翅長　4-7mm
- 時　期　6-11月
- 分　布　北海道・本州・九州

褐色で、前翅に黒斑、黒条がある。雑木林の林縁の葉上などで見られる。幼虫は、太い樹木の幹で集団になって生活する。

埼玉県所沢市（2012.6.13）

幼虫（翅のない個体）：埼玉県所沢市（2012.6.10）

オオスジチャタテ　1415
Psococerastis kurokiana（チャタテ科）

- 前翅長　5-7mm
- 時　期　7-10月
- 分　布　北海道・本州・九州

スジチャタテに似るが、やや大きい。全体に白っぽく、翅の黒条が明瞭。樹木の幹や下草上で見つかる。灯火に飛来することもある。

山梨県甲州市（2012.7.18）

カジリムシ目

東京都羽村市(2012.8.29)

1416 オオカマキリ
Tenodera sinensis(カマキリ科)

体長	70-95mm
時期	7-12月
分布	北海道・本州・四国・九州

見つけやすさ

緑色または褐色。チョウセンカマキリに似るが後翅が紫褐色で、前脚のつけ根は黄色。林縁の草むらや樹上でよく見られる。多くの昆虫を鎌のような前脚で捕らえて食べる。

メモ「交尾の時、雌が雄を食べてしまう」と都市伝説のように語られるが、実際、野外でもそういう現場に遭遇してしまうことがある。

♀：埼玉県入間市(2011.10.23)

幼虫：東京都羽村市(2012.8.29)

幼虫：山梨県甲州市(2012.6.17)

東京都羽村市(2012.8.29)

1417 チョウセンカマキリ
Tenodera angustipennis(カマキリ科)

体長	65-90mm
時期	7-11月
分布	本州・四国・九州・沖縄

見つけやすさ

別名カマキリ。緑色または褐色。オオカマキリに似るが後翅の色が薄く、前脚のつけ根は朱色。草はらや田畑など、開けた環境を好む。多くの昆虫を捕らえて食べる。

奈良県生駒市(2000.9.13)

奈良県生駒市(2000.10.4)

1418 ハラビロカマキリ
Hierodula patellifera(カマキリ科)

体長	45-70mm
時期	7-12月
分布	本州・四国・九州・沖縄

見つけやすさ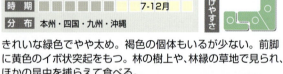

きれいな緑色でやや太め。褐色の個体もいるが少ない。前脚に黄色のイボ状突起をもつ。林の樹上や、林縁の草地で見られ、ほかの昆虫を捕らえて食べる。

東京都東村山市(2011.8.31)

幼虫：大阪府四條畷市(2001.9.5)

東京都武蔵村山市(2012.10.21)

幼虫：栃木県栃木市(2013.6.23)

ウスバカマキリ 1419
Mantis religiosa（カマキリ科）

体長	50-60mm
時期	8-11月
分布	北海道・本州・四国・九州・沖縄

淡緑色または淡褐色。前脚基節の内側に黒紋（またはリング状紋）をもつ。河原や荒地の草はらに生息するが、分布は限られ、数も少ない。ほかの昆虫を捕らえて食べる。

栃木県宇都宮市(2011.9.18)　栃木県宇都宮市(2011.9.18)

コカマキリ 1420
Statilia maculata（カマキリ科）

体長	40-65mm
時期	8-11月
分布	本州・四国・九州

黄土色〜黒褐色。緑色の個体もいるが少ない。林縁から草はら、人家周辺まで、幅広い環境で見られる。地表を歩き回っていることが多く、ほかの昆虫などを捕らえて食べる。

♀：東京都八王子市(2011.11.2)

幼虫：兵庫県伊丹市(2015.8.3)

♀：埼玉県入間市(2011.10.23)

ヒナカマキリ 1421
Amantis nawai（コブヒナカマキリ科）

体長	12-18mm
時期	8-11月
分布	本州・四国・九州・沖縄

淡褐色〜黄褐色。小さくて、翅が短い。そのため、成虫でもまるで幼虫のように見える。樹林内の林床や低木上で見られる。アリなどの小昆虫を捕らえて食べる。

♀：神奈川県横須賀市(2011.11.20)

ヒメカマキリ 1422
Acromantis japonica（ハナカマキリ科）

体長	25-32mm
時期	7-11月
分布	本州・四国・九州

緑色または褐色。前胸は中央部が細くくびれる。後脚腿節の先端近くに小さな葉状片をもつ。樹上性で動きが敏捷。よく飛び、灯火にも飛来する。

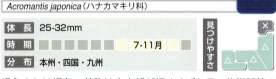

東京都八王子市(2012.8.29)

幼虫：大阪府東大阪市(2015.8.28)

1423 クロゴキブリ
Periplaneta fuliginosa（ゴキブリ科）

体長	25-30mm
時期	1年中
分布	北海道・本州・四国・九州・沖縄

黒褐色で光沢がある。人家内やその周辺に生息する。

東京都練馬区(2012.9.15)

幼虫：東京都練馬区(2012.10.2)

幼虫：東京都千代田区(2012.8.11)

1424 ヤマトゴキブリ
Periplaneta japonica（ゴキブリ科）

体長	25mm前後
時期	1年中
分布	北海道・本州・九州

クロゴキブリより小型で細い。雌は短翅。雑木林に多いが人家内に侵入することもある。

♂：山梨県甲州市(2012.7.18)

1425 ヒメクロゴキブリ
Sorineuchora nigra（ヒメクロゴキブリ科）

体長	7-10mm
時期	6-9月
分布	本州・四国・九州

翅は黒褐色で、翅脈が灰褐色。前胸に大きな黒紋がある。アカマツ林や照葉樹林の樹上で見られ、灯火にも飛来する。

奈良県生駒市(2013.6.12)

大阪府東大阪市(2000.6.14)

幼虫：京都府井手町(2015.5.21)

メモ 樹上に生息する美しい種類。その美しさを感じるためには、「ゴキブリ」という存在に対する先入観をゼロクリアすることが大切。

1426 キスジゴキブリ
Centrocolumna striata（チャバネゴキブリ科）

体長	14-17mm
時期	6-10月
分布	本州・四国・九州

光沢のある黒褐色で、前胸〜前翅前縁が黄色帯で縁取られる。

神奈川県横浜市(2010.6.30)

1427 サツマゴキブリ
Opisthoplatia orientalis（オオゴキブリ科）

体長	25-35mm
時期	4-11月
分布	本州・四国・九州・沖縄

楕円形で翅が退化し、前胸前縁に黄白色帯がある。暖地性。

高知県土佐清水市(2003.1.12)（写真　高井幹夫）

モリチャバネゴキブリ 1428
Blattella nipponica（チャバネゴキブリ科）

- 体長 11-13mm
- 時期 5-11月
- 分布 本州・四国・九州・奄美大島

黄褐色で、翅は半透明。前胸に1対の太い黒条をもつ。黒条は後端部で左右が接近する。雑木林の林内や林縁に多く生息し、地表付近で活発に活動する。花や樹液にも集まる。

神奈川県横須賀市(2011.11.23)　　幼虫：神奈川県横須賀市(2011.11.20)

オオゴキブリ 1429
Panesthia angustipennis（オオゴキブリ科）

- 体長 37-43mm
- 時期 4-10月
- 分布 本州・四国・九州・沖縄

黒色で光沢がある。翅は小さい。仲間の翅をかじる習性があり、成虫の翅は破損していることが多い。暖地の自然度の高い林内で見られ、朽木の中などに潜む。

東京都八王子市(2008.9.17)

幼虫：奈良県奈良市(2017.2.27)

ヤマトシロアリ 1430
Reticulitermes speratus（ミゾガシラシロアリ科）

- 体長 （兵蟻）3.5-6mm
- 時期 1年中
- 分布 北海道・本州・四国・九州

乳白色で無翅。雑木林の朽ち木、石の下、人家の軒下など、暗くて湿った場所に巣をつくり大家族を形成する。4～5月ごろ、巣から多数の羽アリ（女王候補、雄アリ）が出て群飛する。

東京都町田市(2012.5.16)

羽アリ：東京都町田市(2012.5.16)

イエシロアリ 1431
Coptotermes formosanus（ミゾガシラシロアリ科）

- 体長 （兵蟻）4-6.5mm
- 時期 1年中
- 分布 本州・四国・九州・沖縄

乳白色で無翅。建造物や立木に巣をつくって大家族を形成し、大きな被害を及ぼす。6～7月ごろ、巣から多数の羽アリ（女王候補、雄アリ）が出て群飛する。

（写真　全国農村教育協会）

♀:神奈川県横須賀市 (2012.11.4)

1432 ハサミムシ
Anisolabis maritima(ハサミムシ科)

体長	18-36mm
時期	4-10月
分布	北海道・本州・四国・九州・沖縄

見つけやすさ

♂:神奈川県横須賀市 (2012.11.4)

別名ハマベハサミムシ。黒色で翅がなく、脚は淡黄色～淡茶色。人家周辺の荒地やゴミ捨て場に多く、湿った場所の石の下などに生息する。海岸のゴミの下などにも多い。植物の葉や動物の死骸などを食べる。全世界に広く分布している。

メモ ハサミムシの仲間は、ゴキブリに似ていることもあり嫌われがちだが、はさみ(鋏子)の形状などはきわめて芸術的で見ごたえがある。

1433 ヒゲジロハサミムシ
Anisolabella marginalis(ハサミムシ科)

体長	18-33mm
時期	4-10月
分布	本州・四国・九州・沖縄

見つけやすさ

埼玉県所沢市(2012.2.22)

幼虫:東京都武蔵村山市(2012.4.4)

黒色で、触角の先端付近が乳白色。脚は乳白色だがつけ根は黒い。

1434 コバネハサミムシ
Euborellia annulata(ハサミムシ科)

体長	11-16mm
時期	4-10月
分布	本州・四国・九州・沖縄

見つけやすさ

別名キアシハサミムシ。脚は全体が乳白色。前翅は鱗片状。

東京都練馬区(2008.4.2)

♂:静岡県浜松市(2013.8.7)

1435 オオハサミムシ
Labidura riparia(オオハサミムシ科)

体長	25-30mm
時期	4-10月
分布	北海道・本州・四国・九州・沖縄

見つけやすさ

茶褐色で、脚は乳白色。頭部や前翅の合わせ目付近は赤みを帯びる。後翅は退化している。雄のはさみ(鋏子)は長く、内側の中ほどにコブ状の突起がある。河川敷や海岸の石の下などでよく見られる。

メモ 砂浜のはずれに転がっている流木をひっくり返すと、隠れていたたくさんの個体が逃げ惑い、虫も人もパニックに陥ることがある。

♀:山梨県韮崎市(2013.5.5)

幼虫:静岡県浜松市(2013.8.7)

コブハサミムシ 1436
Anechura harmandi（クギヌキハサミムシ科）

- 体長 15-25mm
- 時期 4-10月
- 分布 北海道・本州・四国・九州

♀：山梨県甲州市（2011.7.13）

赤茶を帯びた黒色で、翅の先端部は黄褐色。雄のはさみ（鋏子）には変異があり、太短くて強く湾曲したアルマン型と、細長いルイス型がある。山地に多く、林縁の植物上や河原の石の下などで見られる。

メモ 春に林縁の石の裏などを探すと、卵を守る雌が見つかる。雌は一旦逃げてもすぐに元の場所に戻り、身を挺して卵を守り続ける。

♂アルマン型：東京・神奈川県境陣馬山（2012.7.4）　幼虫：山梨県甲州市（2012.6.6）

キバネハサミムシ 1437
Forficula mikado（クギヌキハサミムシ科）

- 体長 12-20mm
- 時期 4-9月
- 分布 北海道・本州

コブハサミムシに似るが、翅は全体が黄褐色。

長野県諏訪市（2012.8.22）

エゾハサミムシ 1438
Eparchus yazoensis（クギヌキハサミムシ科）

- 体長 15-20mm
- 時期 4-9月
- 分布 北海道・本州・四国・九州

はさみが細長い。前翅に黄褐色の紋がある。本州では山地性。

山梨県大泉村（2011.9.7）

ガロアムシ 1439
Galloisiana nipponensis（ガロアムシ目ガロアムシ科）

- 体長 20-25mm
- 時期 1-3月　8-12月
- 分布 本州

淡褐色〜赤褐色。扁平で翅はない。1対の長い尾毛をもつ。山地に生息し、石の下や朽ち木の中で見つかる。夜に活動し、小昆虫を捕食する。

メモ 現存するガロアムシはすべて無翅だが、この仲間の化石には4枚の立派な翅があり、進化の過程で退化したと考えられる。

♂幼虫：茨城県太子町（2005.4.2）（写真　山崎秀雄）

♀：東京都東村山市（2011.8.31）

♀：東京都八王子市（2009.8.26）

1440 ナナフシ
Ramulus mikado（ナナフシ科）

体長 70-100mm
時期 6-11月
分布 本州・四国・九州

見つけやすさ

別名ナナフシモドキ。緑色〜褐色。エダナナフシに似るが触角が短い。日当たりの良い林縁などの葉上、下草上で見られ、サクラ、カシ、コナラなど、いろいろな植物の葉を食べる。単為生殖をする。

> **メモ** 春には、爪楊枝のように細い幼虫が、自然公園の柵の上などで見つかる。長い脚でたどたどしく歩く様子は、ひょうきんでかわいい。

幼虫：東京都八王子市（2012.4.29）

ナナフシ目

♀：大阪府東大阪市（2012.8.6）　♂：奈良県御所市（2013.9.25）

♀：大阪府四條畷市（2003.6.25）

1441 エダナナフシ
Phraortes elongatus（トビナナフシ科）

体長 65-112mm
時期 6-11月
分布 本州・四国・九州

見つけやすさ

緑色、茶褐色、灰褐色など体色はさまざま。雄は細い。ナナフシに似るが触角が糸状で長い。日当たりの良い林縁などの葉上、下草上で見られ、サクラ、ノイバラ、カシ、コナラなど、いろいろな植物の葉を食べる。

> **メモ** 前種（ナナフシ）の雄に出会うのは宝くじに当たるよりも難しいが、本種の雄はけっこうよく見つかる。

幼虫：大阪府四條畷市（2003.5.21）

ニホントビナナフシ 1442
Micadina phluctaenoides（トビナナフシ科）

- 体　長　36-56mm
- 時　期　6-11月
- 分　布　本州・四国・九州・沖縄

別名トビナナフシ。雌は緑色で、頭部や胸部の両縁は黄色。雄は茶褐色で細い。短い翅がある。雑木林の樹上や林縁の下草で見られ、幼虫はクヌギやクリ、成虫はシイ類の葉を好んで食べる。主に単為生殖をする。

メモ 秋に林縁の柵の上などにとまっていることが多い。動きが鈍く、よく肉食昆虫の餌食になってしまっている。

幼虫：東京都東村山市（2009.9.6）

♀：埼玉県入間市（2012.9.16）

♀：大阪府東大阪市（2014.11.6）

トゲナナフシ 1443
Neohirasea japonica（トビナナフシ科）

- 体　長　57-75mm
- 時　期　5-12月
- 分　布　本州・四国・九州・沖縄

淡褐色～黒褐色だが、緑色を帯びることもある。体が太く、たくさんの小さなとげをもつ。湿り気の多い雑木林の林床や林縁で見られる。多くの植物の葉を食べる。単為生殖をする。

メモ 木の枝にそっくりなため非常に見つけにくいが、秋が深まり気温が下がると、日当たりの良い路上にのそのそ出てくることがある。

♀：大阪府四條畷市（2005.7.13）

♀：神奈川県横須賀市（2011.11.20）

1444 コロギス
Prosopogryllacris japonica（コロギス科）

♀：奈良県生駒市（2013.6.12）

幼虫：奈良県奈良市（2014.9.29）

体長	30mm前後
時期	6-10月
分布	本州・四国・九州

黄緑色で背面は褐色。広葉樹の樹上に生息する。

1445 ハネナシコロギス
Nippancistroger testaceus（コロギス科）

♀：奈良県生駒市（2015.5.18）

♀幼虫：東京都八王子市（2013.5.22）

体長	13-18mm
時期	6-11月
分布	北海道・本州・四国・九州・沖縄

黄褐色～暗褐色。翅はない。広葉樹の樹上に生息する。

1446 ハヤシウマ
Diestrammena itodo（カマドウマ科）

体長	13-21mm
時期	8-11月
分布	本州・四国・九州

光沢がなく、体色は個体変異が大きい。林床や樹幹で見られる。

♂：兵庫県新温泉町（2000.8.）

1447 コノシタウマ
Diestrammena elegantissima（カマドウマ科）

体長	19-30mm
時期	8-11月
分布	北海道・本州・四国・九州

褐色で胸部に光沢がある。雑木林の地表で見られる。

♂：東京都檜原村（2011.9.14）

1448 クラズミウマ
Diestrammena asynamora（カマドウマ科）

体長	15-17mm
時期	6-11月
分布	本州・四国・九州

淡褐色でやや不明瞭な褐色斑がある。人家周辺で見られる。

♀（写真　全国農村教育協会）

1449 クチキウマ
Anoplophilus acuticercus（カマドウマ科）

体長	12.5-19mm
時期	6-11月
分布	本州

黒色で、淡黄色の小斑紋が並ぶ。ブナ林の朽ち木で見られる。

♀：山梨県甲州市（2013.7.14）

マダラカマドウマ 1450
Diestrammena japonica（カマドウマ科）

- 体長　20-34mm
- 時期　4-11月
- 分布　北海道・本州・四国・九州

黄白色地に、明瞭で複雑な黒色斑がある。雑木林に多いが、人家の床下などでも見つかる。夜、クヌギなどの樹液に集まり、灯火にもよくやって来る。

奈良県奈良市(2013.8.15)

ヒガシキリギリス 1451
Gampsocleis mikado（キリギリス科）

- 全長　25-40mm
- 時期　7-10月
- 分布　本州(近畿以北)

ニシキリギリスに似るが、翅の黒紋が多く、脚や翅はやや短い。丈の高い草むらの奥で鳴くので姿を見る機会は少ない。ほかの虫を捕らえて食べる。

♀：東京都日野市(2012.9.1)（写真　矢島悠子）

ニシキリギリス 1452
Gampsocleis buergeri（キリギリス科）

- 全長　29-40mm
- 時期　6-10月
- 分布　本州(近畿以西)・四国・九州・奄美大島

緑色または茶褐色。ヒガシキリギリスに似るが、翅の黒紋が少なく、脚や翅はやや長い。夏のはじめから鳴き始める。丈の高い草むらの奥で鳴くので姿を見る機会は少ない。肉食性が強く、ほかの虫を捕らえて食べる。

> メモ　本種やヒガシキリギリスの若齢幼虫は、背部に2本の褐色条をもつが、近縁のヤブキリの幼虫は1本しかもたない。

♂：大阪府四條畷市(2005.7.6)

♀：大阪府四條畷市(2006.9.20)

幼虫：
大阪府東大阪市
(2005.6.8)

♂：埼玉県さいたま市（2009.6.17）　　黒化型♂：栃木県栃木市（2013.6.23）

幼虫：神奈川県相模原市（2010.4.11）　　黒化型♀幼虫：栃木県栃木市（2013.6.23）

1453 ヤブキリ
Tettigonia orientalis（キリギリス科）

全長　45-58mm
時期　6-10月
分布　本州・四国

見つけやすさ

緑色で、背部が褐色。地域によっては黒化型も見られる。前脚にとげをもつ。雑木林周辺で見られ、丈の高い草やぶや樹上に生息する。ほかの虫を捕らえて食べる。セミなど大型の昆虫を襲うこともある。

メモ　丈の高い草の上に登っていることが多く目につきやすい。脱皮も目立った場所で行うので観察できるチャンスが多い。

♀：奈良県生駒市（2001.7.7）

長翅型：
埼玉県横瀬町
（2008.7.16）　　幼虫：埼玉県所沢市（2012.6.13）

1454 ヒメギス
Eobiana engelhardti（キリギリス科）

体長　17-27mm
時期　6-10月
分布　北海道・本州・四国・九州

見つけやすさ

黒褐色〜茶褐色で、背部は緑色または茶褐色。胸部後方は白く縁取られている。翅は普通は短いが、長翅型もいる。湿った草地でよく見られる。植物の葉やほかの昆虫などを食べる。

メモ　地表近くの植物上によくとまっていて目につきやすいが、人の気配に敏感ですぐに植物の陰に逃げ込んでしまう。

♂：長野県諏訪市（2012.8.22）　　♀：長野県諏訪市（2011.8.17）

1455 ミヤマヒメギス
Eobiana nippomontana（キリギリス科）

体長　16-29mm
時期　7-9月
分布　本州

見つけやすさ

灰褐色〜黒褐色で、翅は短い。東北〜中部に分布し、夏に山地の林縁の草地で見られる。ジリ・ジリ・ジリ‥と鳴く。

メモ　「深山」という名がつく虫は名前負けしている場合が多いが、本種は、見た目も生息地も「深山」とよぶにふさわしい。

バッタ目

コバネヒメギス 1456
Chizuella bonneti（キリギリス科）

体長	15-26mm
時期	7-9月
分布	北海道・本州・四国・九州

翅がきわめて短い。ヒメギスよりも乾燥した草地で見られる。

♀：東京都日野市（2012.9.12）

カヤキリ 1457
Pseudorhynchus japonicus（キリギリス科）

全長	63-67mm
時期	7-9月
分布	本州・四国・九州

大型で頭部が尖る。丈の高いイネ科植物の繁る草はらで見られる。

♂：兵庫県加西市（2003.8.3）

クサキリ 1458
Ruspolia lineosa（キリギリス科）

全長	37-47mm
時期	7-10月
分布	本州・四国・九州

褐色または緑色。丈の低い、やや湿った草はらで見られる。

♀：東京都あきる野市（2013.8.21）　♂：東京都あきる野市（2013.8.21）

ヒメクサキリ 1459
Ruspolia dubia（キリギリス科）

全長	32-48mm
時期	8-10月
分布	北海道・本州・四国・九州

クサキリに似るが翅端が尖り、後脚脛節（けいせつ）は黒くない。

♀：埼玉県入間市（2012.9.16）

シブイロカヤキリ 1460
Xestophrys javanicus（キリギリス科）

全長	36-46mm
時期	4-7月　10-11月
分布	本州・四国・九州

別名シブイロカヤキリモドキ。くすんだ褐色で、頭頂が尖っている。脚が短い。丈の高いイネ科植物の草はらで見られる。秋に成虫になって冬を越し、翌年の晩春〜初夏の夜、草むらで、ジャーーーと鳴き続ける。

> **メモ** 日中はなかなか見つからないが、夜、鳴き声をたよりに懐中電灯で探すと発見しやすい。

♂：埼玉県入間市（2011.6.8）

♀：奈良県吉野町（2016.4.6）

バッタ目

1461 クビキリギス
Euconocephalus varius（キリギリス科）

全長	50-57mm
時期	4-7月　9-11月
分布	北海道・本州・四国・九州・沖縄

緑色または褐色だが、まれにピンク色の個体も見つかる。頭頂が著しく尖り、口器の周囲は赤い。平地の草はらや田圃の土手などで見られる。秋に成虫になって冬を越し、翌年の晩春〜初夏の夜、草むらで、ジーーーーと鳴き続ける。

メモ 口器が赤く恐ろしげな印象だが、近くでよく見ると、複眼には筋があって顔つきに愛嬌があり、案外かわいらしい。

埼玉県さいたま市(2009.6.17)

♂：神奈川県横浜市(2012.5.20)

幼虫：東京都羽村市(2009.9.9)

♀幼虫：静岡県浜松市(2013.8.7)

1462 ホシササキリ
Conocephalus maculatus（キリギリス科）

全長	21-27mm
時期	7-11月
分布	本州・四国・九州・沖縄

明るい緑色または褐色で、前翅に小黒斑列をもつ。湿気が少なく丈の低い植物の生えた明るい草はらでよく見られる。ジー・ジー・ジーと鳴く。

1463 ウスイロササキリ
Conocephalus chinensis（キリギリス科）

全長	28-33mm
時期	6-11月
分布	北海道・本州・四国・九州

体は明るい緑色で、淡褐色の長い翅をもつ。都市近郊の草はらでも普通に見られる。危険を察すると、葉の裏側や茎の反対側に巧みに回りこんで隠れる。ツルルルルル‥と鳴く。

♂：東京都葛飾区(2012.9.19)

幼虫：奈良県生駒市(2015.7.8)

♀：東京都日野市(2012.10.7)

♂：東京都日野市(2012.9.12)

♀：東京都葛飾区(2012.9.19)

ササキリ 1464
Conocephalus melaenus(キリギリス科)

全長	21-28mm
時期	7-11月
分布	本州・四国・九州・沖縄

鮮やかな緑色で、翅と体の側面は黒褐色。ほかのササキリ類に比べると、頑強そうな体つきをしている。林縁の草むらや林床で見られる。日中に活動し、ジリジリジリと鳴く。

メモ 若齢幼虫は、体は黒色、頭部は朱色という、親とはまったく異なった色彩で、アリに似ている。

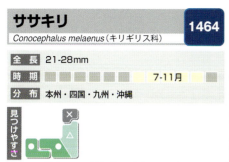

♀：東京都武蔵村山市(2012.10.21)

♂：埼玉県入間市(2011.10.23)　幼虫：山梨県甲州市(2008.8.20)

オナガササキリ 1465
Conocephalus exemptus(キリギリス科)

全長	20-30mm
時期	7-11月
分布	本州・四国・九州・沖縄

雌は非常に長い産卵管をもつ。明るい草はらなどで見られる。

♀：奈良県生駒市(2005.10.12)

コバネササキリ 1466
Conocephalus japonicus(キリギリス科)

体長	13-20mm
時期	9-11月
分布	北海道・本州・四国・九州・沖縄

通常、翅が短い。水田周辺や、やや湿気の多い草はらで見られる。

♀：東京都葛飾区(2007.10.24)

ハヤシノウマオイ 1467
Hexacentrus hareyamai(キリギリス科)

全長	45mm前後
時期	6-11月
分布	本州・四国・九州

全身が緑色で、頭部から背中にかけて濃褐色の太い帯がある。褐色部分は複眼に達する（よく似たヤブキリでは複眼に達しない）。夜に活動し、ほかの昆虫を捕らえて食べる。スイーッチョンと長く伸ばして鳴く。

メモ 林内や林縁では本種が見られ、開けた草はらにはスイッチョ・スイッチョと短く鳴くハタケノウマオイが生息する。鳴き声は異なるが、外見で見分けるのは困難。

♀：埼玉県入間市(2011.10.23)

♂：兵庫県新温泉町(2000.8.)

バッタ目

♀：東京都八王子市（2008.9.17）

1468 セスジササキリモドキ
Xiphidiopsis albicornis（ササキリモドキ科）

- 体長 11-14mm
- 時期 8-11月
- 分布 本州・四国・九州

鮮やかな黄緑色で、前胸背面は黒褐色。翅は茶褐色で細長い。丘陵や低山地の樹上で見られ、灯火にも飛来する。

メモ 緑と茶に塗り分けられた体や、長く伸びた翅も魅力的だが、一番のチャームポイントは真ん丸の赤い複眼。

♂：東京都八王子市（2012.8.29）

1469 ヒメツユムシ
Leptoteratura sp.（ササキリモドキ科）

- 体長 8-13mm
- 時期 8-11月
- 分布 本州・四国・九州

別名コガタササキリモドキ。淡緑色で、翅の背面は淡緑色。触角のつけ根から前胸両側にかけて黄白色条がある。山地に生息し、林縁の樹上で見られる。

メモ ツユムシの名がつくのにツユムシの仲間ではなく、ササキリに似てササキリでないササキリモドキの仲間に属する、という微妙な立場。

♀：東京都檜原村（2011.9.14）

1470 キタササキリモドキ
Tettigoniopsis forcipicercus（ササキリモドキ科）

- 体長 11-15mm
- 時期 8-10月
- 分布 本州

別名ヒメヤブキリモドキ、キタハダカササキリモドキ。黄緑色で翅がなく、背面は茶褐色。雌の産卵管は棒状でやや反り返る。ブナ林の林内、林縁などで見られる。

メモ ササキリモドキ科のうち翅が退化しているグループは、地理的分化が進んでおり、特に西日本では多くの種類に分かれている。

クツワムシ 1471
Mecopoda niponensis（クツワムシ科）

全　長	50-55mm
時　期	8-11月
分　布	本州・四国・九州

大型で、幅の広い翅をもつ。褐色型と緑色型がいる。林縁や河川敷などの深い草やぶに生息し、とくにクズの群落を好む。夜に、カシャカシャカシャカシャと、大きな連続音で鳴く。近年は生息地が減っている。

メモ 物怖じしない性格なのか、人が近づいてもあまり鳴きやまず、懐中電灯で照らしてもなお堂々と鳴き続けていることがある。

♂：東京都葛飾区（2012.9.19）

♂：東京都葛飾区（2012.9.19）

セスジツユムシ 1472
Ducetia japonica（ツユムシ科）

全　長	33-47mm
時　期	6-11月
分　布	本州・四国・九州・沖縄

淡緑色または淡褐色。雄の背部には茶褐色条が、雌の背部には黄白色条がある。低木の葉上や丈の高い草にとまっていることが多い。主に夜に活動し、チチチチ…、ジーッチョ、ジーッチョと鳴く。

メモ ほかのツユムシ類とくらべ、雌雄の形態差が大きい。背中のすじの色彩が異なるほか、体型も、雄はスレンダーで、雌はぽっちゃり型。

♀：東京都八王子市（2011.11.2）

♂：大阪府四條畷市（2002.9.25）

♀：大阪府四條畷市（2002.10.2）

♂：埼玉県横瀬町（2012.10.17）

神奈川県横浜市
(2010.9.15)

幼虫：
長野県諏訪市
(2012.8.22)

1473 ツユムシ
Phaneroptera falcata（ツユムシ科）

全長	29-37mm
時期	6-11月
分布	北海道・本州・四国・九州・奄美大島

見つけやすさ

全身が淡緑色。平地～山地で見られ、明るい草はらの丈の高い草にとまっていることが多い。日中に活発に活動するが、灯火にも飛来する。

メモ 漢字で書くと（「梅雨虫」ではなく）「露虫」。儚げな本種の「らしさ」をうまく捉えている。

埼玉県入間市(2013.10.13)　幼虫：山梨県北杜市(2008.7.31)　幼虫：神奈川県横浜市(2010.9.15)

1474 アシグロツユムシ
Phaneroptera nigroantennata（ツユムシ科）

全長	29-37mm
時期	7-11月
分布	北海道・本州・四国・九州

見つけやすさ

緑色で、脚と背部が褐色。触角には白紋がある。林縁の樹上や下草上で見られる。日中に活動し、飛翔して移動することも多い。

メモ 7月頃に林縁の植物上で見られる若齢幼虫は、緑、橙、黒などが混ざり合ったまだら模様で美しい。

♂：東京都八王子市(2012.10.31)

1475 ヘリグロツユムシ
Psyrana japonica（ツユムシ科）

全長	38-56mm
時期	8-11月
分布	本州・四国・九州

見つけやすさ

緑色で、前胸背面の後縁や前翅のつけ根付近が褐色に縁取られる。雄の前翅発音部は褐色。山地の広葉樹の樹上に生息し、灯火にも飛来する。

メモ 普段は樹上にいて見つけにくい。灯火では出会えるチャンスがあるが、飛翔力が高く、せっかく見つけても遠くに飛んで逃げてしまう。

バッタ目

ヒメクダマキモドキ 1476
Phaulula macilenta（ツユムシ科）

- 全長 34-42mm
- 時期 8-11月
- 分布 本州・四国・九州・沖縄

緑色で、前翅の背部に黄白色線がある。海岸部の広葉樹林の樹上に多いが、近年は都市部の自然公園などでも見られる。

メモ ほかのクダマキモドキ類にくらべると小型でややずんぐりしているが、精悍な顔つきにはこの仲間に特有の取っつきにくさが漂う。

東京都葛飾区（2007.10.24）

サトクダマキモドキ 1477
Holochlora japonica（ツユムシ科）

- 全長 45-62mm
- 時期 8-11月
- 分布 本州・四国・九州

別名クダマキモドキ。全身が美しい緑色。翅は葉の形に似ている。樹上で見られ、活発に飛び回る。近縁のヤマクダマキモドキとは前脚が緑色であることで見分けられる。

メモ 頭部を下げたお決まりのポーズで葉にとまり、人の気配を察すると、淡緑の美しい翅を広げて、はるか遠くの梢に飛んで行ってしまう。

♀：埼玉県所沢市（2012.11.7）

ヤマクダマキモドキ 1478
Holochlora longifissa（ツユムシ科）

- 全長 52-54mm
- 時期 7-11月
- 分布 本州・四国・九州

全身が美しい緑色で、前脚は赤紫色。前翅のつけ根付近は少し褐色に縁取られる。主に山地の樹上で見られ、活発に飛び回る。

メモ 脚の色や前翅のつけ根の縁取りなどは、ちょうど、サトクダマキモドキとヘリグロツユムシを足して二で割ったような感じ。

大阪府四條畷市（2002.9.25）

幼虫：兵庫県宝塚市（2015.8.4）

1479 エンマコオロギ
Teleogryllus emma（コオロギ科）

体長 29-35mm
時期 8-11月
分布 北海道・本州・四国・九州

濃褐色で大型。頭部に光沢がある。草はらや畑、道端などに広く生息し、人家の周辺でもよく見られる。コロコロリーと、大きな声で鳴く。

♂：大阪府四條畷市（2006.9.20）

♀：埼玉県入間市（2011.10.23）　　幼虫：東京都八王子市（2009.7.29）

1480 モリオカメコオロギ
Loxoblemmus sylvestris（コオロギ科）

体長 12-16mm
時期 8-11月
分布 本州・四国・九州

暗灰褐色で、複眼の間に細い白色条がある。ハラオカメコオロギに似るが雄の前翅の翅端部はやや長い。主に林内や林縁に棲むが、草はらなどでも見られる。リー・リ・リ・リ・リと鳴く。

♂：埼玉県所沢市（2012.10.14）

♀：埼玉県所沢市（2012.10.14）

1481 ハラオカメコオロギ
Loxoblemmus campestris（コオロギ科）

体長 12-15mm
時期 8-11月
分布 北海道・本州・四国・九州

暗灰褐色で、複眼の間に細い白色条がある。モリオカメコオロギに似るが雄の前翅の翅端部はやや短い。明るい草地に多く、リ・リ・リ・リ・リとやや早いテンポで鳴く。

♂：東京都羽村市（2009.9.9）

♀：東京都羽村市（2009.9.9）

1482 ツヅレサセコオロギ
Velarifictorus micado（コオロギ科）

体長 16mm前後
時期 8-11月
分布 北海道・本州・四国・九州

暗灰褐色。人家周辺でもよく見られる。庭先や草はら、畑などの石の下や枯れた草の間に生息し、野菜くずや小昆虫の死骸などを食べる。リー・リー・リー・リーと鳴く。

♂：千葉県鴨川市（2011.9.4）

♀：千葉県鴨川市（2011.9.4）

ミツカドコオロギ　1483
Loxoblemmus doenitzi（コオロギ科）

体長	16-20mm
時期	8-11月
分布	本州・四国・九州

雄の顔面は平たく、両側が角状に突き出している。

♂：奈良県三郷町（2002.10.20）　♂：奈良県三郷町（2002.10.20）

スズムシ　1484
Meloimorpha japonica（マツムシ科）

体長	16-19mm
時期	8-11月
分布	北海道・本州・四国・九州

ペットとして飼われることも多い鳴く虫の代表種。野外では**ススキ**などの草むらの地表にいるが見つけにくい。リーン・リーンまたはリンリンリン‥と鳴く。

♂：大阪府高槻市（2014.9.3）

マツムシ　1485
Xenogryllus marmoratus（マツムシ科）

体長	20mm前後
時期	8-11月
分布	本州・四国・九州・沖縄

淡褐色で、体型はスズムシに似る。河川敷や林縁の、丈の高い草はらに生息する。チリ・チリリと、よく響く高い声で鳴く。鳴く虫の代表種のひとつだが、生息地は減っている。

メモ 日没後、深い草はらの根際に潜んで鳴くことが多く、声は聴こえても姿を見つけるのは難しい。

♂：東京都日野市（2012.10.7）

♂：東京都日野市（2012.10.7）

アオマツムシ　1486
Truljalia hibinonis（マツムシ科）

体長	21-23mm
時期	7-11月
分布	本州・四国・九州

鮮やかな緑色で、樹木の葉のような形をしている。野山のほか、都市部の公園や人家周辺でもよく見られる。樹上に生息し、フィリリリリリと、かん高くよく響く声で鳴く。

メモ 中国から侵入した帰化昆虫だが、温暖地を中心に勢力を広げており、今や都会の夜は、この虫の鳴き声に支配されてしまっている。

♀：埼玉県入間市（2012.9.16）

♂：東京都八王子市（2012.10.3）　幼虫：東京都練馬区（2012.9.1）　幼虫：京都府京都市（2014.6.23）

バッタ目

1487 カンタン
Oecanthus longicauda（マツムシ科）

- 体長 14-18mm
- 時期 7-11月
- 分布 北海道・本州・四国・九州

見つけやすさ

淡緑色〜黄褐色。雄は透明感のある翅をもつ。林縁の草地や河川敷で見られ、クズを好む。雄は、クズの葉に空いた穴などから顔を覗かせ、ルルルルル‥と、低く美しい声で鳴く。

> メモ　近年、都市部周辺では近縁のヒロバネカンタンが増えている。ヒロバネカンタンの雄は、本種よりも翅の幅が広い。

♂：大阪府四條畷市（2002.8.21）　　幼虫：京都府京田辺市（2017.8.31）

1488 カワラスズ
Dianemobius furumagiensis（ヒバリモドキ科）

- 体長 8mm前後
- 時期 6-10月
- 分布 本州・四国・九州

見つけやすさ

マダラスズに似るがやや大きく、前翅の基部が白っぽい。河原などで見られる。

♂：埼玉県さいたま市（2013.6.30）
♀：埼玉県さいたま市（2013.6.30）

1489 ヤマトヒバリ
Homoeoxipha obliterata（ヒバリモドキ科）

- 体長 5.5-6.5mm
- 時期 8-10月
- 分布 本州・四国・九州・沖縄

見つけやすさ

黒褐色で胸部は赤みを帯びる。薄暗い場所の樹上で見られる。

♂：神奈川県横浜市（2010.9.15）　♀：神奈川県横浜市（2010.9.15）

1490 マダラスズ
Dianemobius nigrofasciatus（ヒバリモドキ科）

- 体長 6-8mm
- 時期 6-11月
- 分布 北海道・本州・四国・九州・奄美大島

見つけやすさ

後脚は黒白の縞模様。芝生や草はら、道端などでよく見られる。

♂：奈良県生駒市（2003.10.29）　♀：東京都羽村市（2011.10.19）

1491 シバスズ
Polionemobius mikado（ヒバリモドキ科）

- 体長 6-7mm
- 時期 6-11月
- 分布 北海道・本州・四国・九州・奄美大島

見つけやすさ

芝生や乾いた草はらの地表などでよく見られる。

♀：奈良県生駒市（2006.10.22）

バッタ目

キアシヒバリモドキ 1492
Trigonidium japonicum（ヒバリモドキ科）
- 体長 5-6mm
- 時期 5-8月
- 分布 北海道・本州・四国・九州

濃褐色で、脚は淡黄色。後脚がよく目立つ。複眼は茶褐色。林縁や草はらなどの植物上で見られる。この仲間にしては珍しく、発音器をもたず鳴かない。

クサヒバリ 1493
Svistella bifasciata（ヒバリモドキ科）
- 体長 6-8mm
- 時期 8-10月
- 分布 本州・四国・九州・沖縄

淡褐色。雄の翅には丸みがあり発音器の模様が明瞭。林縁の低木の葉上や下草上で見られる。フィリリリリ‥と鳴く。

♂：埼玉県所沢市（2012.6.13）　♀：東京都八王子市（2008.5.28）

♂：埼玉県入間市（2012.9.16）

ウスグモスズ 1494
Amusurgus genji（ヒバリモドキ科）
- 体長 7-8mm
- 時期 8-10月
- 分布 本州・九州

淡褐色で、翅脈が目立つ。頭部は赤褐色を帯びる。長翅型もいる。林縁の樹上や幹で見られ、公園や人家周辺でも見つかる。鳴かない。帰化種と思われる。

ヤチスズ 1495
Pteronemobius ohmachii（ヒバリモドキ科）
- 体長 6-9mm
- 時期 8-11月
- 分布 本州・四国・九州

褐色で、翅に強い光沢がある。湿った草地で見られ、水田の周辺などに多い。ジイーーッと強い声で繰り返し鳴く。

♂：東京都東村山市（2012.9.2）　♀：東京都八王子市（2012.9.12）

♂：埼玉県入間市（2011.10.23）

♀：埼玉県入間市（2011.10.23）

♀：神奈川県横須賀市(2012.11.4)

幼虫：奈良県生駒市(2014.8.27)
♂：東京都練馬区(2012.10.2)

1496 カネタタキ
Ornebius kanetataki（カネタタキ科）

体長	7-11mm
時期	8-11月
分布	本州・四国・九州・沖縄

暗灰褐色で扁平。雄は、鱗状の短い翅をもつ。雌は無翅。人家周辺に多く、庭木や生け垣の樹上に生息し、昼も夜もチン・チン・チンと小さな声で鳴く。

メモ：秋、庭木の上で微かな鐘の音を響かせているのはこの虫。誤って、人家内に入り込むことも多い。

埼玉県入間市(2011.10.23)

1497 ケラ
Gryllotalpa orientalis（ケラ科）

体長	30-35mm
時期	1年中
分布	北海道・本州・四国・九州・沖縄

茶褐色で、前脚はシャベル状に発達している。畑や草はらの地中に生息するが、後翅が長く飛ぶこともできる。ミミズや植物の根などを食べる。ビーーーーと大きな声で鳴く。

メモ：昔から「おけら」とよばれて親しまれているが、実は、地中・地表・水面・空中と、あらゆる環境で自由に活動できるマルチ昆虫。

バッタ目

1498 ノミバッタ
Xya japonica（ノミバッタ科）

体長	4-6mm
時期	3-11月
分布	北海道・本州・四国・九州

畑地や河川敷で見られる。後脚が発達していて跳躍力が高い。

神奈川県横浜市(2011.5.25)

1499 トゲヒシバッタ
Criotettix japonicus（ヒシバッタ科）

全長	19-27mm
時期	3-11月
分布	北海道・本州・四国・九州

胸部両側にとげがある。水田周辺などの湿った地表で見られる。

埼玉県入間市(2011.10.23)

ハネナガヒシバッタ 1500
Euparatettix insularis（ヒシバッタ科）

- 全長 14-19mm
- 時期 4-11月
- 分布 本州・四国・九州・奄美大島

見つけやすさ

褐色で長い翅をもつ。複眼が突出している。背部の白色横帯が目立つ個体もいる。水田、畑、池沼周辺などの湿った地表で見られ、よく飛ぶ。成虫で越冬する。

> メモ：水際でよく見られ、危険を察すると、わざわざ水面に飛んで難を逃れることも多い。

東京都あきる野市（2013.7.21）

コバネヒシバッタ 1501
Formosatettix larvatus（ヒシバッタ科）

- 体長 10-12mm
- 時期 4-11月
- 分布 本州・四国・九州

見つけやすさ

翅が退化し外からは見えない。林縁の地表に多い。

東京都町田市（2012.5.16）

アカハネオンブバッタ 1502
Atractomorpha sinensis（オンブバッタ科）

- 全長 20-42mm
- 時期 8-12月
- 分布 本州・沖縄

見つけやすさ

近畿地方で広がっている帰化種。後翅が赤く、よく飛ぶ。

♀：大阪府和泉市（2016.10.20）

♀：大阪府和泉市（2016.10.20）

オンブバッタ 1503
Atractomorpha lata（オンブバッタ科）

- 全長 20-42mm
- 時期 6-12月
- 分布 北海道・本州・四国・九州・沖縄

見つけやすさ

ペア（上が♂）：埼玉県入間市（2011.10.23）

緑色または褐色で、頭部が尖っている。草はらなどに多く、人家周辺でもきわめて普通に見られる。キク科、シソ科などの植物を好む。その名のとおり、雄が雌の背中に乗っていることが多い。

> メモ：幼虫は6月ごろから現れ、小さい体でピンピン跳ね回ってかわいらしい。庭のハーブ園などで大発生することもある。

ペア（上が♂）：東京都日野市（2012.10.7）

幼虫：大阪府四條畷市（2002.7.31）

バッタ目

♀:長野県諏訪市(2012.8.22)

1504 ミカドフキバッタ
Parapodisma mikado（バッタ科）

- 体長 19-39mm
- 時期 7-10月
- 分布 北海道・本州(近畿以北の日本海側)

別名ミヤマフキバッタ。黄緑色で、頭部〜前胸に黒条がある。翅が短くて丸い。後脚腿節下面は通常は赤い。低山地〜亜高山帯に生息し、谷筋沿いなどやや湿った場所の林縁で見られる。

メモ フキバッタの仲間は、翅が退化していて移動範囲が狭いため地理的分化が進んでおり、地域ごとに違った種類が見つかって楽しい。

1505 ヤマトフキバッタ
Parapodisma setouchiensis（バッタ科）

- 体長 22-38mm
- 時期 7-10月
- 分布 本州(中〜北部では太平洋側)・四国・九州

比較的翅が長く普通は背面で重なるが、変異がある。

♀:山梨県甲州市(2012.7.18)

1506 アオフキバッタ
Parapodisma takeii（バッタ科）

- 体長 20-26mm
- 時期 8-10月
- 分布 本州(東北南部〜関東)

翅がごく短い。雌は全身が緑色。雄は頭部〜腹端に黒条がある。

♀:埼玉県横瀬町(2012.10.17)

1507 メスアカフキバッタ
Parapodisma tenryuensis（バッタ科）

- 体長 20-29mm
- 時期 7-10月
- 分布 本州(関東〜静岡)

翅はかなり小さい。地域によって大きさや体色、雄の尾肢の形状が異なり、メスアカ型、セアカ型、タンザワ型に細分される。

♀:東京都八王子市(2012.8.12)

1508 ハネナガフキバッタ
Ognevia longipennis（バッタ科）

- 全長 20-39mm
- 時期 7-10月
- 分布 北海道・本州・四国・九州

翅が長く先端は丸い。盛んに飛翔する。西日本では山地性。

長野県松本市(2012.7.31)

ツチイナゴ 1509
Patanga japonica（バッタ科）

全長	50-70mm
時期	3-7月　10-11月
分布	本州・四国・九州・沖縄

淡褐色で、複眼の下に黒条がある。草はらなどで見られ、クズの葉を好んで食べる。成虫で越冬し、冬場でも暖かい日には活動することがある。幼虫は緑色。

メモ 頭部の黒条は、ちょうど複眼の真下に位置するため、まるでうるうると涙を流しているようにも見える。

神奈川県横浜市（2010.9.15）

幼虫：東京都羽村市（2012.8.29）

幼虫：東京都日野市（2012.10.7）

ハネナガイナゴ 1510
Oxya japonica（バッタ科）

全長	17-40mm
時期	7-11月
分布	本州・四国・九州・奄美大島

翅が長く後脚腿節末端を大きく超え、翅端部は幅広い。

ペア（上が♂）：東京都羽村市（2010.9.29）

コバネイナゴ 1511
Oxya yezoensis（バッタ科）

体長	16-40mm
時期	7-12月
分布	北海道・本州・四国・九州

通常、翅は短く腹端を超えない場合が多いが、長翅型もいる。水田周辺や林縁の草地などに多い。

ペア（左が♂）：埼玉県入間市（2011.10.23）　幼虫：京都府精華町（2017.8.16）

セグロイナゴ 1512
Shirakiacris shirakii（バッタ科）

全長	26-40mm
時期	8-11月
分布	本州・四国・九州・沖縄

別名セグロバッタ。褐色で前胸背面が黒い。

ペア（上が♂）：栃木県宇都宮市（2011.10.9）

幼虫：京都府精華町（2017.8.16）

ナキイナゴ 1513
Mongolotettix japonicus（バッタ科）

体長	19-30mm
時期	6-9月
分布	北海道・本州・四国・九州

黄褐色。丈の高い草はらに多く、シャカシャカシャカ‥と盛んに鳴く。

♂：東京・神奈川県境陣馬山（2012.7.4）

幼虫：三重県津市（2014.6.25）

1514 ショウリョウバッタ
Acrida cinerea（バッタ科）

全長	40-80mm
時期	8-11月
分布	本州・四国・九州・沖縄

緑色または褐色（緑色と褐色が混ざったタイプもいる）。頭部が尖り、太い触角をもつ。明るい草はらでよく見られ、人家周辺にも生息する。雄は、飛ぶ時、チキチキチキ‥と音をたてる。

メモ あまりになじみ深くて見過ごしがちだが、真正面から見ると、愛嬌タップリの面長顔に思わず笑いを誘われる。

♂：東京都東村山市(2011.8.31)　　♀：神奈川県横浜市(2010.9.15)

♀：東京都八王子市(2012.9.12)　　幼虫：静岡県浜松市(2013.8.7)

1515 ショウリョウバッタモドキ
Gonista bicolor（バッタ科）

全長	27-57mm
時期	7-11月
分布	本州・四国・九州・沖縄

緑色で、背部は褐色。全身が褐色の個体もいる。直線的でスマートな体型で、イネ科植物の葉に似る。湿っぽい草はらを好む。敵の気配を察すると、巧みに茎の反対側に身を隠す。

1516 イナゴモドキ
Mecostethus parapleurus（バッタ科）

全長	25-30mm
時期	6-8月
分布	北海道・本州・四国・九州

黄緑色だが、褐色、淡緑色などの個体もいる。黒条が明瞭で前翅までつながる。イナゴ類に似るが、イナゴ類とは異なり前脚のつけ根の間に突起はない。山間部の湿地などで見られる。

幼虫：奈良県生駒市(2015.7.8)

東京都日野市
(2012.9.12)

♀：山梨県大泉村(2012.8.19)

ツマグロバッタ 1517
Stethophyma magister（バッタ科）
- 全長 33-49mm
- 時期 7-9月
- 分布 北海道・本州・四国・九州

別名ツマグロイナゴ、ツマグロイナゴモドキ。雄は明るい黄褐色で、雌は淡褐色。後脚腿節末端と翅の先端が黒色。丈の高い草が茂る、やや湿った草はらで見られる。

♂：大阪府四條畷市（2002.8.21）

♀：大阪府東大阪市（2000.7.26） 幼虫：大阪府四條畷市（2004.6.16）

ヒロバネヒナバッタ 1518
Stenobothrus fumatus（バッタ科）
- 全長 23-30mm
- 時期 6-11月
- 分布 北海道・本州・四国・九州

雄は濃褐色で腹端付近が赤褐色。翅は黒く前縁（翅を閉じている時の下側）が広がる。後脚腿節末端が黒い。雌は茶褐色。低山地～丘陵で見られ、林縁の草地に多い。

♂：長野県諏訪市（2012.8.22）

♀：山梨県北杜市（2012.8.19）

ヒナバッタ 1519
Glyptobothrus maritimus（バッタ科）
- 全長 19-30mm
- 時期 4-12月
- 分布 北海道・本州・四国・九州

雄は濃褐色で腹端付近が赤褐色。雌は茶褐色。前胸背面に1対の「く」の字形の線がある。山地～平地の日当たりの良い草はらで広く見られる。

♂：東京都日野市（2012.10.7）

♀：埼玉県横瀬町（2012.10.17）

タカネヒナバッタ 1520
Chorthippus intermedius（バッタ科）
- 体長 16-22mm
- 時期 6-9月
- 分布 本州（東北南部～中部）

淡灰褐色で、腹側は淡緑色。後脚腿節末端が黒い。雄の翅は腹端とほぼ同じ長さで先端が丸い。雌の翅は細く短い。ブナ帯の草はらなどで見られる。

♂：長野県諏訪市（2008.7.29）

♀：長野県諏訪市（2008.7.29）

1521 トノサマバッタ
Locusta migratoria（バッタ科）

全長	35-65mm
時期	6-11月
分布	北海道・本州・四国・九州・沖縄

見つけやすさ

別名ダイミョウバッタ。体は緑色または褐色で、翅には濃茶色と白色の細かいまだら模様がある。空き地や河原など、開けた場所の地表で見られる。ススキなど、イネ科植物の葉を好んで食べる。

メモ 飛翔力が高いうえに人の気配に敏感なので近寄るのが難しいが、背を低くしてアプローチすると逃げられにくい。

♂：東京都羽村市（2010.7.25）

♀：埼玉県横瀬町（2012.10.17）　　幼虫：埼玉県横瀬町（2012.10.17）

1522 クルマバッタ
Gastrimargus marmoratus（バッタ科）

全長	35-65mm
時期	7-11月
分布	本州・四国・九州・沖縄

見つけやすさ

緑色または褐色。翅は濃褐色と白色に塗り分けられる。トノサマバッタに似るが、翅に明瞭な白帯があることや背中が盛り上がっていることで見分けられる。丘陵や山間部の草地の地表に多い。

埼玉県横瀬町（2012.10.17）

栃木県宇都宮市（2011.10.9）

1523 クルマバッタモドキ
Oedaleus infernalis（バッタ科）

全長	32-65mm
時期	7-11月
分布	北海道・本州・四国・九州

見つけやすさ

褐色と灰色のまだら模様。褐色型が多いが、まれに緑色型も見られる。荒れ地などの草丈の低い場所の地表や海岸の砂地などに生息し、人家周辺でも見られる。

♂：東京都八王子市（2011.7.27）

♂：茨城県牛久市（2013.8.4）　　♀：東京都羽村市（2010.7.25）

マダラバッタ 1524
Aiolopus thalassinus（バッタ科）

- 全長　27-35mm
- 時期　7-11月
- 分布　北海道・本州・四国・九州・沖縄

茶褐色で体の各部に緑色が入る。全体が茶褐色の個体もいる。翅が長くスマート。荒れ地や河原、海岸などの地表で見られる。

♀：静岡県浜松市（2013.8.7）

幼虫：奈良県奈良市（2017.10.4）

ヤマトマダラバッタ 1525
Epacromius japonicus（バッタ科）

- 全長　30-35mm
- 時期　7-10月
- 分布　北海道・本州・四国・九州

白灰色で茶褐色の細かい斑紋がある。翅が長い。自然度の高い海岸の砂地で見られるが、近年は生息地が激減している。

♀：静岡県浜松市（2013.8.7）

幼虫：静岡県浜松市（2014.8.1）

イボバッタ 1526
Trilophidia japonica（バッタ科）

- 全長　24-35mm
- 時期　7-11月
- 分布　本州・四国・九州

灰褐色と暗褐色のまだら模様で、前胸背面にイボ状の突起がある。草地周辺の、地面が露出している場所でよく見られる。人家周辺や畑のまわりにも多い。

東京都西東京市（2008.10.1）

カワラバッタ 1527
Eusphingonotus japonicus（バッタ科）

- 全長　25-43mm
- 時期　7-10月
- 分布　北海道・本州・四国・九州

青みがかった灰色で、暗藍色の帯がある。翅が長い。後翅は鮮やかな青色で半円の帯がある。河川中流域の石が多い河原で見られるが、近年は生息地が減っている。

♀：東京都羽村市（2008.9.10）

1528 オナシカワゲラの一種
Nemoura sp.（オナシカワゲラ科）

体 長	8mm前後
時 期	3-10月

尾毛が短く翅に隠れる。春によく見られる。類似種が多い。

大阪府四條畷市（2005.3.16）

1529 ミドリカワゲラの一種
（ミドリカワゲラ科）

体 長	6mm前後
時 期	4-6月

淡黄色で、頭部や前胸が黒い。山地の渓流付近で見られる。

山梨県甲州市（2012.5.23）

山梨県韮崎市（2013.5.5）

1530 カミムラカワゲラ
Kamimuria tibialis（カワゲラ科）

体 長	15-20mm
時 期	5-6月
分 布	北海道・本州・四国・九州

別名カワゲラ。黒褐色で、翅は茶褐色。脚は黒いが脛節（けいせつ）は茶褐色。平地～山地の河川で見られ、5月ごろに羽化する。幼虫は、やや流れのある場所を好み、水中の石の間を這いまわって小昆虫を捕食する。

メモ 写真の個体は生息環境などから判断して仮に本種としたが、近縁のウエノカワゲラとは外見で見分けることは困難。

1531 オオヤマカワゲラ
Oyamia lugubris（カワゲラ科）

体 長	20-35mm
時 期	4-6月
分 布	本州・四国・九州

頭部、胸部、脚は黒褐色、翅は茶褐色。山地～平地の渓流付近で見られ、初夏に出現する。夜、灯火にも飛来する。

京都府木津川市（2015.4.28）

1532 フタツメカワゲラの一種
Neoperla sp.（フタツメカワゲラ科）

体 長	16mm前後
時 期	4-9月

黄褐色で体や脚の一部が黒褐色。単眼は2個。渓流で見られる。

東京都八王子市（2011.5.8）

オツネントンボ　1533
Sympecma paedisca（アオイトトンボ科）

全　長	35-41mm
時　期	3-12月
分　布	北海道・本州・四国・九州

淡褐色で、腹部に茶褐色の条紋がある。成虫で越冬する。

♂：長野県原村（2008.7.30）

ホソミオツネントンボ　1534
Indolestes peregrinus（アオイトトンボ科）

全　長	33-42mm
時　期	3-12月
分　布	北海道・本州・四国・九州

成虫で越冬し、冬の間は褐色だが春になると青く色づく。水生植物の多い池沼や湿地、水田などで見られる。

♂：奈良県生駒市（2004.5.26）

♂：山梨県北杜市（2013.8.28）

アオイトトンボ　1535
Lestes sponsa（アオイトトンボ科）

全　長	34-48mm
時　期	5-11月
分　布	北海道・本州・四国・九州

金緑色。成熟した雄は、複眼が青くなり胸部側面に白い粉をふく。水生植物の多い池沼や湿地で見られる。

♂未成熟：群馬県赤城山（2012.7.25）

オオアオイトトンボ　1536
Lestes temporalis（アオイトトンボ科）

全　長	40-55mm
時　期	5-12月
分　布	北海道・本州・四国・九州

金緑色。樹木に囲まれた池などやや薄暗い場所に多い。

♂：埼玉県入間市（2013.10.13）

アサヒナカワトンボ　1537
Mnais pruinosa（カワトンボ科）

全　長	42-66mm
時　期	4-8月
分　布	本州・四国・九州

別名カワトンボ、ニシカワトンボ、ヒウラカワトンボ。体は金緑色に輝く。雄の翅の色には、透明、橙色、濃褐色の3型がある。雌の翅は透明。丘陵地〜山地の渓流沿いなどで見られ、水面近くをヒラヒラと飛ぶ。

メモ　色彩の違いは行動の違いとも連動しており、翅が有色の雄は縄張りをもち占有活動を行うが、翅が透明の雄は明確な縄張りをもたない。

♂：東京都羽村市（2010.6.6）

♂：東京都羽村市（2009.5.27）

♀：東京都羽村市（2010.5.12）

1538 ニホンカワトンボ
Mnais costalis（カワトンボ科）

- 全長 47-68mm
- 時期 4-7月
- 分布 北海道・本州・四国・九州

別名オオカワトンボ、ヒガシカワトンボ。体は金緑色に輝く。雄の翅の色は、透明、橙色、淡橙色で、雌の翅は透明または淡橙色。アサヒナカワトンボに似るが、胸部がやや大きい。

♂：東京都稲城市（2013.5.8）

♀：東京都稲城市（2013.5.8）

1539 アオハダトンボ
Calopteryx japonica（カワトンボ科）

- 全長 55-63mm
- 時期 5-8月
- 分布 本州・四国・九州

体は金緑色で、雄の翅は青藍色に輝き美しい。雌の翅は茶褐色で白色紋（偽縁紋）がある。平地～丘陵地の河川中流域で見られ、水生植物の豊富な自然度の高い環境を好む。

♂：埼玉県嵐山町（2013.5.26）

♂：埼玉県嵐山町（2013.5.26）　♀：埼玉県嵐山町（2013.5.26）

1540 ミヤマカワトンボ
Calopteryx cornelia（カワトンボ科）

- 全長 63-80mm
- 時期 4-10月
- 分布 北海道・本州・四国・九州

雄の体は金緑色で、雌は暗褐色。翅は茶色で、濃褐色の帯がある。低山地～山地の渓流沿いで見られる。雄は占有行動をとり、ヒラヒラと広範囲を活発に飛んで縄張りを守る。

♂：東京・神奈川県境陣馬山（2012.7.4）

♀：東京都八王子市（2012.9.12）

1541 ハグロトンボ
Atrocalopteryx atrata（カワトンボ科）

- 全長 54-68mm
- 時期 5-10月
- 分布 本州・四国・九州

翅は黒褐色。雄の体は金緑色に輝き、雌は黒褐色。平地や丘陵地の水生植物のはえたゆるい流れの周辺で見られる。川面の低空をヒラヒラと活発に飛ぶ。

♂：東京都羽村市（2008.9.10）

♀：東京都羽村市（2009.9.9）

モノサシトンボ 1542
Pseudocopera annulata（モノサシトンボ科）

全長	38-51mm
時期	4-10月
分布	北海道・本州・四国・九州

腹部に白紋が並ぶ。池沼周辺の林縁などでよく見られる。

♂：東京都練馬区(2009.7.13)

♀：兵庫県三田市(2014.6.13)

ベニイトトンボ 1543
Ceriagrion nipponicum（イトトンボ科）

全長	32-45mm
時期	5-10月
分布	本州・四国・九州

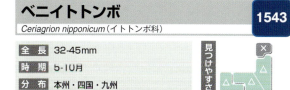

雄は赤色で美しい。雌は橙褐色。植生が豊かな池沼で見られる。

ペア(左が♂)：大阪府四條畷市(2014.8.11)

キイトトンボ 1544
Ceriagrion melanurum（イトトンボ科）

全長	31-48mm
時期	5-10月
分布	本州・四国・九州

全身が黄色で、腹部がやや太いイトトンボ。雄は腹端付近の背部が黒い。平地～山地の植生が豊かな池沼や湿地で見られる。小昆虫を捕らえて食べるが、ほかのイトトンボ類を捕食することも多い。

> メモ：雌を探して低空を縫うようにゆっくりと飛び続ける雄の姿は、まるで、空飛ぶ黄色い爪楊枝。

♂：東京都あきる野市(2013.7.21)

♀：東京都あきる野市(2013.7.21)

エゾイトトンボ 1545
Coenagrion lanceolatum（イトトンボ科）

全長	30-40mm
時期	4-8月
分布	北海道・本州(中部以北)

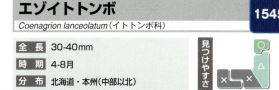

雄は青色と濃紺色の美しい縞模様。寒冷地で見られる。

ペア(左が♂)：長野県松本市(2012.7.31)

オオセスジイトトンボ 1546
Paracercion plagiosum（イトトンボ科）

全長	39-49mm
時期	5-9月
分布	本州(関東以北)

雄は青色で、雌は淡緑色。頭部背面に複雑な模様がある。関東～東北に局所的に生息する。

♂：埼玉県杉戸町(2013.6.26)

♀：埼玉県杉戸町(2013.6.26)

1547 クロイトトンボ
Paracercion calamorum（イトトンボ科）

全長	27-38mm
時期	4-11月
分布	北海道・本州・四国・九州

♂：埼玉県蓮田市（2013.6.30）

♀：東京都羽村市（2010.9.29）　♀：大阪府四條畷市（2012.5.9）

雄は、黒色で胸部側面と腹端が青く、成熟すると胸部は粉をふいたように白くなる。雌には色彩変異があり、斑紋が緑色のものと青色のものがいる。平地や丘陵地の水草がはえた池などに多く、都市周辺でもよく見られる。

メモ 比較的適応力が高く、環境変化などでほかのイトトンボ類が滅びてしまっても、本種は最後まで生き残っていることが多い。

1548 セスジイトトンボ
Paracercion hieroglyphicum（イトトンボ科）

全長	27-37mm
時期	5-10月
分布	北海道・本州・四国・九州

♂：埼玉県蓮田市（2013.6.30）

♀：滋賀県高島市（2014.6.24）

眼後紋は三角形状。胸部背面の黒条に細い線が入る個体が多い。

1549 オオイトトンボ
Paracercion sieboldii（イトトンボ科）

全長	27-42mm
時期	5-10月
分布	北海道・本州・四国・九州

眼後紋が大きい。雄は、腹部各節前縁に青い紋がある。

♂：東京都あきる野市（2013.8.21）

1550 ホソミイトトンボ
Aciagrion migratum（イトトンボ科）

全長	28-38mm
時期	3-12月
分布	本州・四国・九州

♂：大阪府四條畷市（2002.8.21）

♀：京都府木津川市（2018.11.7）

腹部が細長い。越冬型は淡褐色の体色で冬を越し、春に青くなる。夏型は緑色がかり、やや小型。眼後紋は左右がつながる。

1551 モートンイトトンボ
Mortonagrion selenion（イトトンボ科）

体長	22-32mm
時期	5-8月
分布	本州・四国・九州

平地～丘陵地の湿地や水田で見られるが、生息地は限られる。

♂：三重県伊賀市（2014.6.16）　♀：三重県伊賀市（2014.6.16）

アオモンイトトンボ 1552
Ischnura senegalensis（イトトンボ科）

- 全長　29-38mm
- 時期　4-11月
- 分布　本州・四国・九州・沖縄

雄は胸部が淡緑色で腹部第8、9節は青色。雌には色彩変異があり、緑褐色の個体と、雄と同じ体色の個体がいる。平地の池沼、水田、湿地などで広く見られる。

> **メモ** 雌のうち、やがて緑褐色になるものは、未成熟のうちは美しい橙色で、一見、違う種類に見える。

♂：奈良県生駒市（2005.9.11）

♀未成熟：奈良県生駒市（2005.9.11）

♀：奈良県生駒市（2005.9.11）

アジアイトトンボ 1553
Ischnura asiatica（イトトンボ科）

- 全長　24-34mm
- 時期　4-11月
- 分布　北海道・本州・四国・九州・沖縄

雄は胸部が淡緑色で腹部第9節は青色。雌は全身が淡緑色だが、未成熟のうちは橙色。平地～山地の水生植物の多い池沼や湿地で見られる。

> **メモ** 分布域が広く、「いつもよりちょっと小さめのイトトンボ」を見かけたときには、本種である可能性が高い。

♂：東京都日野市（2012.9.12）

♀：埼玉県杉戸町（2013.6.26）

ムカシトンボ 1554
Epiophlebia superstes（ムカシトンボ科）

- 全長　45-56mm
- 時期　4-6月
- 分布　北海道・本州・四国・九州

前翅と後翅の形状がほぼ同じ。渓流沿いで見られる。

♂：東京都八王子市（2011.5.8）

ミルンヤンマ 1555
Aeschnophlebia milnei（ヤンマ科）

- 全長　61-80mm
- 時期　6-11月
- 分布　北海道・本州・四国・九州・奄美大島

オニヤンマを一回り小さくしたような姿。渓流沿いで見られる。

♀：山梨県甲州市（2008.8.20）

♂：栃木県宇都宮市（2013.6.5）

1556 サラサヤンマ
Sarasaeschna pryeri（ヤンマ科）

全長	57-68mm
時期	4-7月
分布	北海道・本州・四国・九州

♂：栃木県宇都宮市（2013.6.5）

黒色で、腹部に黄緑色の三角形の小紋が2つずつ並ぶ。雌は、翅の基部と先端付近が橙黄色に曇る。平地〜丘陵地の樹林に囲まれた薄暗い湿地で見られる。

メモ 雄は、湿地の一定範囲の低空を、ホバリングを繰り返しながら延々と飛びまわるので、飛翔シーンをじっくり観察できる。

1557 アオヤンマ
Brachytron longistigma（ヤンマ科）

全長	66-79mm
時期	5-8月
分布	北海道・本州・四国・九州

全身が黄緑〜青緑色で美しい。植生が豊かな湿地で見られる。

♂：滋賀県高島市（2014.6.24）

1558 カトリヤンマ
Gynacantha japonica（ヤンマ科）

全長	66-77mm
時期	7-11月
分布	北海道・本州・四国・九州・沖縄

腹部上部が細くくびれる。樹林周辺の池や水田で発生する。

♀：大阪府四條畷市（2002.7.31）

1559 オオルリボシヤンマ
Aeshna crenata（ヤンマ科）

全長	76-94mm
時期	6-10月
分布	北海道・本州・四国・九州

斑紋は青色〜緑色。樹林周辺の植生が豊かな池沼で見られる。

♂：山梨県北杜市（2013.8.28）

1560 クロスジギンヤンマ
Anax nigrofasciatus（ヤンマ科）

全長	64-87mm
時期	4-8月
分布	北海道・本州・四国・九州・奄美大島

ギンヤンマに似るが全体に黒っぽく、胸部側面に黒条がある。

♂：神奈川県横浜市（2010.6.30）

ギンヤンマ　1561
Anax parthenope（ヤンマ科）

全長	65-84mm
時期	4-11月
分布	北海道・本州・四国・九州・沖縄

胸部が緑色で、腹部のつけ根は青色。平地〜低山地の池沼、水田などで見られる。雄は広いなわばりをもって悠然と飛び続ける。都市部の公園、学校のプールなどでもよく見られる。

♂：静岡県藤枝市（2005.9.12）（写真　安田義彦）

ウチワヤンマ　1562
Sinictinogomphus clavatus（サナエトンボ科）

全長	70-87mm
時期	5-9月
分布	本州・四国・九州

大型のサナエトンボ。腹部の先端に、うちわ型の突起をもつ。平地〜丘陵地の大きな池や湖で見られ、水面に突き出た茎などの上にとまっていることが多い。

♂：静岡県藤枝市（2011.9.10）（写真　安田義彦）

コオニヤンマ　1563
Sieboldius albardae（サナエトンボ科）

全長	75-93mm
時期	5-9月
分布	北海道・本州・四国・九州

大型のサナエトンボで、オニヤンマに似る。頭部が小さく、後脚が長い。樹林に囲まれた河川の中流〜下流域や山地の渓流沿いで見られる。

♂：東京都八王子市（2012.8.12）

アオサナエ　1564
Nihonogomphus viridis（サナエトンボ科）

全長	57-65mm
時期	5-7月
分布	本州・四国・九州

頭部や胸部が鮮やかな緑色。雄の尾部上付属器は黄白色で湾曲している。河川中流域や湖で見られ、雄は岸辺の砂地や石にとまって縄張りをつくり、占有行動をとる。

♂：埼玉県嵐山町（2013.5.26）

トンボ目

1565 クロサナエ
Davidius fujiama（サナエトンボ科）

- 全長 36-51mm
- 時期 4-8月
- 分布 本州・四国・九州

雄は腹部の斑紋が目立たないことが多い。ダビドサナエに似るが、前胸背面や前脚基節には黄斑がない。樹林に囲まれた河川源流域で見られる。

♂：東京・神奈川県境陣馬山（2012.7.4）

1566 ダビドサナエ
Davidius nanus（サナエトンボ科）

- 全長 40-51mm
- 時期 4-7月
- 分布 本州・四国・九州

通常、胸部に明瞭な2本の黒条をもつ。クロサナエに似るが、前胸背面や前脚基節に小さな黄斑がある。自然度の高い河川上流〜中流域で見られる。

♂：東京都青梅市（2012.5.27）

1567 ヒメクロサナエ
Lanthus fujiacus（サナエトンボ科）

- 全長 38-46mm
- 時期 4-7月
- 分布 本州・四国・九州

胸部にT字型とハの字型の紋がある。雄の腹端（尾部付属器）は黒い（近縁のコサナエは白い）。樹林に囲まれた河川源流域で見られる。

♀：東京都八王子市（2008.5.7）

1568 オグマサナエ
Trigomphus ogumai（サナエトンボ科）

- 全長 47-52mm
- 時期 4-6月
- 分布 本州（東海以西）・四国・九州

胸部側面に細い黒条が1本ある。雄の尾部上付属器は白く、小さな突起がある。東海以西に分布し、平地〜丘陵地の樹木に囲まれた池沼や水田などで見られる。

♂：大阪府四條畷市（2012.5.9）

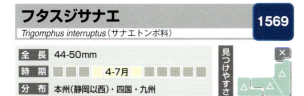

フタスジサナエ　1569
Trigomphus interruptus（サナエトンボ科）

- 全長　44-50mm
- 時期　4-7月
- 分布　本州（静岡以西）・四国・九州

通常、胸部側面に2本の黒条がある。静岡以西に分布し、平地〜丘陵地の樹木に囲まれた池沼で見られる。

♀：奈良県生駒市（2004.5.26）

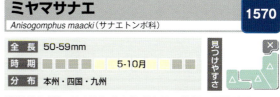

ミヤマサナエ　1570
Anisogomphus maacki（サナエトンボ科）

- 全長　50-59mm
- 時期　5-10月
- 分布　本州・四国・九州

腹端が広がり、第8節に黄色紋がある。後脚の腿節が長い。ミヤマという名がついているが、平地〜山地の河川中流〜下流域で見られる。

♀：東京都羽村市（2010.9.29）

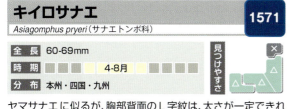

キイロサナエ　1571
Asiagomphus pryeri（サナエトンボ科）

- 全長　60-69mm
- 時期　4-8月
- 分布　本州・四国・九州

ヤマサナエに似るが、胸部背面のL字紋は、太さが一定できれいなLの形。胸部側面の黒条は途切れることが多い。平地〜丘陵地で見られ、樹木に囲まれたゆるやかな流れで発生する。

♀：千葉県成田市（2012.7.13）（写真　飯田清巳）

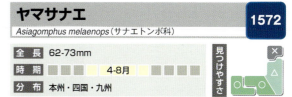

ヤマサナエ　1572
Asiagomphus melaenops（サナエトンボ科）

- 全長　62-73mm
- 時期　4-8月
- 分布　本州・四国・九州

胸部側面に黒条を2本もつ。キイロサナエに似るが、胸部背面のL字紋は、太さが一定しない。平地〜山地で見られ、樹林に囲まれた河川で発生する。

♂：神奈川県横浜市（2011.6.12）

1573 ムカシヤンマ
Tanypteryx pryeri（ムカシヤンマ科）

全長 63-80mm
時期 4-8月
分布 本州・九州

腹部各節にある黄色帯の上部に小黄斑がある。左右の複眼は離れている。樹林周辺に生息し、飛び方はあまり洗練されていない。幼虫は、山地の雑木林内の浅い流れなどで育つ。

大阪府四條畷市（1999.5.29）

1574 オニヤンマ
Anotogaster sieboldii（オニヤンマ科）

全長 82-114mm
時期 6-10月
分布 北海道・本州・四国・九州・沖縄

日本最大のトンボ。黒色で明瞭な黄色の縞模様をもつ。複眼は緑色に輝く。雄は湿地や川沿いの路上を悠々と飛び、同じコースを何度も往復する。幼虫から成虫になるまでに数年を要する。

♂：山梨県甲州市（2008.8.20）

1575 コヤマトンボ
Macromia amphigena（ヤマトンボ科）

全長 67-81mm
時期 4-9月
分布 北海道・本州・四国・九州

頭部、胸部は金緑色。腹部は黒色で、黄色の縞模様がある。河川や池沼で発生する。雄は岸に沿って広い範囲を飛びまわる。

♂：奈良県御所市（1995.8.16）

1576 カオジロトンボ
Leucorrhinia dubia（トンボ科）

全長 31-39mm
時期 6-9月
分布 北海道・本州

黒藍色で、背面に赤色（雌は黄色の場合あり）と黄褐色の斑紋がある。顔面は白い。寒冷地で見られ、本州では高原の池溏で発生する。

♀：長野県松本市（2012.7.31）

チョウトンボ　1577
Rhyothemis fuliginosa（トンボ科）

- 全長 31-42mm
- 時期 5-9月
- 分布 本州・四国・九州

幅広い翅をもち、雄は青紫色、雌は金緑〜青紫色に輝く。飛翔時には、チョウのように時おり翅をヒラヒラと羽ばたかせる。平地の水生植物の多い池で見られる。

> **メモ** 金属光沢のある幅広の翅は、見る角度によって色合いが妖しく変化し、太陽光をうまく反射した時には、重い虹色に光り輝く。

♂：埼玉県杉戸町（2013.6.26）

♂：大阪府四條畷市（2011.8.4）

ナツアカネ　1578
Sympetrum darwinianum（トンボ科）

- 全長 33-43mm
- 時期 6-12月
- 分布 北海道・本州・四国・九州・奄美大島

アキアカネに似るがやや小さく、胸部の黒条上部は尖らない。雄は成熟すると頭部を含め全体が赤くなる。平地〜山地の池沼、水田などで見られる。

♂：東京都日野市（2012.10.7）

リスアカネ　1579
Sympetrum risi（トンボ科）

- 全長 31-46mm
- 時期 6-11月
- 分布 北海道・本州・四国・九州

翅端が黒褐色。顔面に眉状紋はない。平地〜山地の樹木に囲まれた池沼で見られる。水辺から遠くには離れず、木立の周辺など、あまり開放的でない場所を好む。

♂：奈良県生駒市（1998.9.14）

♀：東京都日野市（2012.9.12）

1580 ノシメトンボ
Sympetrum infuscatum（トンボ科）

全長 37-52mm
時期 6-11月
分布 北海道・本州・四国・九州

翅端が黒褐色。成熟した雄は赤褐色で、ほかのアカトンボ類ほど鮮やかな赤色にはならない。胸部の黒条は明瞭。平地〜山地の池沼や水田、ヨシの繁茂した河川などで見られる。

♂：栃木県さくら市
(2011.9.18)

♀：長野県諏訪市
(2011.8.17)

1581 ムツアカネ
Sympetrum danae（トンボ科）

全長 26-38mm
時期 7-10月
分布 北海道・本州

雄は成熟すると全身が青黒くなる。雌は黄褐色で、胸部や腹部の黒色部が発達する。寒冷地で見られ、本州では高標高地の池や湿原で発生する。

♂：長野県諏訪市
(2011.8.17)

♀：長野県諏訪市
(2012.8.22)

1582 マユタテアカネ
Sympetrum eroticum（トンボ科）

全長 30-43mm
時期 6-12月
分布 北海道・本州・四国・九州

顔面に明瞭な眉状紋がある。雌には翅端に黒褐色斑をもつ個体がいる。雄の尾部上付属器は上に反り返る。周囲に樹木がはえた池や湿地で発生する。

♂：東京都町田市
(2013.9.1)

♀：東京都八王子市
(2011.7.27)

1583 ミヤマアカネ
Sympetrum pedemontanum（トンボ科）

全長 30-41mm
時期 6-12月
分布 北海道・本州・四国・九州

翅に褐色の太い帯をもつ。雄は縁紋が赤く、雌は白い。ゆるやかな流れの河川や水田などで発生する。「ミヤマ」の名に反し、平地でも見られる。

♂：栃木県宇都宮市
(2011.10.9)

♀：東京都羽村市
(2009.9.9)

アキアカネ 1584
Sympetrum frequens（トンボ科）

- 全長 32-46mm
- 時期 6-12月
- 分布 北海道・本州・四国・九州

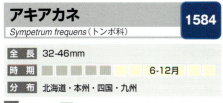

♂：奈良県生駒市（2003.9.17）

ナツアカネに似るがやや大きく、胸部の黒条上部は尖る。雄は成熟すると腹部が赤くなる。平地～山地の池、水田、溝川などで発生する。

メモ　6月ごろに羽化するが、夏の間は山地や高原に移動して涼しく過ごし、秋が近づくと再び里に降りてくる。

♀：東京・神奈川県境陣馬山（2012.7.4）

コノシメトンボ 1585
Sympetrum baccha（トンボ科）

- 全長 36-48mm
- 時期 6-12月
- 分布 北海道・本州・四国・九州

♂：奈良県大和郡山市（2006.9.27）

翅端が黒い。雄は成熟すると頭部を含めた全身が赤くなる。周囲が開けた池沼や水田などで見られる。

♀：山梨県富士吉田市（2010.9.19）

ヒメアカネ 1586
Sympetrum parvulum（トンボ科）

- 全長 28-38mm
- 時期 6-12月
- 分布 北海道・本州・四国・九州

♂：埼玉県入間市（2012.9.16）

雄は顔面が白く、尾部上付属器は反り返らない。林縁の湿地や休耕田などで見られる。

♀：埼玉県入間市（2012.9.16）

マイコアカネ 1587
Sympetrum kunckeli（トンボ科）

- 全長 29-40mm
- 時期 6-11月
- 分布 北海道・本州・四国・九州

成熟した雄の顔面は青白色で、尾部上付属器が上に反る。平地～丘陵地の植生が豊かな池沼、湿地などに生息し、未成熟個体も水域からあまり離れない。

メモ　顔が青白く、白粉を塗ったように見えることから「舞妓」の名がついているが、青白いのは雄なので、むしろオヤマアカネとよびたい。

♂：栃木県宇都宮市（2011.10.9）

1588 ネキトンボ
Sympetrum speciosum（トンボ科）

全長	38-48mm
時期	5-11月
分布	本州・四国・九州

翅のつけ根が橙色に染まる。樹林に囲まれた池沼で見られる。

♂：神奈川県横浜市（2013.9.18）

1589 ナニワトンボ
Sympetrum gracile（トンボ科）

体長	32-39mm
時期	8-10月
分布	本州・四国

雄が青くなるアカトンボ。瀬戸内海周辺にのみ分布する。

♂：京都府京田辺市（2017.9.21）　♀：京都府京田辺市（2017.10.26）

1590 コシアキトンボ
Pseudothemis zonata（トンボ科）

全長	40-50mm
時期	5-10月
分布	北海道・本州・四国・九州・沖縄

腹部に太い白帯がある。都市部の公園にも多い。

♂：大阪府四條畷市（2014.8.11）

1591 コフキトンボ
Deielia phaon（トンボ科）

全長	37-48mm
時期	4-10月
分布	北海道・本州・四国・九州・沖縄

全身に白い粉を吹く。雌の一部は粉を吹かず、翅に帯がある。

♂：埼玉県蓮田市（2013.6.30）

1592 ハラビロトンボ
Lyriothemis pachygastra（トンボ科）

全長	32-42mm
時期	4-10月
分布	北海道・本州・四国・九州

♀：東京都羽村市（2010.6.6）

♂：山梨県北杜市（2013.7.10）

腹部の幅が広い。雄は濃い青色で、雌は黄色と黒色のまだら模様。平地〜丘陵地の、水生植物の多い池や湿地で見られる。発生地からあまり離れない。

メモ 雌は、ぼってりふくよかなスタイルが愛らしく、黄色と黒の細かな模様も艶やかで、「湿地の看板娘」的存在。

ハッチョウトンボ　1593
Nannophya pygmaea（トンボ科）
- 全長　17-22mm
- 時期　5-10月
- 分布　本州・四国・九州

日本最小のトンボで、ほかの種類に比べ、極端に小さい。雄は成熟すると赤くなり、雌は黄色と白色の縞模様。丘陵地の湿地や放棄水田などで見られる。発生地からほとんど移動しない。

メモ　何しろ小さいので、腰をかがめてじっくり探さないと見過ごしてしまう。とくに雌は、背景に紛れる体色なので集中力を要求される。

♂：栃木県宇都宮市（2013.7.3）

♀：栃木県宇都宮市（2013.7.3）

ショウジョウトンボ　1594
Crocothemis servilia（トンボ科）
- 全長　38-55mm
- 時期　4-11月
- 分布　北海道・本州・四国・九州・沖縄

全身が濃い赤色。アカトンボ類よりもひとまわり大きい。未成熟な個体は黄色。平地～丘陵地の池沼、湿地などで広く見られる。水面上をパトロールするように飛ぶ。

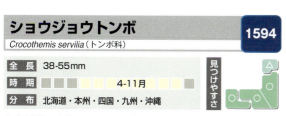
♂：東京都あきる野市（2013.7.21）

♀：東京都あきる野市（2013.7.21）　　♀未成熟：東京都羽村市（2012.8.29）

ウスバキトンボ　1595
Pantala flavescens（トンボ科）
- 全長　44-54mm
- 時期　4-11月
- 分布　北海道・本州・四国・九州・沖縄

全身がくすんだ黄色。雄は成熟すると腹部背面が赤くなる。翅の幅がやや広い。都市近郊でもよく見られる。風に乗るようにして延々と飛び続け、めったにとまらない。

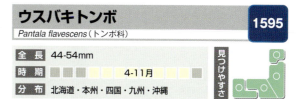

♂：東京都練馬区（2013.8.25）

♀：兵庫県小野市（2013.8.12）

1596 シオカラトンボ
Orthetrum albistylum（トンボ科）
- 全長 47-61mm
- 時期 4-11月
- 分布 北海道・本州・四国・九州・沖縄

雄は水色で、雌は茶褐色。腹端が黒い。雌は俗にムギワラトンボとよばれる。平地～山地で広く見られる。池、湿地、水田、溝などあらゆる環境で発生し、人家周辺にも多い。

♂：東京都八王子市（2011.7.27）

♀：東京都八王子市（2011.7.27）

1597 シオヤトンボ
Orthetrum japonicum（トンボ科）
- 全長 36-49mm
- 時期 4-7月
- 分布 北海道・本州・四国・九州

雄は腹端を含む全身が淡青色。雌は黄褐色で腹部に黒条がある。平地～丘陵地の浅い池、湿地、休耕田などに生息し、春に多く見られる。

♂：東京都町田市（2011.5.15）

♀：東京都町田市（2011.4.24）

1598 オオシオカラトンボ
Orthetrum melania（トンボ科）
- 全長 49-61mm
- 時期 5-11月
- 分布 北海道・本州・四国・九州・沖縄

雄は淡藍色で、雌は黄褐色。腹端が黒い。シオカラトンボに似るが、腹部が途中であまり細くならず、翅の基部は褐色に染まる。平地～丘陵地の樹林周辺の池沼、水田などで見られる。

♂：東京都八王子市（2011.7.27）

♀：奈良県奈良市（2013.8.15）

♂未成熟：埼玉県所沢市（2012.6.10）

1599 ヨツボシトンボ
Libellula quadrimaculata（トンボ科）
- 全長 38-52mm
- 時期 4-7月
- 分布 北海道・本州・四国・九州

黄褐色で、腹部がやや太く、がっしりした体型。翅の前縁に黒褐色紋がある。平地～山地の植生が豊かな池沼や湿地で見られる。

♂：大阪府四條畷市（2010.6.2）

モンカゲロウ　1600
Ephemera strigata（モンカゲロウ科）

体　長	20mm前後
時　期	4-6月
分　布	北海道・本州・四国・九州

見つけやすさ

褐色で、前翅に黒い帯状紋をもつ。翅脈は黒く明瞭。腹部各節に濃褐色紋がある。尾は3本。平地から山地まで広く見られ、渓流のそばの植物の葉裏にとまっていることが多い。幼虫は川の中で育つ。

メモ　国内最大級のカゲロウ。カゲロウの仲間は存在感が薄くて見過ごしがちだが、この種類だけはしっかり目にとまることが多い。

♂：東京都八王子市（2008.5.7）

♀：東京都八王子市（2008.5.7）

キイロカワカゲロウ　1601
Potamanthus formosus（カワカゲロウ科）

体　長	9mm前後
時　期	6-9月
分　布	北海道・本州・四国・九州・沖縄

黄色で、前翅前縁は茶褐色。尾は3本。河川や池沼で見られる。

♀亜成虫：東京都羽村市（2010.7.25）

フタスジモンカゲロウ　1602
Ephemera japonica（モンカゲロウ科）

体　長	13-16mm
時　期	5-10月
分　布	北海道・本州・四国・九州

淡黄色で腹部に斜黒条がある。尾は3本。山地の渓流で見られる。

♀：山梨県甲州市（2012.7.18）

♀亜成虫：山梨県北杜市（2008.7.31）

アカマダラカゲロウ　1603
Teloganopsis punctisetae（マダラカゲロウ科）

体　長	7mm前後
時　期	4-10月
分　布	北海道・本州・四国・九州

全身が赤褐色。尾は3本。ゆるい流れの河川で見られる。

♂亜成虫：東京都羽村市（2010.5.12）

サホコカゲロウ　1604
Baetis sahoensis（コカゲロウ科）

体　長	5.5mm前後
時　期	4-11月
分　布	北海道・本州・四国・九州

見つけやすさ

雄は大きな赤い複眼をもつ。尾は2本。汚れた水域でも見られる。

♀亜成虫：大阪府大阪市（2004.4.20）

1605 シロハラコカゲロウ
Baetis thermicus（コカゲロウ科）

体長 7mm前後
時期 3-12月
分布 北海道・本州・四国・九州・沖縄

雄は大きな赤い複眼をもつ。尾は2本。渓流で広く見られる。

♀亜成虫：東京都八王子市（2012.4.8）

1606 トビイロカゲロウの一種
Paraleptophlebia sp.（トビイロカゲロウ科）

体長 7mm前後
時期 5-7月

茶褐色で、後翅は卵型。尾は3本。渓流で広く見られる。

♀亜成虫：山梨県甲州市（2012.6.6）

1607 クロタニガワカゲロウ
Thamnodontus tobiironis（ヒラタカゲロウ科）

♂：東京都八王子市（2012.4.8）

体長 10-13mm
時期 3-5月
分布 本州・四国・九州

翅脈が黒い。頭部前縁が前方に突出する。尾は2本。

♂亜成虫：東京都八王子市（2012.4.8）

1608 シロタニガワカゲロウ
Ecdyonurus yoshidae（ヒラタカゲロウ科）

体長 9mm前後
時期 4-12月
分布 本州・四国・九州

黄色で、翅は透明。雄の複眼は大きい。尾は2本。

♂：東京都羽村市（2010.9.29）

1609 ナミヒラタカゲロウ
Epeorus ikanonis（ヒラタカゲロウ科）

体長 14mm前後
時期 3-5月
分布 北海道・本州・四国・九州

黒褐色で、翅は透明。尾は2本。渓流で広く見られる。

♂：埼玉県飯能市（2012.4.15）

1610 ガガンボカゲロウ
Dipteromimus tipuliformis（ガガンボカゲロウ科）

体長 16mm前後
時期 5-8月
分布 本州・四国・九州・奄美大島

淡褐色でスマート。腹部に斜黒条がある。後翅は極めて小さい。

♂：東京都八王子市（2008.6.25）　♀亜成虫：東京都八王子市（2012.6.20）

ヤマトシミ　1611
Ctenolepisma villosa（シミ目シミ科）

体長	8-9mm
時期	1年中
分布	北海道・本州・四国・九州・沖縄

暗灰色で銀白色の光沢がある。胸部は腹部の2/3よりやや短い。家屋内に生息し、書籍や衣類、小麦粉、パン、乾物などを食害する。

神奈川県川崎市（2013.8.20）（写真　町田龍一郎）

セイヨウシミ　1612
Lepisma saccharina（シミ目シミ科）

体長	9mm前後
時期	1年中
分布	北海道・本州・四国・九州・沖縄

暗灰色。胸部は腹部の1/2よりやや長い。家屋内に生息し、書籍や衣類、小麦粉、パン、乾物などを食害する。

（写真　鈴木信夫）

ヤマトイシノミ　1613
Pedetontus nipponicus（イシノミ目イシノミ科）

体長	10-15mm
時期	1年中
分布	北海道・本州

鱗粉におおわれ、茶褐色、白色、灰色、黒色の複雑な模様がある。色彩変異が著しい。触角と尾糸は体長よりも長い。林の中の薄暗い場所に生息し、木肌や石の上などで見られる。

東京・神奈川県境陣馬山（2012.7.4）

昆虫に似たクモ
アリグモ　1614
Myrmarachne japonica（クモ綱クモ目ハエトリグモ科）

体長	5-9mm
時期	6-8月
分布	北海道・本州・四国・九州・沖縄

アリに似たハエトリグモの仲間。雄は大あごが発達する。大あごの小さい雌は、とくにアリに似る。危険を察すると跳躍したり、糸を出したりするので、正体が露呈する。

♀：山梨県北杜市（2013.6.16）

♂：埼玉県所沢市（2012.6.10）

コラム ＜虫本ガイド❸＞ 迷宮のその奥へ

昆虫探検の魅力に目覚めた貴方を、さらに迷宮の深淵へと誘うディープな6冊。
手に取ったが最後、もう二度と普通の世界には戻って来れないかも。

『世界昆虫記』

今森光彦（著）
福音館書店
5,000円（税抜）

アジア、中南米、ヨーロッパ、アフリカ、オセアニアと、世界各地を巡りながら、そこに生きる虫たちをダイナミックな生態写真で紹介するスケールの大きなビジュアル本。微小なツノゼミの奇怪な姿から、サバクワタリバッタの大移動まで、私たちの想像を超えた「ありえない世界」が、世界のあちこちで現実に「ありえている」ことを教えてくれる。

『象虫 ゾウムシ』『葉虫 ハムシ』『塵騙 ゴミムシダマシ』

小檜山賢二（著）
出版芸術社
各2,800円（税抜）

小さな虫たちの造形美を伝えることによって「宇宙に開かれたカミの窓」となるべく編まれた写真集。マイクロフォトコラージュの手法により、体のすみずみまで鮮明に映し出された甲虫たちの姿は、アート心にあふれた創造主の仕事としか思えない。数々の精巧な造形を眺めるうちに、自分の脳と体が、少しずつ別世界にワープしていってしまう。

『シロアリ―女王様、その手がありましたか！』

松浦健二（著）
岩波書店
1,500円（税抜）

20年近くにわたってシロアリの研究を続ける著者が、その脅威に満ちた世界を紹介するコンパクトな科学書。女王が使う分身の術、シロアリの卵に化けるカビ、シロアリハンターのアリとの戦い‥私たちのすぐ隣の世界で繰り広げられている神秘のドラマに酔いしれるうちに、まだ知られていない八百万の昆虫たちの秘密を全て解き明かしたくなってくる。

『デジタルカメラによる海野和男の昆虫撮影テクニック〈増補改訂版〉』

海野和男（著）
誠文堂新光社
1,600円（税抜）

昆虫写真の第一人者が惜しげもなく撮影ノウハウを明らかにするガイド本。基本から応用までテーマは広範囲におよび、「えっ、そこまで教えていいの？」と心配になるほどのプロの技の数々が、わかりやすくかつ詳細に解説されている。この本を手元に置けば、次々に新しい撮影機材が欲しくなり出費がかさむとともに、写真の腕も着実に上達していく。

『生き物の描き方　自然観察の技法』

盛口　満（著）
東京大学出版会
2,200円（税抜）

フリーライターにして生き物イラストの名手ゲッチョ先生による指南本。冒頭、「スケッチを描くコツは"ウソをつきとおす"こと」との卓見が示される。"ウソをつく"とは、つまりは"編集"のこと。単なるお絵かき指導ではなく、生き物の「くらし」や「れきし」を見つめつつ受け手に伝わるスケッチを描くための編集ノウハウが詰め込まれている。

『昆虫食のせかい　むしくいノート』

ムシモアゼルギリコ（著）
カンゼン
1,500円（税抜）

「キャッチ・アンド・イート」を合言葉に、昆虫食の世界をさまざまな角度で紹介するミニガイド。セミ、バッタなど食用に適した身近な昆虫25種類の捕まえ方や食べ方を詳細に紹介している。昆虫探検を楽しみつつ、食欲を満たしているうちに、未来の地球を生き抜くサバイバル・スキルが身についていく、という究極最強のグルメ本。

虫本ガイド①「昆虫探検の指南本」→p.167　②「図鑑の図鑑」→p.256

参考文献

〈全般〉
青木淳一他(2015)『日本産土壌動物第二版』東海大学出版会
東　清二(1987-96)『沖縄昆虫野外観察図鑑　1-7』沖縄出版
井上大輔他(2009)『福岡県の水生昆虫図鑑』福岡県立北九州高等学校魚部
石井梯他(1956)『日本昆蟲図鑑(12版)』北隆館
石川良輔(1996)『昆虫の誕生』中公文庫
石原　保(1990)『学研生物図鑑　昆虫3』学習研究社
石綿進一他(2005)『日本産幼虫図鑑』学習研究社
伊藤修四郎(1977)『原色日本昆虫図鑑(下)』保育社
梅谷献二(2003)『日本農業害虫大事典』全国農村教育協会
槐　真史他(2013)『日本の昆虫1400 1,2』文一総合出版
刈田　敏(2002-05)『水生昆虫ファイル1,2,3』つり人社
川合禎次他(2018)『日本水生昆虫第二版』東海大学出版会
河田　党(1959)『日本幼虫図鑑』北隆館
環境省(2015)『レッドデータブック2014　5　昆虫類』ぎょうせい
木野田君公(2006)『札幌の昆虫』北海道大学出版会
自然環境研究センター(2010)『日本の動物分布図表』環境省自然観光局生物多様性センター
信州昆虫学会(2009)『見つけよう信州の昆虫たち』信濃毎日新聞社
谷田一三他(2008)『フライマンのための水生昆虫入門』地球丸
日本環境動物昆虫学会(2013-17)『絵解きで調べる昆虫 正,2』文教出版
日本昆虫目録編集委員会(2016-17)『日本昆虫目録　第2,4,5巻』日本昆虫学会
日本直翅類学会(2016)『日本産直翅類標準図鑑』学研プラス
野村昌史(2013)『観察する目が変わる　昆虫学入門』ベレ出版
林　長閑(1985)『世界文化生物大図鑑　昆虫1』世界文化社
日高敏隆他(1996-98)『日本動物大百科 昆虫1-3』平凡社
平嶋義宏(2008)『新訂　原色昆虫大図鑑3』北隆館
文化財研究所東京文化財研究所(2004)『文化財害虫事典』クバプロ
丸山博紀他(2016)『原色川虫図鑑成虫編』全国農村教育協会
丸山博紀他(2000)『原色川虫図鑑』全国農村教育協会
丸山宗利他(2013)『アリの巣の生きもの図鑑』東海大学出版会
三橋　淳他(2003)『昆虫学大事典』朝倉書店
安富和男他(1995)『改訂　衛生害虫と衣食住の害虫』全国農村教育協会

〈チョウ目〉
有田豊(2000)『擬態する蛾スカシバガ』むし社
江崎悌三他(1971)『原色日本蛾類図鑑』(上)(下)保育社
岸田泰則他(2011-13)『日本産蛾類標準図鑑1-4』学習研究社
小林秀紀他(2016)『日本の冬夜蛾』むし社
駒井古実他(2011)『日本産の鱗翅類』東海大学出版会
白水　隆(2006)『日本産蝶類標準図鑑』学習研究社
中島秀雄(2017)『日本の冬尺蛾』むし社
永盛俊行他(2016)『完本北海道蝶類図鑑』北海道大学出版会
日本チョウ類保全協会(2019)『フィールドガイド 日本のチョウ増補改訂版』誠文堂新光社
渡辺康之(1991-92)『検索入門 チョウ1,2』保育社

〈ハエ目〉
竹内正人(2009)『写真集 ハナアブ300』双翅目談話会
田中和夫(2003)『屋内害虫の同定法(3)』『家屋害虫』Vol.24, No.2
田中和夫(2000)『屋内害虫の同定法(2)』『家屋害虫』Vol.22, No.2
津田良夫(2019)『日本産蚊全種検索図説』北隆館
日本昆虫目録編集委員会(2014)『日本昆虫目録　第8巻』日本昆虫学会
日本ユスリカ研究会(2010)『図説日本のユスリカ』文一総合出版
早川博文(1990)『日本産アブ科雌雄成虫の分類(1)(2)』『東北農業試験場研究資料』10号

〈ハチ目〉
金沢　至他(2006)『改訂版 スズメバチとアシナガバチ』大阪市立自然史博物館
木野田君公他(2013)『日本産マルハナバチ図鑑』北海道大学出版会
高見澤今朝雄(2005)『日本の真社会性ハチ 全種・全亜種生態図鑑』信濃毎日新聞社
多田内　修(2014)『日本産ハナバチ図鑑』文一総合出版
田仲義弘(2012)『狩蜂生態図鑑』全国農村教育協会
寺山　守他(2016)『日本産有剣ハチ類図鑑』東海大学出版部
寺山　守他(2014)『日本産アリ類図鑑』朝倉書店
寺山　守他(2011)「日本のアリバチ」『月刊むし』(むし社)No.481、2011年3月
寺山　守他(2010)「日本のセイボウ」『月刊むし』(むし社)No.472、2010年6月
寺山　守他(2018)『アリハンドブック増補改訂版』文一総合出版
内藤親彦(2004)『兵庫県におけるハバチ類の種多様性』兵庫県立人と自然の博物館
日本産アリ類データベースグループ(2003)『日本産アリ類全種図鑑』学習研究社
松本吏樹郎(2005)『竹筒に巣をつくるハチ』大阪市立自然史博物館
山根正気他(1999)『南西諸島産有剣ハチ・アリ類検索図説』北海道大学図書刊行会
吉田浩史(2006)『大阪府のハバチ・キバチ類』西日本ハチ研究会

〈コウチュウ目〉
秋田勝己他(2016)『日本産ゴミムシダマシ大図鑑』むし社
荒谷邦雄他(2012)『日本産コガネムシ上科標準図鑑』学習研究社
今坂正一(2006)「日本産アオハムシダマシ図鑑」『月刊むし』(むし社)No.421,2006年3月
井村有希他(2013)『日本産オサムシ図説』昆虫文献六本脚
上野俊一他(1984-86)『原色日本甲虫図鑑1-4』保育社
大林延夫他(2007)『日本産カミキリムシ』東海大学出版会
大桃定洋(2013)『日本産タマムシ大図鑑』むし社
岡島秀治他(1988)『検索入門 クワガタムシ』保育社
尾園　暁(2014)『ハムシハンドブック』文一総合出版
川井信矢他(2005-11)『日本産コガネムシ上科図説1,2,3』昆虫文献六本脚
木元新作他(1994)『日本産ハムシ類幼虫・成虫分類図説』東海大学出版会
阪本優介(2018)『テントウムシハンドブック』文一総合出版
初宿成彦(2007)『大阪のハンミョウ』大阪市立自然史博物館
初宿成彦(2005)『改訂版　大阪のテントウムシ』大阪市立自然史博物館
鈴木知之(2017)『新カミキリムシハンドブック』文一総合出版
中根猛彦他(1990)『学研生物図鑑　昆虫2』学習研究社
林　長閑(1985)『世界文化生物大図鑑　昆虫2』世界文化社
藤田　宏他(2018)『日本産カミキリムシ大図鑑1』むし社
三田村敏正他(2017)『ゲンゴロウ・ガムシ・ミズスマシハンドブック』文一総合出版
森　正人他(2002)『改訂版 図説日本のゲンゴロウ』文一総合出版
森本　桂(2007)『新訂　原色昆虫大図鑑2』北隆館
森本　桂(2012)「特集　シギゾウムシ」『昆虫と自然』(ニューサイエンス社)Vol.46 No.5、2012年4月
安田　守他(2009)『オトシブミ　ハンドブック』文一総合出版

〈カメムシ目〉
河合省三(1980)『原色日本カイガラムシ図鑑』全国農村教育協会
小林　尚他(2004)『図説カメムシの卵と幼虫』養賢堂
小松孝寛(2016)『宮崎県の陸生カメムシ』黒潮文庫
三枝豊平他(2013)『九州でよく見られるウンカ・ヨコバイ・キジラミ類図鑑』櫂歌書房
税所康正(2019)『セミハンドブック』文一総合出版
友国雅章他(1993-2013)『日本原色カメムシ図鑑 正,2,3』全国農村教育協会
林　正美(2011)『日本産セミ科図鑑』誠文堂新光社
松本嘉幸(2008)『アブラムシ入門図鑑』全国農村教育協会
三田村敏正(2017)『タガメ・ミズムシ・アメンボハンドブック』文一総合出版
宮武頼夫他(1992)『検索入門 セミ・バッタ』保育社
森津孫四郎(1983)『日本原色アブラムシ図鑑』全国農村教育協会

〈バッタ目〉
槐　真史(2017)『バッタハンドブック』文一総合出版
奥山風太郎(2018)『図鑑日本の鳴く虫』エムピージェー
奥山風太郎(2016)『鳴く虫ハンドブック』文一総合出版
中峰　空(2014)『ひょうごのばった』NPO法人こどもとむしの会
日本直翅類学会(2006)『バッタ・コオロギ・キリギリス大図鑑』北海道大学出版会
宮武頼夫他(1992)『検索入門 セミ・バッタ』保育社
村井貴史他(2011)『バッタ・コオロギ・キリギリス生態図鑑』北海道大学出版会

〈トンボ目〉
井上　清他(2010)『赤トンボのすべて』トンボ出版
尾園　暁他(2012)『日本のトンボ』文一総合出版
杉村光俊他(1999)『原色日本トンボ幼虫・成虫大図鑑』北海道大学出版会
浜田　康(1985)『日本産トンボ大図鑑』講談社
山本哲央他(2009)『近畿のトンボ図鑑』いかだ社

〈そのほかの目〉
岡田正哉(2008)『フィールド版 昆虫ハンター カマキリのすべて』トンボ出版
岡田正哉(1999)『ナナフシのすべて』トンボ出版
新海栄一(2017)『日本のクモ増補改訂版』文一総合出版
鈴木知之(2005)『ゴキブリだもん』幻冬舎
千国安之輔(2008)『改訂版　写真日本クモ大図鑑』偕成社

索　引

太字斜体はメインの掲載ページ、斜体はその他の掲載ページ、正体は本書での連番

■ア行

アイノカツオゾウムシ　*250*, 1164
アオイトトンボ　*335*, 1535
アオイトトンボ科　335
アオウスチャコガネ　*188*, 0840
アオオサムシ　*171*, 0759
アオカナブン　*185*, 0826
アオクサカメムシ　*297*, 1386
アオクチブトカメムシ　*299*, 1397
アオサナエ　*341*, 1564
アオジョウカイ　*200*, 217, 0904
アオスジアゲハ　*17*, 0004
アオスジカミキリ　148, *220*, 1012
アオスジハナバチ　*163*, 0730
アオスネヒラタハバチ　*142*, 0640
アオドウガネ　*188*, 0843
アオバアリガタハネカクシ　*179*, 0803
アオバシャチホコ　*91*, 0373
アオバセセリ　*43*, 0107
アオハダトンボ　*336*, 1539
アオハナムグリ　*186*, 0830
アオバハゴロモ　*205*, 271, 1251
アオバハゴロモ科　271
アオバホソハムシ　*237*, 1103
アオハムシダマシ　*212*, 0969
アオヒゲナガトビケラ　*115*, 0506
アオフキバッタ　*328*, 1506
アオマダラタマムシ　*193*, 0865
アオマツムシ　*323*, 1486
アオメアブ　*125*, 0555
アオモンイトトンボ　*339*, 1552
アオモンツノカメムシ　*300*, 1402
アオヤンマ　*340*, 1557
アカアシオオクシコメツキ　*198*, 0893
アカアシオオメツヤムネハネカクシ　*181*, 0809
アカアシカスミカメ　*281*, 1300
アカアシクワガタ　10, *183*, 0815
アカイラガ　*50*, 0146
アカイロテントウ　*206*, 0937
アカウシアブ　*123*, 0543
アカエグリバ　*105*, 0451
アカガネアオハムシダマシ　*212*, 0970
アカガネオオゴミムシ　*172*, 0762
アカガネコハナバチ　*163*, 0729
アカガネサルハムシ　*234*, 1084
アカクビボソハムシ　*231*, 1065
アカサシガメ　*284*, 1317
アカシジミ　*23*, 0033
アカシマサシガメ　*282*, 1308
アカシマメイガ　*56*, 0178
アカスジアオリンガ　*101*, 0427
アカスジカメムシ　*293*, 1369
アカスジキンカメムシ　*292*, 1364
アカスジシロコケガ　*97*, 0406
アカスジチュウレンジ　*142*, 0642
アカスジツチバチ　*151*, 0687
アカセセリ　*44*, 0113
アカタテハ　30, *31*, 0062
アカタデハムシ　*237*, 1102
アカハナカミキリ　*218*, 1003
アカハネオンブバッタ　*327*, 1502
アカハネナガウンカ　*270*, 1244
アカハネムシ　*213*, 0974
アカハネムシ科　213
アカヒゲヒラタコメツキ　*197*, 0887
アカヒトリ　*101*, 0425
アカヒメヘリカメムシ　*289*, 1344

アカビロウドコガネ　*192*, 0861
アカヘリサシガメ　*284*, 1318
アカボシゴマダラ　*33*, 0071
アカホシテントウ　*206*, 0934
アカホソアリモドキ　*213*, 0973
アカマキバサシガメ　*282*, 1306
アカマダラカゲロウ　*351*, 1603
アカモンコナミシャク　*89*, 0364
アキアカネ　*345*, 347, 1584
アキヅキユスリカ　*120*, 0531
アゲハ(→アゲハチョウ)　*18*, 0009
アゲハチョウ　6, *18*, 147, 0009
アゲハチョウ科　16
アゲハモドキ　*70*, 0252
アゲハモドキ科　70
アケビコノハ　*105*, 0452
アケビコンボウハバチ　*143*, 649
アサギマダラ　*42*, 0104
アサヒナカワトンボ　*335*, 1537
アサマイチモンジ　*38*, 0089
アサマシジミ　*28*, 0054
アザミウマ科　302
アザミウマ目　302
アザミケブカミバエ　*135*, 0607
アジアイトトンボ　*339*, 1553
アジアアカメムシ　*298*, 1391
アシグロツユムシ　*320*, 1474
アシナガアリ　*158*, 0710
アシナガオニゾウムシ　*252*, 1174
アシナガコガネ　*191*, 0855
アシナガバッタ　*333*, 1526
アシナガバエ科　127
アシナガムシヒキ　*125*, 0553
アシブトコバチ科　145
アシブトハナアブ　*130*, 0581
アシベニカギバ　*72*, 0262
アタマジラミ(→ヒトジラミ)　*302*, 1410
アトキハマキ　*53*, 0166
アトジロサビカミキリ　*227*, 1049
アトヘリアオシャク　*84*, 0333
アトボシアオゴミムシ　*173*, 0768
アトボシハムシ　*238*, 1107
アトモンサビカミキリ　*227*, 1050
アナバチ科　161
アバタウミベハネカクシの一種　*180*, 0805
アブ科　122
アブラゼミ　*264*, 1214
アブラムシ科　273
アミガサハゴロモ　12, *270*, 1248
アミダテントウ　*205*, 0932
アミメアリ　*158*, 0711
アミメカゲロウ目　259
アミメクサカゲロウ　*262*, 1209
アミメケンモン　*110*, 0479
アミメコヤガ(→アミメケンモン)　*110*, 0479
アメイロアリ　*159*, 0714
アメリカジガバチ　*161*, 0721
アメリカシロヒトリ　*99*, 0418
アメリカミズアブ　*121*, 0536
アメンボ　*279*, 1288
アメンボ科　278
アヤクチバ(→アヤシラフクチバ)　*108*, 0465
アヤシラフクチバ　*108*, 0465
アヤヘリハネナガウンカ　*270*, 1246
アラメヒゲブトゴミムシダマシ　*212*, 0967
アラメヒゲブトハムシダマシ
　(→アラメヒゲブトゴミムシダマシ)　*212*, 0967
アリ科　158
アリグモ　*353*, 1614
アリスアブ　*132*, 0592

アリバチ科　149
アリモドキ科　213
アルファルファタコゾウムシ　*248*, 1156
アワダチソウグンバイ　*279*, 1292
アワフキムシ科　266
イエシロアリ　*307*, 1431
イカリモンガ　*69*, 0251
イカリモンガ科　69
イシガケチョウ　*32*, 0067
イシノミ科　353
イシノミ目　353
イシハラクロチョウバエ　*121*, 0533
イセリアカイガラムシ　*275*, 1272
イタドリハムシ　*239*, 1115
イチジクキンウワバ　*108*, 0467
イチモンジカメノコハムシ　*242*, 1128
イチモンジカメムシ　*299*, 1395
イチモンジセセリ　*45*, 0121
イチモンジチョウ　*38*, 0090
イチモンジハムシ　*238*, 1110
イトカメムシ　*287*, 1334
イトカメムシ科　287
イトトンボ科　337
イナゴモドキ　*330*, 1516
イネキンウワバ　*109*, 0471
イネクロカメムシ　*293*, 1367
イノコヅチカメノコハムシ　*242*, 1126
イボタガ　12, *65*, 0230
イボタガ科　65
イボバッタ　*333*, 1526
イモサルハムシ　*233*, 1081
イラガ　*50*, 0145
イラガ科　50
隠翅目(→ノミ目)　6
ウエノカワゲラ　*334*, 1530
ウコンエダシャク　*82*, 0323
ウコンカギバ　*71*, 0258
ウシアブ　*123*, 0544
ウシカメムシ　*297*, 1385
ウシヅラヒゲナガゾウムシ
　(→エゴヒゲナガゾウムシ)　*243*, 1132
ウスアオシャク　*84*, 0332
ウスアカオトシブミ　*247*, 1147
ウスイロオナガシジミ　*23*, 0031
ウスイロギンモンシャチホコ　*92*, 0374
ウスイロクチキムシ　*213*, 0972
ウスイロササキリ　*316*, 1463
ウスイロトラカミキリ　*222*, 1019
ウスオビトガリメイガ　*56*, 0180
ウスオビヒメエダシャク　*74*, 0275
ウスキオエダシャク　*75*, 0281
ウスキクロテンヒメシャク　*87*, 0348
ウスキヨガ　*102*, 0434
ウスキツバメエダシャク　*83*, 0324
ウスギヌカギバ　*71*, 0261
ウスキヒメアオシャク　*85*, 0335
ウスグモスズ　*325*, 1494
ウスクモナミシャク　*88*, 0354
ウスグロアツバ　*104*, 0444
ウスタビガ　12, *65*, 0229
ウスチャコガネ　*188*, 0841
ウスチャジョウカイ　*201*, 0910
ウストビモンナミシャク　*89*, 0363
ウスバアゲハ(→ウスバシロチョウ)　*16*, 0003
ウスバカゲロウ　*7*, 261, 1202
ウスバカゲロウ科　259
ウスバカマキリ　*305*, 1419
ウスバカミキリ　*216*, 0990
ウスバキトンボ　*9*, 349, 1595

ウスバシロチョウ　*16*, 0003
ウスバフユシャク　*83*, 0329
ウスベニチャタテ　*302*, 1412
ウスベニヒゲナガ　*46*, 0125
ウスマダラマドガ　*55*, 0176
ウスモンオトシブミ　*245*, 1141
ウスモンヒラタハバチ　*142*, 0641
ウズラカメムシ　*295*, 1374
ウチスズメ　*67*, 0236
ウチワコガシラウンカ　*273*, 1261
ウチワヤンマ　*341*, 1562
ウバタマコメツキ　*196*, 0881
ウバタマムシ　*194*, 0866
ウマノオバチ　*148*, 0672
ウメエダシャク　*75*, 0284
ウメスカシクロバ　*51*, 0152
ウラキトガリエダシャク　*74*, 0278
ウラギンシジミ　*22*, 0025
ウラギンスジヒョウモン　*35*, 0076
ウラカギンモンの一種　*36*, 0082
ウラゴマダラシジミ　*23*, 0030
ウラジャノメ　*39*, 0092
ウラジロミドリシジミ　*24*, 0037
ウラナミアカシジミ　*23*, 0034
ウラナミシジミ　*28*, 0051
ウラベニエダシャク　*82*, 0322
ウラベニヒラタマルハキバガ　*48*, 0132
ウリキンウワバ　*108*, 0468
ウリハムシ　*237*, 1104
ウリハムシモドキ　*239*, 1111
ウンカ科　*273*
ウンモンオオシロヒメシャク　*86*, 0345
ウンモンスズメ　*68*, 0240
ウンモンチュウレンジ　*142*, 0645
ウンモンテントウ　*208*, 0946
エグリグンバイ　*279*, 1290
エグリゴミシダマシの一種　*211*, 0961
エグリヅマエダシャク　*81*, 0315
エグリトビケラ　*115*, 0504
エグリトビケラ科　*115*
エグリトラカミキリ　*149*, *222*, 1024
エゴシギゾウムシ　*253*, 1179
エゴツルクビオトシブミ　*247*, 1148
エゴヒゲナガゾウムシ　*243*, 1132
エサキモンキツノカメムシ　*7*, *301*, 1406
エゾアオカメムシ　*294*, 1372
エゾイトトンボ　*337*, 1545
エゾオナガバチ　*146*, 0665
エゾカタビロオサムシ　*170*, 0756
エゾギクキンウワバ　*109*, 0469
エゾギクトリバ　*55*, 0174
エゾスズメ　*68*, 0241
エゾゼミ　*263*, 1213
エゾツノカメムシ　*300*, 1401
エゾナガウンカ　*273*, 1257
エゾハサミムシ　*309*, 1438
エゾハルゼミ　*264*, 1215
エゾミドリシジミ　*24*, 0036
エダナナフシ　*9*, *310*, 1441
エノキハムシ　*237*, 1101
エビイロカメムシ　*293*, 1365
エビガラスズメ　*67*, 0234
エリザハンミョウ　*169*, 0752
エルタテハ　*31*, 0063
エンマコオロギ　*322*, 1479
エンマムシ科　*178*
オオアオイトトンボ　*335*, 1536
オオアヤシャク　*84*, 0331
オオアオゾウムシ　*249*, 1159
オオアカマルノミハムシ　*240*, 1117
オオアメンボ　*279*, 1289
オオイクビツヤゴモクムシ　*172*, 0766
オオイシアブ　*126*, 0557

オオイトトンボ　*338*, 1549
オオウラギンスジヒョウモン　*35*, 0077
オオウンモンクチバ　*107*, 0463
オオエグリシャチホコ　*92*, 0379
オオエグリバ　*105*, 0449
オオオサムシ　*171*, 0758
オオオバボタル　*199*, 0898
オオギバ　*72*, 0263
オオカツオゾウムシ　*250*, 1165
オオカマキリ　*304*, 1416
オオカワトンボ(→ニホンカワトンボ)　*336*, 1538
オオキスイムシ科　*204*
オオキノコムシ　*210*, 0958
オオキノコムシ科　*205*
オオキノメイガ　*59*, 0198
オオキンウワバ　*109*, 0470
オオキンカメムシ　*292*, 1363
オオギンモンシャチホコ
　(→ウスイロギンモンシャチホコ)　*92*, 0374
オオサカゲロウの一種　*261*, 1204
オオクチキムシ　*212*, 0971
オオクチブトゾウムシ　*248*, 1153
オオクビボソゴミムシ
　(→クビボソゴミムシ)　*174*, 0776
オオクモヘリカメムシ　*290*, 1349
オオクロカミキリ　*216*, 0993
オオクロカメムシ　*293*, 1366
オオクロコガネ　*191*, 0857
オオクロバエ　*137*, 0617
オオクロハバチ　*144*, 0651
オオクワガタ　*182*, 0813
オオケンモン　*110*, 0478
オオコオイムシ　*277*, 1282
オオゴキブリ　*307*, 1429
オオゴキブリ科　*306*
オオゴシアカハバチ　*6*
オオゴマダラエダシャク　*76*, 0286
オオコンボウヤセバチ　*149*, 0676
オオシロカラトンボ　*350*, 1598
オオシマカラスヨトウ　*111*, 0484
オオシマトビケラ　*114*, 0499
オオシモフリスズメ　*66*, 0231
オオシラホシアツバ　*103*, 0442
オオシロフクモバチ　*150*, 0681
オオシロベッコウ
　(→オオシロフクモバチ)　*150*, 0681
オオスカシバ　*69*, 0247
オオズケゴモクムシ　*172*, 0765
オオスジコガネ　*189*, 0849
オオスジチャタテ　*303*, 1415
オオスズメバチ　*11*, *155*, *156*, 0702
オオスナゴミムシダマシ　*210*, 0957
オオセイボウ　*147*, 0671
オオヤスジイトトンボ　*337*, 1546
オオセンチコガネ　*184*, 0820
オオゾウムシ　*255*, 1186
オオチャイロカスミカメ　*282*, 1305
オオチャタテ　*303*, 1413
オオチャバネセセリ　*45*, 0119
オオチョウバエ　*121*, 0532
オオツマキヘリカメムシ　*289*, 1348
オオツマグロハバチ　*144*, 0655
オオツヤハダコメツキ　*197*, 0883
オオトゲシラホシカメムシ　*295*, 1375
オオトビサシガメ　*283*, 1311
オオトビスジエダシャク　*77*, 0292
オオトモエ　*105*, 0448
オオトラフコガネ
　(→オオトラフハナムグリ)　*187*, 0836
オオトラフハナムグリ　*12*, *187*, 0836
オオナガコメツキ　*198*, 0892
オオニジュウヤホシテントウ　*210*, 0954
オオノコメエダシャク　*81*, 0316
オオハキリバチ　*164*, 0733

オオハサミムシ　*308*, 1435
オオハサミムシ科　*308*
オオハナアブ　*131*, 0585
オオハナガタエダシャク　*77*, 0294
オオハヤバチ　*162*, 0724
オオヒラタアトキリゴミムシ　*173*, 0772
オオヒラタエンマムシ　*178*, 0793
オオヒラタシデムシ　*178*, 0795
オオヒラタハネカクシ　*179*, 0802
オオフタオビドロバチ　*152*, *258*, 0689
オオフタモンウバタマコメツキ　*196*, 0880
オオベニヘリコケガ　*98*, 0407
オオヘリカメムシ　*288*, 1341
オオホシオナガバチ　*146*, 0664
オオホシカメムシ　*287*, 1336
オオホシカメムシ科　*287*
オオホソコバネカミキリ　*220*, 1011
オオマエグロメバエ　*134*, 0600
オオマルハナバチ　*166*, 0741
オオミズアオ　*64*, 0227
オオミスジ　*37*, 0085
オオミドリシジミ　*24*, 0038
オオミノガ　*47*, 0128
オオムラサキ　*34*, 0073
オオメカメムシ(→オオメナガカメムシ)　*286*, 1328
オオメナガカメムシ　*286*, 1328
オオメナガカメムシ科　*286*
オオモンキカスミカメ　*281*, 1299
オオモンキゴミシダマシ　*210*, 0959
オオモンクロバチ　*150*, 0682
オオモンクロベッコウ
　(→オオモンクロバチ)　*150*, 0682
オオモンシロナガカメムシ　*286*, 1327
オオモンツチバチ　*150*, 0683
オオヤマカワゲラ　*334*, 1531
オオヨコバイ　*269*, 1238
オオヨコモンヒラタアブ　*128*, 0568
オオヨツアナアトキリゴミムシ　*173*, 0771
オオルリボシヤンマ　*340*, 1559
オオワラジカイガラムシ　*206*, *275*, *280*, 1271
オカモトトゲエダシャク　*79*, 0304
オグマサナエ　*342*, 1568
オグロマダラミバエ
　(→ミツボシハマダラミバエ)　*134*, 0604
オサシデムシモドキ　*179*, 0801
オサゾウムシ科　*255*
オサムシ科　*170*
オジロアシナガゾウムシ　*251*, 1167
オスグロトモエ　*104*, 0447
オスグロハバチ　*143*, 0647
オツネントンボ　*335*, 1533
オトシブミ　*246*, 1143
オトシブミ科　*244*
オドリバエ科　*126*
オドリバエの一種　*13*
オナガアゲハ　*17*, *19*, 0012
オナガキバチ　*145*, 0660
オナガササキリ　*317*, 1465
オナシカワゲラ科　*334*
オナシカワゲラの一種　*334*, 1528
オニアカハネムシ　*213*, 0976
オニベニシタバ　*106*, 0456
オニヤンマ　*339*, *344*, 1574
オニヤンマ科　*344*
オバボタル　*199*, 0899
オビカレハ　*63*, 0222
オビカワウンカ　*272*, 1255
オビホソヒラタアブ　*128*, 0569
オビマルツノゼミ　*7*, *265*, 1221
オンブバッタ　*327*, 1503
オンブバッタ科　*327*

■カ行

カイガラツヤカスミカメ　*280*, 1297

カイコガ科　63
カオジロトンボ　344, 1576
カオジロヒゲナガゾウムシ　244, 1134
カオマダラクサカゲロウ　262, 1208
カ科　119
ガガンボ科　116
ガガンボカゲロウ　352, 1610
ガガンボカゲロウ科　352
ガガンボモドキ　140, 0631
ガガンボモドキ科　140
カキクダアザミウマ　302, 1409
カギバガ科　70
カギバラバチ科　147
革翅目（→ハサミムシ目）　8
カクツツトビケラ科　114
カクツツトビケラの一種　114, 0502
カクモンヒトリ　100, 0422
カグヤヒメキクイゾウムシ　255, 1184
カゲロウ目　351
蜉蝣目（→カゲロウ目）　9
カザリバガ科　49
カシアシナガゾウムシ　251, 1170
カシニセタマカイガラムシ　275, 1273
カジリムシ目　302
カシルリオトシブミ　245, 1140
カシノナガキクイムシ　254, 1182
カシワマイマイ　95, 0395
カスミカメムシ科　280
カスリヒメガガンボ　118, 0520
カタカイガラムシ科　276
カタビロトゲトゲ
　（→カタビロトゲハムシ）　240, 1120
カタビロトゲハムシ　240, 1120
カタマルヒラアシキバチ　145, 0659
カタモンコガネ　188, 0842
カツオゾウムシ　250, 1163
カツオブシムシ科　203
カドマルエンマコガネ　185, 0824
カトリヤンマ　340, 1558
カナブン　185, 0825
カネタタキ　326, 1496
カネタタキ科　326
カノコガ　100, 0423
カノコマルハキバガ　48, 0135
カバイロキバガ　49, 0143
カバイロコメツキ　198, 0889
カバイロヒラタデムシ　178, 0796
カバエダシャク　80, 0306
カブトムシ　7, 190, 0852
カブラヤガ　113, 0496
カマキリ（→チョウセンカマキリ）　304, 1417
カマキリ科　304
カマキリタマゴカツオブシムシ　203, 0918
カマキリ目　304
蟷螂目（→カマキリ目）　8
カマキリモドキ科　259
カマドウマ科　312
ガマノハアブラムシ　274, 1263
カマフリンガ　101, 0426
カミキリムシ科　216
カミキリモドキ科　214
カミキリモドキの一種　215, 0985
カミムラカワゲラ　334, 1530
ガムシ　177, 0788
ガムシ科　177
カメノコテントウ　207, 0942
カメノコハムシ　242, 1124
カメムシ科　293
カメムシ目　263
カヤキリ　315, 1457
カラカネハナカミキリ　217, 0995
カラスアゲハ　19, 0013
カラスシジミ　11, 25, 0041
カレハガ科　63

ガロアケシカミキリ　228, 1053
ガロアムシ　8, 309, 1439
ガロアムシ科　309
ガロアムシ目　309
カワカゲロウ科　351
カワゲラ（→カミムラカワゲラ）　334, 1530
カワゲラ科　334
カワゲラ目　334
カワトンボ（→アサヒナカワトンボ）　335, 1537
カワトンボ科　335
カワムラヒゲボソムシヒキ　124, 0552
カワラズス　324, 1488
カワラバッタ　333, 1527
カワラハンミョウ　170, 0754
カンタン　324, 1487
キアゲハ　14, 18, 0010
キアシキンシギアブ　122, 0541
キアシシリアゲ　6, 141, 0636
キアシドクガ　94, 0389
キアシナガバチ　154, 0697
キアシハサミムシ
　（→コバネハサミムシ）　308, 1434
キアシヒバリモドキ　325, 1492
キアシマメヒラタアブ　128, 0572
キアシルリツツハムシ　232, 1074
キアミメナミシャク　90, 0366
キイオオトラフハナムグリ　187, 0836
キイトトンボ　337, 1544
キイロアツバ　104, 0445
キイロカミキリモドキ　214, 0983
キイロカワカゲロウ　351, 1601
キイロケブカミバエ　135, 0605
キイロサナエ　343, 1571
キイロスズメ　69, 0249
キイロスズメバチ　157, 158, 0709
キイロテントウ　209, 0950
キイロトラカミキリ　223, 1028
キオビゴマダラエダシャク　79, 0305
キオビツチバチ　151, 0686
キオビツヤハナバチ　165, 0739
キオビベニヒメシャク　87, 0349
キカマキリモドキ　259, 1193
キクキンウワバ　108, 0466
キクスイカミキリ　229, 1058
キゴシジガバチ　161, 0721
キゴシハナアブ　131, 0584
キシタエダシャク　76, 0288
キシタバ　107, 0459
キシタヨトゲシリアゲ　141, 0635
キシタアホソバ　96, 0399
キジラミ科　275
キスゲフクレアブラムシ　274, 1265
キスジカンムリヨコバイ　269, 1240
キスジコガネ　188, 0839
キスジゴキブリ　306, 1426
キスジセアカカギバラバチ　147, 0669
キスジツマキリヨトウ　112, 0490
キスジトラカミキリ　222, 1023
キスジハネビロウンカ　270, 1247
キスジホソマダラ　50, 0149
キタキチョウ　21, 0021
キタササキリモドキ　318, 1470
キタテハ　30, 0059
キタハダカササキリモドキ
　（→キタササキリモドキ）　318, 1470
キタヒメヒラタアブ
　（→ミナミヒメヒラタアブ）　128, 0570
キナミシロヒメシャク　87, 0347
キヌツヤミズクサハムシ
　（→スゲハムシ）　230, 1063
キノカワガ　101, 0430
キノコバエ科　119
キバガ科　49

キハダカノコ　100, 0424
キバチ科　145
キバネオオヒラオオドリバエ　126, 0562
キバネオオベッコウ
　（→ベッコウクモバチ）　150, 0679
キバネオドリバエ
　（→キバネオオヒラオオドリバエ）　126, 0562
キバネセセリ　43, 0108
キバネツノトンボ　259, 1194
キバネハサミムシ　309, 1437
キバネフンバエ　136, 0615
キバネホソコメツキ　198, 0891
キバラガンボ　118, 0518
キハラゴマダラヒトリ　100, 0420
キバラヘリカメムシ　10, 290, 1352
キバラモクメキリガ　113, 0493
ギフウスキナミシャク　88, 0358
ギフチョウ　16, 0001
キベリクビボソハムシ　232, 1070
キベリコバネジョウカイ　202, 0912
キベリタテハ　33, 0069
キベリトウゴウカワゲラ　9
キベリトガリメイガ　56, 0179
キベリトゲトゲ
　（→キベリトゲハムシ）　241, 1121
キベリトゲハムシ　241, 1121
キベリハイヒゲナガキバガ　49, 0138
キベリヒラタアブ　128, 0571
キベリマメゲンゴロウ　175, 0781
キボシアシナガバチ　154, 0698
キボシカミキリ　224, 1035
キボシトックリバチ　153, 0693
キボシナガツツハムシ
　（→キボシルリハムシ）　232, 1072
キボシルリハムシ　232, 1072
キマエアオシャク　84, 0334
キマエクロホソバ　97, 0403
キマエホソバ　96, 0401
キマダラオオナミシャク　89, 0361
キマダラカミキリ
　（→キマダラミヤマカミキリ）　220, 1013
キマダラカメムシ　297, 1384
キマダラセセリ　44, 0116
キマダラツバメエダシャク　78, 0298
キマダラハナバチ
　（→ダイミョウキマダラハナバチ）　164, 0735
キマダラヒメガガンボ　118, 0519
キマダラヒロバカゲロウ　261, 1200
キマダラミヤマカミキリ　220, 1013
キマダラモドキ　39, 0094
キマワリ　211, 0965
キムジノメイガ　62, 0213
キムネクマバチ（→クマバチ）　165, 0740
キムネヒメコメツキモドキ　205, 0927
キョウコシマハナアブ　131, 0587
キョウチクトウアブラムシ　273, 1262
キリウジガガンボ　116, 0512
キリギリス科　313
キンアリスアブ　132, 0593
ギンイチモンジセセリ　43, 0109
キンイロアブ　122, 0542
キンイロジョウカイ　200, 0905
キンオビハナノミ　214, 0980
キンカメムシ科　292
ギンケチバチ科　162
キンケハラナガツチバチ　151, 0684
ギンシャチホコ　91, 0372
キンスジアツバ　103, 0438
ギンツバメ　72, 0266
キンバエの一種　137, 0618
キンバネチビトリバ　55, 0173
ギンボシキヒメハマキ　52, 0160
ギンボシヒョウモン　36, 0081
ギンボシリンガ　101, 0428

キンモンガ　70, 0253	クロシジミ　26, 0045	ゲンゴロウ　176, 0786
ギンモンカギバ　71, 0259	クロジョウカイ　201, 0908	ゲンゴロウ科　175
ギンモンスズメモドキ　92, 0375	クロズウスキエダシャク　73, 0272	ゲンジボタル　199, 0895
ギンヤンマ　341, 1561	クロスジアワフキ　266, 1225	コアオハナムグリ　185, 0828
クギヌキハサミムシ科　309	クロスジイシアブ　125, 0554	コアシナガバチ　155, 0699
クサアブ科　121	クロスジオオシロヒメシャク　86, 0344	ゴイシシジミ　22, 0026
クサカゲロウ　7, 262, 1206	クロスジギンヤンマ　340, 1560	コイチャコガネ　186, 0835
クサカゲロウ科　261	クロスジノメイガ　59, 0196	コウゲンヒョウモン　34, 0074
クサギカメムシ　294, 1371	クロスジヒゲナガカメムシ　285, 1324	コウスチャヤガ　113, 0497
クサキリ　315, 1458	クロスジフユエダシャク　78, 0299	コウスバカゲロウ　261, 1201
クサヒバリ　325, 1493	クロスジヘビトンボ　7	コウゾハマキモドキ　54, 0171
クシヒゲベニボタル　202, 0913	クロスジホソサジヨコバイ　270, 1242	コウチュウ目　168
クジャクチョウ　32, 0066	クロスズメバチ　157, 0707	コウモリガ　47, 0126
クサン　64, 0226	クロタニガワカゲロウ　352, 1607	コウモリガ科　47
クズノチビタマムシ　195, 0873	クロタマムシ　194, 0867	コエゾゼミ　263, 1212
クダアザミウマ科　302	クロツヤハダコメツキ　197, 0884	コオイムシ　277, 1282
クダマキモドキ	クロテングスケバ　272, 1253	コオイムシ科　277
（→サトクダマキモドキ）　321, 1477	クロテンフユシャク　84, 0330	コオニヤンマ　341, 1563
クチキウバ　312, 1449	クロナガアトリ　195, 0872	コオロギ科　322
クチナガオオアブラムシ　159, 0715	クロナガハムシ　231, 1064	古顎目（→イシノミ目）　9
クチナガガガンボの一種　117, 0517	クロナガヒラタカメムシ　285, 1321	コカゲロウ科　351
クチナガハリバエ　139, 0629	クロバエ科　137	コガシラアブ科　123
クチバスズメ　66, 0233	クロハナケシキスイ　204, 0925	コガシラアワフキ　267, 1231
クチブトカメムシ　298, 299, 1396	クロハナノミ　214, 0981	コガシラアワフキムシ科　267
クツワムシ　9, 319, 1471	クロハナボタルの一種　202, 0915	コガシラウンカ科　273
クツワムシ科　319	クロハナムグリ　186, 0831	コガタカメノコハムシ　243, 1129
クヌギカメムシ　291, 1356	クロハネシロヒゲナガ　46, 0122	コガタササキリモドキ
クヌギカメムシ科　291	クロバネツリアブ　123, 0547	（→ヒメツユムシ）　318, 1469
クビアカサシガメ　284, 1315	クロハラヒメバチ　146, 0667	コガタスズメバチ　156, 0704
クビアカトラカミキリ　222, 1020	クロヒカゲ　40, 0098	コガタツバメエダシャク　83, 0325
クビキリギス　161, 316, 1461	クロヒゲナガジョウカイ　200, 0903	コガタノミズアブ　122, 0537
クビボソゴミムシ　174, 0776	クロヒメツノカメムシ　300, 301, 1398	コガタルリハムシ　235, 1087
クビボソジョウカイ　200, 0902	クロヒラタヨコバイ　270, 1243	コガネオオハリバエ　6, 139, 0628
クビワウスグロホソバ　97, 0402	クロフオオシロエダシャク　76, 0287	コガネムシ　12, 151, 190, 0851
クマゼミ　263, 1211	クロフヒゲナガゾウムシ　244, 1133	コガネムシ科　184
クマバチ　165, 0740	クロホシカメムシ　287, 1338	コカブトムシ　191, 0853
クモガタヒョウモン　35, 0078	クロホシクチブトゾウムシ　247, 1151	コカマキリ　305, 1420
クモ綱クモ目　353	クロボシツツハムシ　233, 1078	コガムシ　177, 0789
クモゾウムシの一種　252, 1175	クロボシヒラタシデムシ　178, 0797	ゴキブリ科　306
クモバチ科　150	クロマイコモドキ　48, 0136	ゴキブリ目　306
クモヘリカメムシ　288, 1339	クロマダラシロヒメハマキ　53, 0162	コクロアナバチ　145, 0661
クモンクサカゲロウ　262, 1207	クロマダラソテツシジミ　29, 0055	コクワガタ　14, 183, 0817
クラズミウマ　312, 1448	クロマドボタル　199, 0897	コサナエ　342, 1567
クリアナアキゾウムシ　251, 1171	クロミスジシロエダシャク　73, 0270	コシアカスカシバ　52, 0156
クリイロコガネ　191, 0856	クロムネアオハバチ　144, 0654	コシアキトンボ　348, 1590
クリオオアブラムシ　159, 274, 1267	クロメンガタスズメ　67, 0235	コシマゲンゴロウ　176, 0784
クリサキテントウ　209, 0949	クロモンアオシャク　85, 0339	コジャノメ　40, 0096
クリシギゾウムシ　254, 1181	クロモンサシガメ　282, 1310	コシロシタバ　107, 0458
クルマスズメ　68, 0242	クロモンベニマルハキバガ　48, 0134	コスカシバ　51, 0154
クルマバッタ　332, 1522	クロヤマアリ　132, 159, 0713	コセアカアメンボ　278, 1287
クルマバッタモドキ　332, 1523	クロルリトゲゲ	コチャバネセセリ　44, 0112
クルミハムシ　207, 236, 1094	（→クロルリトゲハムシ）　241, 1122	コツバメ　26, 0044
クルミヒラタハムシ（→クルミハムシ）　236, 1094	クロルリトゲハムシ　241, 1122	コツブゲンゴロウ　175, 0779
クルミミドリカスミカメ　281, 1304	クワガタムシ科　181	コツブゲンゴロウ科　175
クロアゲハ　17, 18, 19, 0008	クワカミキリ　226, 1041	コトガ　110, 0480
クロアシヒゲナガハナノミ　192, 0862	クワキジラミ　209, 275, 1269	コナガ　47, 0129
クロアナバチ　161, 0720	クワキヨコバイの一種　269, 1241	コナガ科　47
クロイトトンボ　338, 1547	クワコ　63, 0223	コナラシギゾウムシ　253, 1180
クロウリハムシ　238, 1105	クワサビカミキリ　228, 1052	コニワハンミョウ　168, 0749
クロエリメンコガ　47, 0127	クワハムシ　238, 1108	コノシタウマ　312, 1447
クロオオアリ　26, 159, 160, 0717	グンバイウンカ科　273	コノシメトンボ　347, 1585
クロオサムシ　171, 0757	グンバイムシ科　279	コハナバチ科　149, 163
クロオビハナバエ　137, 0616	ケシキスイ科　204	コバネイナゴ　329, 1511
クロカタビロオサムシ　170, 0755	ケシゲンゴロウ　175, 0780	コバネササキリ　317, 1466
クロカナブン　185, 0827	欠翅目（→ガロアムシ目）　8	コバネナガカメムシ　286, 1329
クロカミキリ　216, 0992	ケバエ科　118	コバネナガカメムシ科　286
クロカメムシ（→イネクロカメムシ）　293, 1367	ケブカキベリナガカスミカメ　280, 1296	コバネハサミムシ　308, 1434
クロキシタアツバ　102, 0436	ケブカチャタテ科　302	コバネヒシバッタ　327, 1501
クロキノコバエ科　119	ケブカトゲアシヒゲボソゾウムシ	コバネヒメギス　315, 1456
クロキマダラヒメハマキ　52, 0159	（→リンゴコフキゾウムシ）　247, 1150	コバネヒョウタンナガカメムシ　285, 1325
クロゲンゴロウ　176, 0785	ケブカハチモドキハナアブ　131, 0583	コハンミョウ　169, 0753
クロゴキブリ　8, 306, 1423	ケブカヒメヘリカメムシ　289, 1343	コヒョウモン　34, 0075
クロコノマチョウ　41, 0100	ケラ　326, 1497	コヒョウモンモドキ　30, 0058
クロサナエ　342, 1565	ケラ科　326	コブガ科　101

359

コフキコガネ　192, 0859	サンゴジュハムシ　237, 1099	シロジュウシホシテントウ　207, 0940
コフキサルハムシ　234, 1083	シータテハ　30, 0060	シロスジアオヨトウ　113, 0492
コフキゾウムシ　249, 1160	シオカラトンボ　9, 350, 1596	シロスジカミキリ　225, 1040
コフキトンボ　348, 1591	シオヤアブ　11, 125, 0556	シロスジカラスヨトウ　111, 0483
コブゴミムシダマシ科　214	シオヤトンボ　350, 1597	シロスジギングチバチ　162, 0725
コブノメイガ　58, 0193	シギアブ科　122	シロスジツツ科　57, 0186
コブハサミムシ　13, 309, 1436	シギゾウムシの一種　13	シロスジナガハナアブ　130, 0582
コブヒナカマキリ科　305	シジミチョウ科　22	シロスジベッコウハナアブ　129, 0577
コベニスジヒメシャク　86, 0343	シダクロスズメバチ　157, 0708	シロタニワカゲロウ　352, 1608
コホソクビゴミムシ　175, 0778	シナヒラタハナバエ　138, 0623	シロチョウ科　20
ゴホンダイコクコガネ　184, 0822	シナヒラタヤドリバエ	シロツトガ　57, 0185
ゴマケンモン　110, 0477	（→シナヒラタハナバエ）138, 0623	シロツバメエダシャク　83, 0327
ゴマダラオトシブミ　246, 1144	シバスズ　324, 1491	シロテンクロマイコガ　49, 0140
ゴマダラカミキリ　224, 1034	シブイロカヤキリ　315, 1460	シロテンシロアシヒメハマキ　52, 0158
ゴマダラキコケガ　98, 0408	シブイロカヤキリモドキ	シロテンツマキリアツバ　103, 0439
ゴマダラシロエダシャク　76, 0285	（→シブイロカヤキリ）315, 1460	シロテンハナムグリ　186, 0832
ゴマダラシロナミシャク　87, 0351	シマアメンボ　278, 1285	シロトホシテントウ　208, 0944
ゴマダラチョウ　33, 0070	シマゲンゴロウ　176, 0783	シロトラカミキリ　223, 1029
ゴマダラノメイガ　58, 0190	シマサシガメ　283, 1314	シロハラコカゲロウ　352, 1605
ゴマダラベニコケガ　98, 0410	シマトビケラ科　114	シロヒゲナガゾウムシ　243, 1131
ゴマフカミキリ　226, 1042	シマバエ科　135	シロヒトモンノメイガ　58, 0195
ゴマフガムシ　177, 0792	シマハナアブ　130, 131, 0579	シロヒトリ　100, 0419
ゴマフキエダシャク　80, 0310	シママメヒラタアブ　128, 0573	シロフオナガバチ　13, 146, 0663
ゴマフシロキバガ	シミ科　353	シロフフエダシャク　79, 0303
（→ゴマフシロハビロキバガ）48, 0137	シミ目　353	シロフマルバネトビケラ　114, 0500
ゴマフシロハビロキバガ　48, 0137	シモフリコメツキ　197, 0888	シロヘリカメムシ　294, 1370
ゴマフボクトウ　52, 0157	シモフリシマバエの一種　135, 0609	シロヘリクチブトカメムシ　298, 1393
ゴマフドクガ　96, 0397	シモフリスズメ　67, 0237	シロホシテントウの一種　209, 0951
ゴマベニシタヒトリ　99, 0415	シャクガ　152, 153, 0690, 0692	シロホソスジナミシャク　90, 0367
コマユバチ科　148	シャクガ科　73	シロマダラヒメヨトウ　112, 0488
コミスジ　37, 0087	ジャコウアゲハ　17, 70, 0006	シロモンクロエダシャク　81, 0313
コミズムシの一種　277, 1281	シャチホコガ　109, 0473	シロモンコヤガ　109, 0473
コミミズク　268, 1233	シャチホコガ科　90	シロモンノメイガ　58, 0194
ゴミムシダマシ科　210	ジャノメチョウ　39, 0095	シワバネキノコバエの一種　119, 0525
コムライシアブ　126, 0559	シャンハイオエダシャク　74, 0276	ジンガサハムシ　241, 242, 1123
コムラサキ　33, 0072	ジュウサンホシテントウ　206, 0938	シンジュサン　65, 0228
コメツキムシ科　195	ジュウジアトキリゴミムシ　174, 0774	スイセンハナアブ　129, 0575
コヤツボシツツハムシ　233, 1077	ジュウジナガカメムシ　286, 1332	スカシエダシャク　75, 0280
コヤマトンボ　344, 1575	ジョウカイボン　201, 0909	スカシカギバ　72, 0264
コヨツボシアトキリゴミムシ　173, 0770	ジョウカイボン科　200	スカシシリアゲモドキ　141, 0639
コヨツメアオシャク　85, 0340	ジョウカイモドキ科　203	スカシノメイガ　60, 0204
コヨツメノメイガ　62, 0216	踊行目（→カカトアルキ目）8	スカシバガ科　51
コロギス　312, 1444	ジョウザンナガハナアブ　132, 0591	スカシヒロバカゲロウ　260, 1198
コロギス科　312	ジョウザンミドリシジミ　24, 0035	スギカミキリ　221, 1017
コロモジラミ（→ヒトジラミ）302, 1410	鞘翅目（→コウチュウ目）7	スギタニキリガ　113, 0494
コンオビヒゲナガ　46, 0123	ショウジョウトンボ　349, 1594	スギタニルリシジミ　27, 0050
ゴンズイフクレアブラムシ	ショウジョウバエ科　136	スキバジンガサハムシ　241, 242, 1125
（→キスゲフクレアブラムシ）274, 1265	ショウジョウバエの一種　136, 0613	スキバツリアブ　124, 0548
コンボウハバチ科　143	ショウリョウバッタ　330, 1514	スグリゾウムシ　248, 1154
コンボウヤセバチ科　149	ショウリョウバッタモドキ　330, 1515	スクリバスカシバ
	シラトラカミキリ　222, 1022	（→コシアカスカシバ）52, 0156
■サ行	シラナミクロアツバ　103, 0441	ズグロキハムシ　236, 1093
	シラナミナミシャク　88, 0356	ズグロヒラタハムシ
サカハチチョウ　29, 0057	シラフヒゲナガカミキリ　13	（→ズグロキハムシ）236, 1093
サキグロムシヒキ　126, 0560	シラホシカミキリ　229, 1057	スゲオオドクガ　94, 0387
サクラコガネ　189, 0845	シラホシハナノミ　214, 0979	スケバハゴロモ　271, 1250
ササキリ　10, 317, 1464	シラホシヒメゾウムシ　252, 1176	スゲハムシ　230, 1063
ササキリモドキ科　318	シリアカハネナガウンカ　270, 1245	スコットカメムシ　298, 1388
ササコクゾウムシ　255, 1188	シリアゲコバチ科　145	スジアオゴミムシ　173, 0767
ササコナフキツノアブラムシ　274, 1268	シリアゲムシ科　140	スジカミキリモドキ　215, 0984
ササナミスズメ　67, 0238	シリアゲムシ目　140	スジグロシロチョウ　20, 0018
サシガメ科　282	シリブトミドリバエ　137, 0620	スジグロチャバネセセリ　44, 0114
サツマゴキブリ　306, 1427	シルビアシジミ　26, 0046	スジグロボタル　199, 0900
サトキマダラヒカゲ　41, 0102	シロアヤヒメノメイガ　62, 0212	スジクワガタ　183, 0816
サトクダマキモドキ　321, 1477	シロオビアカアシナガゾウムシ　251, 1168	スジコガシラウンカ　273, 1260
サトジガバチ　162, 0723	シロオビアワフキ　266, 1222	スジコガネ　151, 189, 0848
サトユミアシゴミムシダマシ	シロオビクロナミシャク　88, 0353	スジチャタテ　7, 303, 1414
（→ユミアシゴミムシダマシ）211, 0962	シロオビドクガ　95, 0391	スジベニコケガ　98, 0409
サナエトンボ科　342	シロオビナガボソタマムシ　194, 0869	スジボソフトハナバチ　164, 0736
サビキコリ　195, 0877	シロオビノメイガ　58, 0191	スジボソヤマキチョウ　21, 0024
サビヒョウタンゾウムシ　248, 1155	シロオビハリバエの一種　138, 0626	スジモンヒトリ　100, 0421
サホコカゲロウ　351, 1604	シロコブゾウムシ　249, 1157	スズキナガハナアブ　131, 0588
サムライアリ　159, 0715	シロシタバ　106, 0455	スズバチ　147, 152, 0690
サラサヤンマ　340, 1556	シロシタホタルガ　51, 0150	スズバチネジレバネ　7, 258, 1189

スズムシ　*323*, 1484	タテハチョウ科　*29*	ツマジロウラジャノメ　*39*, 0093
スズメガ科　*66*	タデマルカメムシ　*291*, 1358	ツマジロエダシャク　*75*, 0282
スズメバチ科　*154*	ダビドサナエ　*342*, 1566	ツマジロカメムシ　*299*, 1394
スミスハキリバチ　*164*, 0732	タマカタカイガラムシ　*206, 276*, 1277	ツマトビキエダシャク　*80*, 0311
スミナガシ　*32*, 0068	タマガムシ　*177*, 0791	ツマモンヒロバカゲロウ　*260*, 1199
セアカキノコバエ	タマヌキケンヒメバチ　*146*, 0666	ツメクサガ　*111*, 0485
（→セアカクロキノコバエ）　*119*, 0526	タマムシ（→ヤマトタマムシ）　*193*, 0864	ツヤアオカメムシ　*297*, 1387
セアカクロキノコバエ　*119*, 0526	タマムシ科　*193*	ツヤケハナカミキリ　*218*, 1001
セアカクロバネキノコバエ	ダンダラチビタマムシ　*195*, 0876	ツヤケシブトヒゲハネカクシ　*180*, 0807
（→セアカクロキノコバエ）　*119*, 0526	ダンダラテントウ　*208*, 0948	ツヤナガヒラタホソカタムシ　*214*, 0982
セアカツノカメムシ　*10, 301*, 1405	チャイロオオイシアブ　*126*, 0558	ツヤホソバエ科　*133*
セアカナガクチキムシ　*213*, 0977	チャイロコガネ（→コイチャコガネ）　*186*, 0835	ツヤホソバエの一種　*133*, 0598
セアカヒラタムシ　*172*, 0763	チャイロスズバチ　*157*, 0706	ツヤマルシラホシカメムシ
セイタカアワダチソウヒゲナガアブラムシ　*274*, 1266	チャイロチョッキリ　*245*, 1138	（→ムラサキシラホシカメムシ）　*295*, 1378
セイボウ科　*147*	チャイロヒメハナカミキリ　*218*, 1000	ツユムシ　*161, 318, 320*, 1473
セイヨウシミ　*353*, 1612	チャイロホソヒラタカミキリ　*221*, 1018	ツユムシ科　*319*
セイヨウミツバチ　*166*, 0745	チャエダシャク　*78*, 0300	ツリアノ科　*123*
積翅目（→カワゲラ目）　*9*	チャオビヨトウ　*112*, 0486	ツルギアブ科　*124*
セグロアシナガバチ　*154*, 0696	チャタテ科　*303*	ツルギアブの一種　*124*, 0550
セグロイナゴ　*329*, 1512	チャドクガ　*96*, 0398	デガシラバエ科　*135*
セグロカブラハバチ　*145*, 0658	チャバネアオカメムシ　*296*, 1382	デコボコマルハキバガ　*48*, 0133
セグロバッタ（→セグロイナゴ）　*329*, 1512	チャバネゴキブリ科　*306*	テラニシシリアゲアリ　*158*, 0712
セグロヒメツノカメムシ　*300*, 1399	チャバネセセリ　*45*, 0120	テングアツバ　*102*, 0435
セグロベニトゲアシガ　*49*, 0141	チャバネフユエダシャク　*79*, 0302	テングアワフキ　*266*, 1224
セスジイトトンボ　*338*, 1548	チャハマキ　*54*, 0167	テングスケバ　*272*, 1252
セスジササキリモドキ　*318*, 1468	チャマダラヒゲナガゾウムシ　*244*, 1135	テングスケバ科　*272*
セスジジョウカイの一種　*201*, 0907	チュウゴクシリアゲコバチ　*145*, 0661	テングチョウ　*29*, 0056
セスジスズメ　*69*, 0250	チュウレンジバチ　*142*, 0643	テンクロアツバ　*102*, 0432
セスジツユムシ　*319*, 1472	長翅目（→シリアゲムシ目）　*6*	テントウムシダマシ科　*205*
セスジナガカメムシ　*286*, 1330	チョウセンカマキリ　*304*, 1417	テントウムシ（→ナミテントウ）　*209*, 0949
セスジナミシャク　*90*, 0365	チョウトンボ　*345*, 1577	テントウムシ科　*205*
セスジノメイガ　*61*, 0208	チョウバエ科　*121*	ドウガネブイブイ　*189*, 0844
セスジハリバエ　*138*, 0624	チョウ目　*16*	トウキョウヒメハンミョウ　*168*, 0747
セスジユスリカ　*120*, 0530	直翅目（→バッタ目）　*9*	等翅目（→シロアリ目）　*8*
セセリチョウ科　*42*	ツガカレハ　*63*, 0221	トガリアナバチ（→オオハヤバチ）　*162*, 0724
セダカコガシラアブの一種　*123*, 0545	ツクツクボウシ　*264*, 1217	トガリエダシャク　*82*, 0319
セダカシャチホコ　*93*, 0382	ツゲノメイガ　*60*, 0203	トガリシロオビサビカミキリ　*227*, 1047
セダカヤセバチ科　*149*	ツチイナゴ　*329*, 1509	トガリバアカネトラカミキリ　*223*, 1030
絶翅目（→ジュズヒゲムシ目）　*8*	ツチカメムシ　*292*, 1362	トガリバガガンボモドキ　*140*, 0632
セボシジョウカイ　*201*, 0906	ツチカメムシ科　*292*	トガリハチガタハバチ　*144*, 0653
セマダラコガネ　*187*, 0837	ツチバチ科　*150*	ドクガ　*96*, 0396
セミ科　*263*	ツチハンミョウ科　*215*	ドクガ科　*93*
セミスジコブヒゲカミキリ　*226*, 1044	ツツキクイゾウムシ　*251*, 1166	トゲアシオオクモバチ　*150*, 0680
セモンジンガサハムシ　*243*, 1130	ツツジグンバイ　*280*, 1294	トゲアシオオベッコウ
センチコガネ　*184*, 0819	ツヅレサセコオロギ　*322*, 1482	（→トゲアシオオクモバチ）　*150*, 0680
センチコガネ科　*184*	ツトガ　*57*, 0187	トゲアシクチブトゾウムシ　*248*, 1152
センノカミキリ　*225*, 1037	ツトガ科　*57*	トゲアシゾウムシ
センブリ科　*258*	ツノアオカメムシ　*298*, 1390	（→トゲアシクチブトゾウムシ）　*248*, 1152
センブリの一種　*258*, 1191	ツノカメムシ科　*300*	トゲアリ　*160*, 0716
双翅目（→ハエ目）　*6*	ツノゼミ　*265*	トゲアワフキムシ科　*267*
総翅目（→アザミウマ目）　*7*	ツノトンボ　*7, 260*, 1195	トゲカメムシ　*295*, 1379
総尾目（→シミ目）　*9*	ツノロウムシ　*276*, 1275	トゲシラホシカメムシ　*295*, 1376
ゾウムシ科　*247*	ツバメガ科　*72*	トゲナナフシ　*311*, 1443
ソーンダーズチビタマムシ　*195*, 0874	ツバメシジミ　*27*, 0048	トゲヒゲトラカミキリ　*223*, 1027
咀顎目（→カジリムシ目）　*7*	ツマアカシャチホコ　*90*, 0370	トゲヒシバッタ　*326*, 1499
ソボリンゴカミキリ　*230*, 1061	ツマキシャチホコ　*92*, 0376	トサカグンバイ　*280*, 1295
■タ行	ツマキシロナミシャク　*89*, 0360	トサヒラズゲンセイ
タイコウチ　*277*, 1279	ツマキチョウ　*20*, 0015	（→ヒラズゲンセイ）　*216*, 0989
タイコウチ科　*276*	ツマキヘリカメムシ　*289*, 1348	トックリバチ
ダイコンサルハムシ	ツマキホソハマキモドキ　*47*, 0130	（→ミカドトックリバチ）　*147, 153*, 0692
（→ダイコンハムシ）　*234*, 1086	ツマグロイナゴ（→ツマグロバッタ）　*331*, 1517	トノサマバッタ　*332*, 1521
ダイコンハムシ　*234*, 1086	ツマグロイナゴモドキ	トビイロオオヒラタカメムシ　*285*, 1322
ダイミョウキマダラハナバチ　*164*, 0735	（→ツマグロバッタ）　*331*, 1517	トビイロカゲロウ科　*352*
ダイミョウセセリ　*42*, 0105	ツマグロオオヨコバイ　*269*, 1237	トビイロカゲロウの一種　*352*, 1606
ダイミョウバッタ	ツマグロキチョウ　*21*, 0020	トビイロスズメ　*67*, 0239
（→トノサマバッタ）　*332*, 1521	ツマグロキンバエ　*137*, 0619	トビイロツノゼミ　*265*, 1220
タカイホソアワフキ　*267*, 1229	ツマグロシリアゲ　*141*, 0638	トビイロトビケラ　*115*, 0503
タカネヒナバッタ　*331*, 1520	ツマグロシロノメイガ　*60*, 0206	トビイロトラガ　*111*, 0481
タガメ　*277*, 1280	ツマグロスケバ　*272*, 1254	トビギンボシシャチホコ　*93*, 0383
タケカレハ　*63*, 0219	ツマグロバッタ　*331*, 1517	トビケラ科　*114*
タケノアブラムシ　*49*, 0141	ツマグロヒメメツキモドキ　*205*, 0928	トビケラ目　*114*
タテスジシャチホコ　*93*, 0380	ツマグロヒョウモン　*36*, 0083	トビサルハムシ　*234*, 1082
タテスジハマキ　*53*, 0165	ツマグロムネスジハネカクシ　*180*, 0806	トビナナフシ（→ニホントビナナフシ）　*311*, 1442
		トビナナフシ科　*310*

361

トビモンオオエダシャク　78, 0301
トビモンシロヒメハマキ　53, 0163
トホシオサゾウムシ　255, 1187
トホシカメムシ　298, 1392
トホシテントウ　209, 0953
トホシハムシ　236, 1097
トラフコメツキ　197, 0886
トラフシジミ　26, 0042
トラフツバメエダシャク　83, 0328
トラマルハナバチ　166, 0742
トリバガ科　55
ドロノキハムシ　207, 235, 1090
ドロバチ　258, 1189
ドロハマキチョッキリ　244, 1136
トワダオオカ　120, 0529
トンボエダシャク　75, 0283
トンボ科　344
トンボ目　335
蜻蛉目（→トンボ目）　9

■ナ行

ナカウスエダシャク　77, 0290
ナカキエダシャク　82, 0321
ナガクチキムシ科　213
ナカグロクチバ　107, 0462
ナガコゲチャケシキスイ　204, 0926
ナガゴマフカミキリ　7, 226, 1043
ナガサキアゲハ　18, 0011
ナカジロサビカミキリ　227, 1051
ナカジロナミシャク　90, 0369
ナカジロハマキ　54, 0169
ナガズヤセバエ科　133
ナガチャコガネ　191, 0858
ナカトビフトメイガ　56, 0182
ナガハナノミ科　192
ナガヒラタムシ　168, 0746
ナガヒラタムシ科　168
ナカボシカメムシ　298, 1389
ナカムラサキフトメイガ　56, 0181
ナガメ　296, 1380
ナキイナゴ　9, 329, 1513
ナシイラガ　50, 0144
ナシカメムシ　291, 1355
ナシグンバイ　280, 1293
ナツアカネ　10, 345, 347, 1578
ナナフシ　12, 310, 1440
ナナフシ科　310
ナナフシ目　310
竹節虫目（→ナナフシ目）　9
ナナフシモドキ（→ナナフシ）　310, 1440
ナナホシテントウ　207, 0939
ナニワトンボ　348, 1589
ナミアゲハ（→アゲハチョウ）　18, 0009
ナミオトシブミ（→オトシブミ）　246, 1143
ナミガタシロナミシャク　89, 0362
ナミカメノコハムシ
　（→カメノコハムシ）　242, 1124
ナミゲンゴロウ（→ゲンゴロウ）　176, 0786
ナミツチスガリ　147, 163, 0727
ナミテンアツバ　103, 0437
ナミテントウ　209, 0949
ナミドクガ（→ドクガ）　96, 0396
ナミハナアブ　130, 0580
ナミハナムグリ（→ハナムグリ）　185, 0829
ナミヒカゲ（→ヒカゲチョウ）　40, 0099
ナミヒラタカゲロウ　352, 1609
ナミホシヒラタアブ　127, 0566
ナミシクソハムシ
　（→ムシクソハムシ）　233, 1079
ナミルリイロハラナガハナアブ　133, 0595
ナミリモンハナバチ
　（→ルリモンハナバチ）　165, 0738
ナワコガシラウンカ　273, 1259
ナンキンキノカワガ　102, 0431

ニイジマトラカミキリ　222, 1021
ニイニイゼミ　263, 1210
ニクバエ　145, 0662
ニクバエ科　137
ニクバエの一種　137, 0621
ニシカワトンボ
　（→アサヒナカワトンボ）　335, 1537
ニシキリギリス　313, 1452
ニジゴミムシダマシ　211, 0964
ニジュウシトリバ
　（→マダラニジュウシトリバ）　54, 0172
ニジュウシトリバガ科　54
ニジュウヤホシテントウ　210, 0955
ニセヒメクモヘリカメムシ　289, 1346
ニセマイコガ科　49
ニッポンハナダカバチ　163, 0726
ニッポンヒゲナガハナバチ　165, 0737
ニトベエダシャク　80, 0308
ニトベハラボソツリアブ　124, 0549
ニホンカブラハバチ　145, 0657
ニホンカワトンボ　336, 1538
ニホンチュウレンジ　142, 0644
ニホントビナナフシ　311, 1442
ニホントホシハムシ
　（→トホシハムシ）　236, 1097
ニホンベニシテントウ　197, 0885
ニホンミツバチ　166, 0744
ニョウホウホソハナカミキリ　219, 1005
ニレハムシ　237, 1100
ニワトコドクガ　94, 0388
ニワハンミョウ　168, 0750
ニンギョウヒゲラ　6, 115, 0505
ニンギョウヒゲラ科　115
ニンフジョウカイの一種　200, 0901
ニンフホソハナカミキリ　219, 1006
ネギアザミウマ　7, 302, 1408
ネキトンボ　348, 1588
ネグロクサアブ　121, 0534
ネグロミズアブ　121, 0535
ネコノミ　6, 139, 0630
ネジレバネ科　258
ネジレバネ目　258
ネブトクワガタ　181, 0810
撚翅目（→ネジレバネ目）　7
ノコギリカミキリ　216, 0991
ノコギリクワガタ　182, 0812
ノコギリヒラタカメムシ　284, 1320
ノシメトンボ　346, 1580
ノシメマダラメイガ　56, 0183
ノミバッタ　326, 1498
ノミバッタ科　326
ノミ目　139
ノンネマイマイ　95, 0393

■ハ行

ハイイロゲンゴロウ　175, 0782
ハイイロシャチホコ　93, 0381
ハイイロチョッキリ　244, 1137
ハイイロハネカクシ　180, 0808
ハイイロヤハズカミキリ　227, 1046
ハイイロリンガ　101, 0429
ハエトリグモ科　353
ハエ目　116
ハエヤドリアシブトコバチ　145, 0662
ハギノコゴミムシ　173, 0769
ハキナガミズアブ　122, 0539
ハキリバチ科　164
ハグルマエダシャク　74, 0277
ハグルマチャタテ　302, 1411
ハグルマトモエ　104, 0446
ハグロケバエ　119, 0524
ハグロトンボ　336, 1541
ハゴロモ科　271

ハサミツノカメムシ　301, 1407
ハサミムシ　8, 308, 1432
ハサミムシ科　308
ハサミムシ目　308
ハスオビエダシャク　80, 0307
ハスオビマドガ　55, 0177
ハスジカツオゾウムシ　250, 1162
ハスジゾウムシ　250, 1161
ハスモンヨトウ　112, 0491
ハタケノウマオイ　317, 1467
ハチ目　142
ハチモドキハナアブ　129, 0578
ハッカハムシ　235, 1089
バッタ科　328
バッタ目　312
ハッチョウトンボ　349, 1593
ハナアブ（→ナミハナアブ）　130, 180, 0580
ハナアブ科　127
ハナオイアツバ　104, 0443
ハナカマキリ科　305
ハナダカカメムシ　293, 1368
ハナダカバチ
　（→ニッポンハナダカバチ）　163, 0726
ハナダカハナアブ　129, 0574
バナナムシ（→ツマグロオオヨコバイ）　269, 1237
ハナノミ科　214
ハナバエ科　137
ハナムグリ　185, 0829
ハネカクシ科　179
ハネナガイナゴ　329, 1510
ハネナガウンカ科　270
ハネナガヒシバッタ　327, 1500
ハネナガフキバッタ　328, 1508
ハネナシコロギス　312, 1445
ハネブサシャチホコ　93, 0384
ハバチ科　143
ハマキガ　152, 0691
ハマキガ科　52
ハマキモドキガ科　54
ハマダラハルカ　118, 0522
ハマダラヒロクチバエ　134, 0602
ハマベアワフキ　267, 1228
ハマベハサミムシ（→ハサミムシ）　308, 1432
ハムシ科　230
ハムシダマシ　212, 0968
ハヤシウマ　312, 1446
ハヤシノウマオイ　317, 1467
ハラアカトゲマルセイボウ
　（→ハラアカマルセイボウ）　147, 0670
ハラアカハラナガハナアブ　133, 0594
ハラアカマルセイボウ　147, 0670
ハラオカメコオロギ　322, 1481
ハラグロオオテントウ　209, 0952
ハラグロノコギリゾウムシ　252, 1177
バラシロエダシャク　74, 0274
バラシロヒメハマキ　52, 0161
ハラナガハバチ　144, 0656
ハラビロカマキリ　8, 304, 1418
ハラビロトンボ　348, 1592
ハラビロヘリカメムシ　288, 1342
ハラボソムシヒキ　124, 0551
ハリカメムシ　290, 1354
ハルカ科　118
半翅目（→カメムシ目）　7
ハンノアオカミキリ　228, 1054
ハンノオオルリカミキリ　228, 1054
ハンノキハムシ　238, 1109
ハンミョウ　169, 0751
ヒウラカワトンボ
　（→アサヒナカワトンボ）　335, 1537
ヒオドシチョウ　31, 0064
ヒカゲチョウ　40, 0099
ヒガシカワトンボ
　（→ニホンカワトンボ）　336, 1538

362

ヒガシキリギリス　*313*, 1451	ヒメシロチョウ　*21*, 0019	フジハムシ　*236*, 1096
ヒガシマルムネジョウカイ　*201*, 0911	ヒメシロノメイガ　*60*, 0201	フジフサキバガ　*49*, 0142
ヒグラシ　*264*, 1216	ヒメシロモンドクガ　*94*, 0386	フジミドリシジミ　*25*, 0040
ヒゲコメツキ　*196*, 0882	ヒメスジコガネ　*190*, 0850	フタオビノミハナカミキリ
ヒゲジロハサミムシ　*308*, 1433	ヒメススメバチ　*156*, 0703	（→フタオビヒメハナカミキリ）　*217*, 0997
ヒゲナガオトシブミ　*247*, 1149	ヒメスナゴミムシダマシ　*210*, 0956	フタオビヒメハナカミキリ　*217*, 0997
ヒゲナガ科　*46*	ヒメツチハンミョウ　*215*, 0988	フタクサハムシ　*236*, 1098
ヒゲナガカメムシ　*285*, 1323	ヒメツツハキリバチ　*164*, 0734	フタコブルリハナカミキリ　*217*, 0996
ヒゲナガカメムシ科　*285*	ヒメツノカメムシ　*300*, *301*, 1404	フタスジサナエ　*343*, 1569
ヒゲナガカワトビケラ　*6*, *114*, 0498	ヒメツバメエダシャク　*83*, 0326	フタスジスズバチ　*152*, 0691
ヒゲナガカワトビケラ科　*114*	ヒメツユムシ　*318*, 1469	フタスジチョウ　*38*, 0088
ヒゲナガキバガ科　*48*	ヒメトラハナムグリ　*186*, 0833	フタスジハナカミキリ　*219*, 1009
ヒゲナガサシガメ　*282*, 1307	ヒメナガキマワリ　*212*, 0966	フタスジヒメハムシ　*239*, 1112
ヒゲナガゾウムシ科　*243*	ヒメナガメ　*296*, 1381	フタスジモンカゲロウ　*351*, 1602
ヒゲナガトビケラ科　*115*	ヒメネジロヨガ　*109*, 0472	フタツメカワゲラ科　*334*
ヒゲナガハナノミ　*192*, 0863	ヒメバチ科　*13*, *146*	フタツメカワゲラの一種　*334*, 1532
ヒゲナガハバチ　*144*, 0652	ヒメハナチモドキハナアブ　*132*, 0590	フタテンオエダシャク　*74*, 0279
ヒゲナガヤチバエ　*135*, 0610	ヒメハナバチ科　*163*	フタテンシロカギバ　*71*, 0260
ヒゲブトハナムグリ　*183*, 0818	ヒメハラナガツチバチ　*151*, 0685	フタテンヒメヨトウ　*112*, 0487
ヒゲブトハナムグリ科　*183*	ヒメハルゼミ　*265*, 1218	フタトガリアオイガ　*110*, 0475
ヒゲマダラエダシャク　*81*, 0312	ヒメハンミョウ	フタトガリコヤガ
ヒシウンカ科　*272*	（→エリザハンミョウ）　*169*, 0752	（→フタトガリアオイガ）　*110*, 0475
ヒシバッタ科　*326*	ヒメヒゲナガカミキリ　*225*, 1038	フタホシオノノミハムシ　*240*, 1116
ヒシベニボタル　*202*, 0916	ヒメヒラタカメムシ　*284*, 1319	フタホシシロエダシャク　*73*, 0273
ヒシモンナガタマムシ　*194*, 0871	ヒメヒラタムシ　*204*, 0922	フタホシヒラタアブ　*127*, 0567
ビックオビハナノミ　*214*, 0978	ヒメビロウドコガネ　*192*, 0860	フタホシミドリカスミカメ
ヒトオビアラゲカミキリ　*226*, 1045	ヒメフンバエ　*136*, 0614	（→クルミミドリカスミカメ）　*281*, 1304
ヒトジラミ　*7*, *302*, 1410	ヒメヘリカメムシ科　*289*	フタモンアシナガバチ　*153*, 0695
ヒトジラミ科　*302*	ヒメホシカメムシ　*287*, 1335	フタモンウバタマコメツキ
ヒトスジオオメイガ　*57*, 0188	ヒメホソアシナガバチ　*155*, 0701	（→オオフタモンウバタマコメツキ）　*196*, 0880
ヒトスジシマカ　*119*, 0528	ヒメマルカツオブシムシ　*203*, 0919	フタモンカスミカメ　*281*, 1302
ヒトツメカギバ　*70*, 0255	ヒメマルカメムシ　*291*, 1359	フタモンクロナガカメムシ　*287*, 1337
ヒトノミ科　*139*	ヒメミズカマキリ　*276*, 1278	プチヒゲカメムシ　*294*, 1373
ヒトリガ　*99*, 0414	ヒメヤブキリモドキ	プチヒゲクロカスミカメ　*281*, 1301
ヒトリガ科　*96*	（→キタササキリモドキ）　*318*, 1470	プチヒメヘリカメムシ　*289*, 1345
ヒナカマキリ　*305*, 1421	ヒメヤママユ　*64*, 0225	プチミャクヨコバイ　*268*, 1234
ヒナバッタ　*331*, 1519	ヒモワタカイガラムシ　*276*, 1276	フトアナアキゾウムシ　*252*, 1173
ヒバリモドキ科　*324*	ヒョウタンゴミムシ　*172*, 0761	ブドウトクガ　*6*
ヒメアトスカシバ　*51*, 0155	ヒョウタンナガカメムシ　*285*, 1326	ブドウトラカミキリ　*149*, 0674
ヒメアカタテハ　*30*, 0061	ヒョウタンナガカメムシ科　*285*	フトカドエンマコガネ　*184*, 0823
ヒメアカネ　*347*, 1586	ヒョウモンエダシャク　*76*, 0289	フトスジツバメエダシャク　*83*, 0324
ヒメアカハナカミキリ　*218*, 1002	ヒラアシキバチ　*145*, 0659	フトハチモドキバエ　*136*, 0611
ヒメアカホシテントウ　*206*, 0935	ヒラズゲンセイ　*216*, 0989	フトヒゲトビケラ科　*115*
ヒメアシナガコガネ　*191*, 0854	ヒラタアオコガネ　*189*, 0847	フトフタオビエダシャク　*77*, 0293
ヒメアメンボ　*278*, 1286	ヒラタカゲロウ科　*352*	ブライアシアゲ　*140*, 0634
ヒメウマノオバチ　*148*, 0673	ヒラタカゲロウの一種　*9*	ブライアーヒロバカゲロウ　*260*, 1197
ヒメウラナミジャノメ　*38*, 0091	ヒラタカメムシ科　*284*	ブライアハマキ　*54*, 0168
ヒメエグリバ　*105*, 0450	ヒラタクワガタ　*182*, 0814	ブラタナスグンバイ　*279*, 1291
ヒメオビオオキノコ　*205*, 0931	ヒラタハナムグリ　*186*, 0834	フンバエ科　*136*
ヒメガガンボ科　*117*	ヒラタハバチ科　*142*	ヘイケボタル　*199*, 0896
ヒメカゲロウ科　*260*	ヒラタマルハキバガ科　*48*	ベッコウガガンボ　*116*, 0510
ヒメカマキリ　*305*, 1422	ヒラタムシ科　*203*	ベッコウクモバチ　*150*, 0679
ヒメガムシ　*177*, 0790	ヒラヤマアミメケブカミキリ　*135*, 0606	ベッコウシリアゲ（→ヤマトシリアゲ）　*140*, 0633
ヒメカメノコテントウ　*207*, 0941	ヒラヤマシマバエ　*135*, 0608	ベッコウバエ　*136*, 0612
ヒメカワゲラの一種　*9*	ビロウドカミキリ　*225*, 1039	ベッコウバエ科　*136*
ヒメギス　*314*, 1454	ビロウドサシガメ　*282*, 1309	ベッコウハゴロモ　*271*, 1249
ヒメキマダラセセリ　*45*, 0117	ビロウドツリアブ　*123*, 0546	ベッコウバチ（→ベッコウクモバチ）　*150*, 0679
ヒメキマダラヒカゲ　*41*, 0101	ビロードナミシャク　*90*, 0368	ベッコウハナアブ　*129*, 0576
ヒメクサキリ　*315*, 1459	ビロードハマキ　*53*, 0164	ベッコウヒラタシデムシ　*179*, 0798
ヒメクシヒゲガガンボの一種　*117*, 0514	ヒロオビエダシャク　*78*, 0297	ベニイトトンボ　*337*, 1543
ヒメクダマキモドキ　*321*, 1476	ヒロオビジョウカイモドキ　*203*, 0920	ベニカミキリ　*10*, *224*, 1031
ヒメクモヘリカメムシ　*289*, 1346	ヒロクチバエ科　*134*	ベニシジミ　*26*, 0043
ヒメクロオトシブミ　*246*, 1146	ヒロズコガ科　*47*	ベニシタヒトリ　*99*, 0417
ヒメクロゴキブリ　*306*, 1425	ヒロバカゲロウ科　*260*	ベニスジヒメシャク　*86*, 0342
ヒメクロゴキブリ科　*306*	ヒロバツバメアオシャク　*85*, 0336	ベニスズメ　*69*, 0248
ヒメクロサナエ　*342*, 1567	ヒロバトガリエダシャク　*80*, 0309	ベニヒラタムシ　*203*, 0917
ヒメクロホウジャク　*68*, 0245	ヒロバネヒナバッタ　*331*, 1518	ベニフキノメイガ　*63*, 0218
ヒメクロホシフタオ　*72*, 0267	ヒロヘリアオイラガ　*50*, 0147	ベニヘリコケガ　*98*, 0411
ヒメコガネ　*189*, 0846	フキヒラタマルハキバガ	ベニヘリテントウ　*206*, 0936
ヒメコブオトシブミ　*246*, 1145	（→ウラベニヒラタマルハキバガ）　*48*, 0132	ベニボタル　*202*, 0914
ヒメシジミ　*28*, 0052	フクラスズメ　*110*, 0476	ベニボタル科　*202*
ヒメジャノメ　*40*, 0097	フクロカイガラムシ科　*275*	ベニモンキノメイガ（→ユウグモノメイガ）　*62*, 0217
ヒメジュウジナガカメムシ　*286*, 1331	フジジガバチ　*161*, 0722	ベニモンツノカメムシ　*300*, 1400
ヒメシロコブゾウムシ　*249*, 1158	フシダカバチ科　*163*	ベニモンマイコモドキ　*49*, 0139

363

ヘビトンボ　7, 258, 1190	マエアカスカシノメイガ　59, 0200	ミカドアリバチ　149, 0678
ヘビトンボ科　258	マエキクロホソバ	ミカドガガンボ　117, 0513
ヘビトンボ目　258	（→キマエクロホソバ）　97, 0403	ミカドトックリバチ　13, 153, 0692
ヘラクヌギカメムシ　291, 1357	マエキトビエダシャク　81, 0314	ミカドドロバチ　152, 0688
ヘリカメムシ科　288	マエキノメイガ　61, 0210	ミカドフキバッタ　328, 1504
ヘリグロチャバネセセリ　44, 0115	マエキヒメシャク　86, 0346	ミズアブ　122, 0538
ヘリグロツユムシ　320, 321, 1475	マエグロホソバ　97, 0405	ミズアブ科　121
ヘリグロテントウノハムシ　240, 1118	マエジロアツバ　102, 0433	ミズアブの一種　6
ヘリグロトガリメイガ	マエジロオオヨコバイ　269, 1239	ミズイロオナガシジミ　23, 0032
（→ウスオビトガリメイガ）　56, 0180	マエベニノメイガ　62, 0215	ミズカマキリ　276, 1278
ヘリグロベニカミキリ　224, 1032	マエモンツマキリアツバ　103, 0440	ミスジガガンボ　118, 0521
ヘリグロホソハマキモドキ　47, 0131	マガリケムシヒキ　126, 0561	ミスジシリアゲ　141, 0637
ヘリグロリンゴカミキリ　230, 1062	マキトビエダシャク　81, 0314	ミスジシロエダシャク　73, 0271
ヘリジロヨツメアオシャク　85, 0338	マキバサシガメ科　282	ミスジチョウ　37, 0084
紡脚目（→シロアリモドキ目）　8	マクガタテントウ　208, 0943	ミスジツマキリエダシャク　81, 0317
ホウジャク　68, 0244	膜翅目（→ハチ目）　6	ミスジミバエ　134, 0603
ホオズキカメムシ　290, 1350	マグソコガネの一種　184, 0821	ミズスマシ　176, 0787
ボクトウガ科　52	マダラアシゾウムシ　253, 1178	ミズスマシ科　176
ホシアシナガヤセバエ　133, 0596	マダラアシナガバエ　127, 0563	ミズムシ科　276
ホシアシブトハバチ　143, 0650	マダラアラゲサルハムシ　234, 1085	ミゾガシラシロアリ科　307
ホシアワフキ　267, 1226	マダラエグリバ　106, 0453	ミツカドコオロギ　323, 1483
ホシウスバカゲロウ　261, 1203	マダラガ科　50	ミツギリゾウムシ　255, 1185
ホシオビホソノメイガ　62, 0214	マダラガガンボの一種　116, 0511	ミツギリゾウムシ科　255
ホシカメムシ科　287	マダラカゲロウ科　351	ミツノゴミムシダマシ　211, 0963
ホシシャク　86, 0341	マダラカマドウマ　313, 1450	ミツバチ科　166
ホシササキリ　316, 1462	マダラシロオノメイガ	ミツボシツチカメムシ　292, 1361
ホシセダカヤセバチ　149, 0675	（→ツマグロシロノメイガ）　60, 0206	ミツボシハマダラミバエ　134, 0604
ホシチャバネセセリ　43, 0111	マダラスズ　324, 1490	ミドリカミキリ　220, 1015
ホシハラビロヘリカメムシ　288, 289, 1347	マダラツマキリヨトウ　112, 0489	ミドリカメノコハムシ　242, 1127
ホシヒメホウジャク　68, 0243	マダラナガカメムシ科　286	ミドリカワゲラ科　334
ホシヒメヨコバイ　268, 1236	マダラニジュウシトリバ　54, 0172	ミドリカワゲラの一種　334, 1529
ホシベッコウカギバ　70, 0254	マダラノミゾウムシ　254, 1183	ミドリグンバイウンカ　273, 1258
ホシベニシタヒトリ　99, 0416	マダラバッタ　333, 1524	ミドリシジミ　25, 0039
ホシホウジャク　69, 0246	マダラヒメバチ　147, 0668	ミドリハガタヨトウ　111, 0482
ホシミスジ　37, 0086	マダラホソアシナガバエ	ミドリヒョウモン　36, 0080
ホシミスジエダシャク　77, 0295	（→マダラアシナガバエ）　127, 0563	ミナミアオカメムシ　299, 1395
ホソアシナガバチ	マダラミズメイガ　57, 0189	ミナミトゲヘリカメムシ　290, 1351
（→ムモンホソアシナガバチ）　144, 155, 0700	マダラメバエ　134, 0599	ミナミヒメヒラタアブ　128, 0570
ホソアトキリゴミムシ　174, 0775	マツカレハ　63, 0220	ミノウスバ　51, 0153
ホソオナナキゾウムシ　252, 1172	マツタヒメハナカミキリ　218, 0999	ミノオマイマイ　95, 0394
ホソオチョウ　16, 0002	マツムシ　323, 1485	ミノガ科　47
ホソオビアシブトクチバ　107, 0461	マツムシ科　323	ミバエ科　134
ホソオビヒゲナガ　46, 0124	マツモムシ　278, 1283	ミフシハバチ科　142
ホソガガンボの一種　117, 0516	マツモムシ科　278	ミミズク　268, 1232
ホソヒナガハムシ　231, 1066	マドガ　55, 0175	脈翅目（→アミメカゲロウ目）　7
ホソサビキコリ　196, 0879	マドガ科　55	ミヤマアカネ　346, 1583
ホソスジトガ　57, 0184	マドガガンボ　117, 0515	ミヤマイクビチョッキリ　245, 1139
ホソツリンゴカミキリ　230, 1060	マメキシタバ　106, 0457	ミヤマカミキリ　220, 1014
ホソナガニジゴミムシダマシ　211, 0960	マメコガネ　151, 188, 0838	ミヤマカラスアゲハ　19, 0014
ホソバセセリ　43, 0110	マメノメイガ　61, 0207	ミヤマカワトンボ　336, 1540
ホソバトガリナミシャク　87, 0352	マメハンミョウ　215, 0987	ミヤマクワガタ　181, 0811
ホソバトガリメイガ	マメマダラメイガ	ミヤマサナエ　343, 1570
（→キベリトガリメイガ）　56, 0179	（→ノシメマダラメイガ）　56, 0183	ミヤマシジミ　28, 0053
ホソバトビケラ　115, 0507	マユタテアカネ　346, 1582	ミヤマジュウジアトキリゴミムシ　174, 0773
ホソバトビケラ科　115	マルアワフキ　266, 1223	ミヤマセセリ　42, 0106
ホソバナミシャク　88, 0355	マルウンカ　272, 1256	ミヤマチャバネセセリ　45, 0118
ホソハマキモドキガ科　47	マルウンカ科　272	ミヤマハンミョウ　168, 0748
ホソハリカメムシ　290, 1353	マルガタゴミムシの一種　172, 0764	ミヤマヒメギス　314, 1455
ホソヒラタアブ　127, 0565	マルガタハナカミキリ　218, 1004	ミヤマフキバッタ
ホソヒラタムシ科　204	マルカメムシ　291, 1360	（→ミカドフキバッタ）　328, 1504
ホソヘリカメムシ　288, 1340	マルカメムシ科　291	ミヤマベニコメツキ　197, 0885
ホソヘリカメムシ科　288	マルシラホシカメムシ　295, 1377	ミヤマホソハナカミキリ　219, 1010
ホソミイトトンボ　338, 1550	マルハキバガ科　48	ミルンヤンマ　339, 1555
ホソミオツネントンボ　335, 1534	マルバネトビケラ科　114	ミンミンゼミ　265, 1219
ホタル科　198	マルボシヒラタハナバエ　138, 0622	ムーアシロホシテントウ　208, 0945
ホタルガ　51, 0151	マルボシヒラタヤドリバエ	ムカシトンボ　339, 1554
ホタルカミキリ　224, 1033	（→マルボシヒラタハナバエ）　138, 0622	ムカシトンボ科　339
ホホジロアシナガゾウムシ　251, 1169	マルムネジョウカイ　201, 0911	ムカシヤンマ　344, 1573
ホリカワクシヒゲガガンボ　116, 0509	マルモンシロナミシャク　89, 0359	ムカシヤンマ科　344
	マルモンツノカメムシ	ムギワラトンボ（→シオカラトンボ）　350, 1596
■マ行	（→モンキツノカメムシ）　300, 1403	ムクゲコノハ　108, 0464
	マンレイカギバ　71, 0256	ムシクソハムシ　233, 1079
マイコアカネ　347, 1587	ミイデラゴミムシ　174, 0777	ムシヒキアブ科　124
マイマイガ　94, 0390	ミカドアゲハ　17, 0005	ムジホソバ　96, 0400
マイマイカブリ　171, 0760		

ムツアカネ 346, 1581	モントガリバ 72, 0265	ヨツスジトラカミキリ 223, 1025
ムツボシタマムシ 194, 0868	モンヘリアカヒトリ 99, 0413	ヨツスジハナカミキリ 219, 1008
ムツボシハチモドキハナアブ 132, 0589	■ヤ行	ヨツスジヒメシンクイ 54, 0170
ムナキナガツヤハムシ	ヤガ 153, 0692	ヨツボシオオアリ 160, 0718
（→ムナキリハムシ） 232, 1073	ヤガ科 102	ヨツボシオオキスイ 204, 0923
ムナキリハムシ 232, 1073	ヤチスズ 325, 1495	ヨツボシカメムシ 296, 1383
ムナグロツヤハムシ 239, 1113	ヤチバエ科 136	ヨツボシクサカゲロウ 262, 1205
ムナビロアカハネムシ 213, 0975	ヤツデキジラミ 275, 1270	ヨツボシケシキスイ 204, 0924
ムナビロサビヒコリ 196, 0878	ヤツボシツツハムシ 233, 1076	ヨツボシゴミムシダマシ 210, 0958
ムネアカアリバチ 149, 0677	ヤツボシハナカミキリ 219, 1007	ヨツボシテントウ 206, 0933
ムネアカアワフキ 267, 1230	ヤツボシハムシ 236, 1095	ヨツボシテントウダマシ 205, 0930
ムネアカオオアリ 161, 0719	ヤツメカミキリ 228, 1055	ヨツボシトンボ 350, 1599
ムネアカサルハムシ 233, 1080	ヤドリバエ科 138	ヨツボシナガツハムシ 232, 1071
ムネアカツヤコマユバチ	ヤドリバエの一種 138, 0625	ヨツボシノメイガ 60, 0205
（→ムネアカトゲコマユバチ） 149, 0674	ヤナギハムシ 235, 281, 1091	ヨツボシハムシ 238, 1106
ムネアカトゲコマユバチ 149, 0674	ヤニサシガメ 283, 1313	ヨツボシヒラタシデムシ 179, 0799
ムネアカナガタマムシ 194, 0870	ヤノトガリハナバチ 164, 0731	ヨツボシホソバの一種 97, 0404
ムネクリイロボタル 198, 0894	ヤノナミガタチビタマムシ 195, 0875	ヨツボシモンシデムシ 178, 0794
ムネグロメバエ 134, 0601	ヤハズカミキリ 225, 1036	ヨツメトビケラ 115, 0508
ムモンチャイロテントウ 208, 0947	ヤホシホソマダラ 50, 0148	ヨツモンクロツツハムシ 232, 1075
ムモントックリバチ 153, 0694	ヤマイモクビボソハムシ	ヨツモンマエジロアオシャク 85, 0337
ムモンホソアシナガバチ 155, 0700	（→ヤマイモハムシ） 231, 1069	ヨトウガ 113, 0495
ムラサキエダシャク 82, 0318	ヤマイモハムシ 231, 1069	ヨモギエダシャク 77, 0291
ムラサキシジミ 22, 0028	ヤマキチョウ 21, 0023	ヨモギコヤガ 109, 0474
ムラサキシャチホコ 91, 0371	ヤマキマダラヒカゲ 41, 0103	ヨモギハムシ 235, 1088
ムラサキシラホシカメムシ 295, 1378	ヤマクダマキモドキ 321, 1478	■ラ行
ムラサキツバメ 22, 0029	ヤマサナエ 343, 1572	ラクダムシ 259, 1192
ムラサキトビケラ 114, 0501	ヤマジガバチ 6, 162, 0723	ラクダムシ科 259
メイガ 152, 0691	ヤマトイシノミ 9, 353, 1613	ラクダムシ目 7, 259
メイガ科 56	ヤマトエダシャク 73, 0269	ラミーカミキリ 229, 1056
メスアカケバエ 118, 0523	ヤマトカギバ 71, 0257	リスアカネ 345, 1579
メスアカフキバッタ 328, 1507	ヤマトゴキブリ 306, 1424	リンゴコフキゾウムシ 247, 1150
メスグロヒョウモン 35, 0079	ヤマトシギアブ 122, 0540	リンゴコフキハムシ
メダカナガカメムシ 287, 1333	ヤマトシジミ 27, 0047	（→コフキサルハムシ） 234, 1083
メダカナガカメムシ科 287	ヤマトシミ 353, 1611	リンゴツノエダシャク 78, 0296
メバエ科 134	ヤマトシリアゲ 140, 0633	リンゴドクガ 93, 0385
メミズムシ 278, 1284	ヤマトシロアリ 8, 307, 1430	リンゴマダラヨコバイ 268, 1235
メミズムシ科 278	ヤマトスジグロシロチョウ 20, 0017	鱗翅目（→チョウ目） 6
メンガタカスミカメ 281, 1303	ヤマトタマムシ 12, 193, 0864	ルイスアシナガオトシブミ 245, 1142
毛翅目（→トビケラ目） 6	ヤマトデオキノコムシ 179, 0800	ルイスオオアリガタハネカクシ 180, 0804
網翅目（→ゴキブリ目） 8	ヤマトヒバリ 324, 1489	ルイスコメツキモドキ 205, 0929
モートンイトトンボ 338, 1551	ヤマトヒメカゲロウ 260, 1196	ルーミスシジミ 22, 0027
モトメンコガ 47, 0127	ヤマトフキバッタ 328, 1505	ルビーロウムシ 276, 1274
モノサシトンボ 337, 1542	ヤマトフタスジスズバチ	ルリクビボソハムシ 231, 1068
モノサシトンボ科 337	（→フタスジスズバチ） 152, 0691	ルリシジミ 27, 0049
モミジツマキリエダシャク 82, 0320	ヤマトマダラバチ 333, 1525	ルリタテハ 31, 0065
モモアオシャク	ヤマトヤブカ 119, 0527	ルリチュウレンジ 143, 0646
（→ヒロバツバメアオシャク） 85, 0336	ヤマトンボ科 344	ルリハナアブ 131, 0586
モモグロハナカミキリ 217, 0994	ヤママユ 64, 0224	ルリハムシ 235, 1092
モモコフキアブラムシ 274, 1264	ヤママユガ科 64	ルリボシカミキリ 221, 1016
モモスズメ 66, 0232	ヤヨイヒメハナバチ 163, 0728	ルリマルノミハムシ 240, 1119
モモノゴマダラノメイガ 59, 0197	ヤンマ科 339	ルリモンハナバチ 165, 0738
モヒゲブトカミキリモドキ 215, 0986	ユウグモノメイガ 62, 0217	■ワ行
モモブトトビイロサシガメ 284, 1316	ユウマダラエダシャク 73, 0268	ワタアブラムシ 49, 0141
モリオカメコオロギ 322, 1480	ユスリカ科 120	ワタノメイガ 59, 0199
モリチャバネゴキブリ 8, 307, 1428	ユミアシゴミムシダマシ 211, 0962	ワタフキカイガラムシ
モンウスキヒメシャク 87, 0350	ユミモンクチバ 107, 0460	（→イセリアカイガラムシ） 275, 1272
モンオナガバチ	ヨウシュミツバチ	ワタフキカイガラムシ科 275
（→オオホシオナガバチ） 146, 0664	（→セイヨウミツバチ） 166, 0745	ワタヘリクロノメイガ 60, 0202
モンカゲロウ 9, 351, 1600	ヨウロウアシブトハバチ	ワモンサビカミキリ 227, 1048
モンカゲロウ科 351	（→ヨウロウヒラクチハバチ） 143, 0648	ワモンノメイガ 61, 0209
モンキアゲハ 17, 0007	ヨウロウヒラクチハバチ 143, 0648	
モンキアシナガヤセバエ 133, 0597	ヨコジマオオハリバエ 139, 0627	
モンキアワフキ 267, 1227	ヨコジマオオヒラタアブ 127, 0564	
モンキクロカスミカメ 280, 1298	ヨコヅナサシガメ 283, 1312	
モンキクロノメイガ 61, 0211	ヨコバイ科 268	
モンキチョウ 21, 0022	ヨコモンヒメハナカミキリの一種 217, 0998	
モンキツノカメムシ 300, 1403	ヨコヤマトラカミキリ 223, 1026	
モンキキナミシャク 88, 0357	ヨスジノメイガ 58, 0192	
モンクロシャチホコ 92, 0377	ヨツキボシカミキリ 229, 1059	
モンシロチョウ 20, 0016	ヨツキボシコメツキ 198, 0890	
モンシロドクガ 95, 0392	ヨツキボシハムシ 239, 1114	
モンシロモドキ 98, 0412		
モンスズメバチ 156, 157, 0705		

ご協力いただいた方々（敬称略、50音順）

石川　忠、内田正吉（故人）、鈴木信夫、高井幹夫、田仲義弘、山﨑秀雄

写真をご提供いただいた方々（敬称略、50音順）

飯田清巳、大野　透、川邊滉大、鈴木信夫、高井幹夫、高橋景太、田仲義弘、野口雄次、廣田正孝、前畑真実、町田龍一郎、矢島悠子、安田義彦、山﨑秀雄

外箱・表紙デザイン
栗田和典、齋藤　舞

装丁・レイアウト・DTP
井出陽子、田口千珠子、（株）ダーツフィールド

あとがき

未来に向かって滲み出していくような図鑑を作りたいと思いました。
昆虫好きの老若男女を少しずつ増やしていけるような図鑑、もともと昆虫好きの人にはもっと昆虫好きになってもらえるような図鑑、世の昆虫本の結節点となって昆虫出版界を少しでも盛りあげていけるような図鑑。どこまで実現できたかは定かではありませんが‥。

発刊にあたっては、たくさんの方々のお世話になりました。
著者の知識不足を補うため、専門家の先生方に校閲の労をとっていただき、貴重なご指導ご意見を頂戴しました。また、掲載種のラインアップを充実させるため、著者が撮影できていない種類については、たくさんの方にご無理をお願いし、写真をお借りしました（ご協力いただいた皆さんのお名前は p.366 をご参照ください）。
フォトエッセイストの鈴木海花さんには、発刊のきっかけを作っていただくとともに、本づくりの先達として折々にアドバイスを頂戴したいへん助かりました。編集をご担当いただいた全国農村教育協会の脇本哲朗さん、大野透さんには、経験の乏しい私を手取り足取り導いていただいたのはもちろん、数々の素晴らしいアイデアやご提案を頂戴しました。
今回の経験を通じ、本づくりにおいては、著者の個人技よりもチームプレーが大事であり、一冊の本というのは、何かの有機体のように、さまざまな要素や異分子を取り込みながら、時間をかけてゆっくりじっくり編みあがっていくものだ、ということがよくわかりました。
みなさま、ほんとうにありがとうございました。

1,600という種類数は、多いようで、まだまだ不足しています。身近に見つかる昆虫の多くを網羅しようとすると、おそらく、この何倍ものボリュームが必要となるでしょう。
‥ということで、この図鑑自体もまた、未来に向かって滲み出していきたいと思います。
完成したばかりなのにこんなことを言うと、オニクワガタやオニツノゴミムシダマシやオニボウフラに笑われますが（←あっ、どれひとつとして、この図鑑に載ってない！）、何年後かにお目見えするかもしれない続巻（または大幅増補改訂版）も、どうぞお楽しみに!

新版　あとがき

‥‥‥というようなことを書いてしまって早や5年。続巻や大幅増補もいいけれど、みなさまにたくさんのご愛顧をいただき、著者にとっても非常に愛着のある初版をもっとピカピカに磨き上げたい、という思いが先行し、このような新版を作ることになりました。
1,600（正確には1,614）という種類数はそのままですが、分布域が拡大傾向にある南方系の種類を取りあげるなど掲載種を50種類以上入れ替えました。また、180枚以上の生態写真を新たに掲載し、他書にはあまり載っていないカメムシ目や直翅類の幼虫の生態写真が充実しました。解説文を書き換えた種類は200以上に及びます。
身近な昆虫たちを観察するうえで、さらに使い勝手のいい図鑑に生まれ変わったと確信していますので、初版と同様に、いやそれ以上にご活用いただけたら幸いです。

川邊 透（かわべ・とおる）

1958年大阪府大阪市生まれ。京都大学農学部卒。虫系ナチュラリスト。身近な自然にひそむ昆虫たちを中心に、いきもの愛あふれる生態写真を撮り続けている。人気図鑑サイト「昆虫エクスプローラ」、ブログ「むし探検広場」管理人。いもむし・けむし専門のサイト「芋活.com」協同管理人。「昆虫エクスプローラ」のアクセス数は月間約100万（PV数・2019年夏実績）。「むし探検広場」では、読者から寄せられる難問奇問に日々答え続け、その回答数は累計約1万2000件。芋虫毛虫、蛾をはじめとした昆虫はもちろん、蜘蛛、蜥蜴、蛙、蝸牛など昆虫以外の「虫偏」の生き物たちに至るまで、広くあまねく愛を注いでいる。著書に『癒しの虫たち』（共著 リピックブック）がある。

「昆虫エクスプローラ」　https://www.insects.jp/
「むし探検広場」　https://insects.exblog.jp/
「芋活.com」　https://www.imokatsu.com/

本書の内容を補うため、著者運営サイト「昆虫エクスプローラ」（https://www.insects.jp/）に、本書で取りあげられなかった種類を集めたコーナーを設けています。随時、種類を増やしていきますので、目当ての昆虫が見つからなかった場合、こちらも覗いてみてください。

『昆虫探検図鑑1600』で取りあげていない種類
https://www.insects.jp/tankenzukanzouho.htm

記載情報には誤りがないよう最善を尽くしましたが、誤記や同定ミスなどの可能性は残っています。同サイト内に最新の正誤表を掲載していますのでこちらも時々ご確認いただければ幸いです。

『昆虫探検図鑑1600』正誤表
https://www.insects.jp/tankenzukanerrata.htm

新版 昆虫探検図鑑（エクスプローラ）1600 ―写真検索マトリックス付―

定価は外箱に表示してあります。
2014年7月31日　初版　第1刷発行
2024年9月12日　新版　第5刷発行

著者・写真　　川邊　透
発行所　　株式会社全国農村教育協会
　　　　　東京都台東区台東1-26-6（植調会館）〒110-0016
　　　　　電話 03-3833-1821（代表）
　　　　　FAX 03-3833-1665
　　　　　http://www.zennokyo.co.jp
　　　　　eメール:hon@zennokyo.co.jp
印刷所　　株式会社シナノパブリッシングプレス

©2019 by Toru KAWABE and Zenkoku Noson Kyoiku Kyokai Co.,Ltd.
ISBN978-4-88137-196-1 C0645

乱丁、落丁本はお取替えいたします。
本書の無断転載、無断複写（コピー）は著作権法上の例外を除き禁じられています。